U0378111

C++

入门很轻松 （微课超值版）

云尚科技◎编著

清華大學出版社

北 京

内容简介

本书是针对零基础读者编写的 C++ 入门教材，侧重实战，结合流行有趣的热点案例，详细地介绍了 C++ 开发中的各项技术。全书分为 16 章，内容包括快速步入 C++ 的世界、C++ 语言基础、使用常量和变量、使用运算符和表达式、程序流程控制结构、函数与函数调用、数值数组与字符数组、C++ 中的指针和引用、结构体/共用体和枚举、C++ 中的类和对象、C++ 中的继承与派生、C++ 中的多态与重载、C++ 中模板的应用、容器/算法与迭代器、C++ 程序的异常处理、C++ 中文件的操作。

本书通过大量案例，不仅可以帮助初学者快速入门，还可以让读者积累项目开发经验。通过微信扫码可以快速查看对应案例的微视频操作及实战训练中的解题思路；通过一步步引导的方式，可以检验读者对每章知识点掌握的程度。另外，本书还赠送大量超值资源，包括精美幻灯片、案例源代码、教学大纲、求职资源库、面试资源库、笔试题库和"小白"项目实战手册。本书提供了技术支持 QQ 群，专为读者答疑解难，降低零基础学习编程的门槛，让读者轻松跨入编程的领域。

本书适合零基础的 C++ 自学者和 C++ 开发技术人员，还可作为大、中专院校的学生和培训机构学员的参考用书。

图书在版编目（CIP）数据

C++入门很轻松：微课超值版 / 云尚科技编著. —北京：清华大学出版社，2021.1
（入门很轻松）

ISBN 978-7-302-56381-5

Ⅰ. ①C… Ⅱ. ①云… Ⅲ. ①C++语言一程序设计 Ⅳ. ①TP312.8

中国版本图书馆 CIP 数据核字（2020）第 166840 号

责任编辑：张　敏
封面设计：杨玉兰
责任校对：胡伟民
责任印制：宋　林

出版发行：清华大学出版社
网　　址：http://www.tup.com.cn, http://www.wqbook.com
地　　址：北京清华大学学研大厦 A 座　　邮　　编：100084
社 总 机：010-62770175　　邮　　购：010-83470235
投稿与读者服务：010-62776969, c-service@tup.tsinghua.edu.cn
质量反馈：010-62772015, zhiliang@tup.tsinghua.edu.cn

印 刷 者：北京富博印刷有限公司
装 订 者：北京市密云县京文制本装订厂
经　　销：全国新华书店
开　　本：185mm×260mm　　印　　张：22.25　　字　　数：665 千字
版　　次：2021 年 3 月第 1 版　　印　　次：2021 年 3 月第 1 次印刷
定　　价：79.80 元

产品编号：084857-01

前 言 | PREFACE

C++语言作为编程语言中非常受欢迎的语言，具有 C 语言操作底层的能力，同时还具有提高代码复用率的面向对象编程技术，是一种语句更加灵活、使用更加简捷、技术更加全面的编程"利器"。目前学习和关注 C++的人越来越多，而很多 C++的初学者都苦于找不到一本通俗易懂、容易入门和案例实用的参考书。通过本书的案例实训，初学者可以很快地上手流行的工具，提高职业化能力。

本书特色

由浅入深，编排合理：知识点由浅入深，结合流行有趣的热点案例，涵盖了所有 C++程序开发的基础知识，循序渐进地讲解了 C++程序开发技术。

扫码学习，视频精讲：为了让初学者快速入门并提高技能，本书提供了微视频。通过扫码，可以快速观看视频操作，微视频就像一名贴心教师，解决读者学习中的困惑。

项目实战，检验技能：为了更好地帮助读者检验学习的效果，每章都提供了实战训练。读者可以边学习，边进行实战项目训练，强化实战开发能力。通过实战训练的二维码，读者可以查看训练任务的解题思路和案例源码，从而提升开发技能和编程思维。

提示技巧，积累经验：本书对读者在学习过程中可能会遇到的疑难问题以"大牛提醒"的形式进行说明，辅助读者轻松掌握相关知识，规避编程陷阱，从而让读者在自学的过程中少走弯路。

超值资源，海量赠送：本书还随书赠送大量超值资源，包括精美幻灯片、案例源代码、教学大纲、求职资源库、面试资源库、笔试题库和"小白"项目实战手册。

精美幻灯片

案例源代码

教学大纲

求职资源库

面试资源库

笔试题库

"小白"项目实战手册

名师指导，学习无忧：读者在自学的过程中如果有问题，可以观看本书同步教学微视频。此外，本书设有技术支持 QQ 群（912560309），欢迎读者到 QQ 群获取本书的赠送资源并交流技术。

读者对象

本书是一种完整介绍 C++程序开发技术的教程，内容丰富、条理清晰、实用性强，适合以下读者学习使用。

- 零基础的编程自学者。
- 希望快速、全面掌握 C++程序开发的人员。
- 高等院校相关专业的教师和学生。
- 相关培训机构的教师和学生。
- 初、中级 C++程序开发人员。

鸣谢

本书由云尚科技团队策划并组织编写，主要编写人员为王秀英和刘玉萍。本书的编写虽然倾注了众多编者的努力，但由于编写水平有限，书中难免有疏漏和不足之处，敬请广大读者谅解并予以指正。

编　者

目 录 | CONTENTS

第 1 章　快速步入 C++的世界 ·· 001

1.1　C++语言概述 ··· 001

　　1.1.1　C语言与C++语言的关系 ······························ 001

　　1.1.2　C++语言的特点 ······································· 001

　　1.1.3　C++的发展历程 ······································· 002

1.2　搭建 C++开发环境 ··· 002

　　1.2.1　安装Visual Studio 2019 ······························ 002

　　1.2.2　启动Visual Studio 2019 ······························ 004

　　1.2.3　使用Visual Studio 2019建立C++程序 ················· 005

1.3　C++的编译过程 ··· 009

1.4　新手疑难问题解答 ··· 010

1.5　实战训练 ··· 010

第 2 章　C++语言基础 ·· 011

2.1　C++基本语法 ··· 011

　　2.1.1　C++中的基本概念 ····································· 011

　　2.1.2　C++中的分号和空格 ··································· 011

　　2.1.3　C++中的语句块 ······································· 012

　　2.1.4　C++中的标识符 ······································· 012

　　2.1.5　C++中的关键字 ······································· 013

2.2　C++程序的结构 ··· 013

　　2.2.1　第一个C++程序 ······································· 013

　　2.2.2　#include指令 ··· 014

　　2.2.3　iostream标准库 ······································· 015

　　2.2.4　命名空间 ··· 016

　　2.2.5　函数main( ) ·· 016

　　2.2.6　关于注释 ··· 017

2.3　C++数据类型 ··· 017

　　2.3.1　整型数据类型 ··· 017

　　2.3.2　浮点型数据类型 ······································· 019

2.3.3 字符型数据类型 ··· 019

2.3.4 布尔型数据类型 ··· 021

2.3.5 自定义数据类型 ··· 021

2.4 数据的输入与输出 ·· 022

2.4.1 认识控制台 ··· 022

2.4.2 C++语言中的流 ·· 023

2.4.3 认识cout与cin语句 ··· 024

2.4.4 流输出格式的控制 ··· 026

2.5 新手疑难问题解答 ·· 029

2.6 实战训练 ·· 030

第3章 使用常量和变量 ·· 031

3.1 使用常量 ·· 031

3.1.1 认识常量 ··· 031

3.1.2 整型常量 ··· 032

3.1.3 实型常量 ··· 032

3.1.4 字符常量 ··· 033

3.1.5 字符串常量 ·· 034

3.1.6 其他常量 ··· 035

3.2 自定义常量 ··· 035

3.2.1 使用#define预处理器 ··· 036

3.2.2 使用const关键字 ··· 037

3.3 使用变量 ·· 038

3.3.1 认识变量 ··· 038

3.3.2 变量的声明 ·· 039

3.3.3 变量的赋值 ·· 040

3.3.4 变量的作用域 ··· 041

3.3.5 整型变量 ··· 044

3.3.6 实型变量 ··· 045

3.3.7 字符型变量 ·· 046

3.3.8 布尔型变量 ·· 047

3.4 新手疑难问题解答 ·· 047

3.5 实战训练 ·· 048

第4章 使用运算符和表达式 ·· 049

4.1 认识运算符 ··· 049

4.1.1 算术运算符 ·· 049

4.1.2 自增、自减运算符 ·· 050

4.1.3 关系运算符 ·· 051

4.1.4 逻辑运算符 ·· 052

4.1.5 赋值运算符 ·· 054

4.1.6 位运算符 ·· 055

4.1.7 杂项运算符 ·· 056

4.1.8 逗号运算符 ·· 057

4.2 优先级与结合性 ··· 058

4.2.1 运算符优先级 ·· 058

4.2.2 运算符结合性 ·· 059

4.3 使用表达式 ··· 061

4.3.1 算术表达式 ·· 061

4.3.2 赋值表达式 ·· 063

4.3.3 关系表达式 ·· 064

4.3.4 逻辑表达式 ·· 065

4.3.5 位运算表达式 ·· 066

4.3.6 条件表达式 ·· 067

4.3.7 逗号表达式 ·· 068

4.4 表达式中的类型转换 ··· 068

4.4.1 自动转换 ·· 068

4.4.2 强制转换 ·· 070

4.5 新手疑难问题解答 ··· 071

4.6 实战训练 ··· 071

第 5 章 程序流程控制结构 ·· 072

5.1 顺序结构 ··· 072

5.2 选择结构 ··· 073

5.2.1 if语句 ·· 073

5.2.2 if…else语句 ··· 074

5.2.3 嵌套if…else语句 ··· 075

5.2.4 switch语句 ·· 078

5.2.5 嵌套switch语句 ·· 080

5.3 循环结构 ··· 081

5.3.1 循环结构类型 ·· 081

5.3.2 循环控制语句 ·· 091

5.4 新手疑难问题解答 ··· 096

5.5 实战训练 ··· 097

第 6 章 函数与函数调用 ·· 098

6.1 函数的概述 ··· 098

6.1.1 函数的概念 ·· 098

6.1.2 函数的定义 ·· 098

6.1.3 函数的声明 ·· 100

6.2 函数参数及返回值 ·· 101
　　6.2.1 空函数 ·· 101
　　6.2.2 形参与实参 ·· 102
　　6.2.3 函数的默认参数 ·· 102
　　6.2.4 参数的传递方式 ·· 103
　　6.2.5 声明返回值类型 ·· 105
　　6.2.6 函数的返回值 ··· 107
6.3 函数的调用 ·· 109
　　6.3.1 函数调用的形式 ·· 109
　　6.3.2 函数调用的方式 ·· 109
　　6.3.3 函数的传值调用 ·· 111
　　6.3.4 函数的嵌套调用 ·· 111
　　6.3.5 函数的递归调用 ·· 113
6.4 变量的作用域 ·· 116
　　6.4.1 自动变量 ·· 116
　　6.4.2 静态局部变量 ·· 116
　　6.4.3 外部变量 ·· 117
　　6.4.4 寄存器变量 ··· 118
6.5 内联函数 ··· 118
6.6 新手疑难问题解答 ·· 119
6.7 实战训练 ··· 120

第 7 章　数值数组与字符数组 ·· 121
7.1 数组概述 ··· 121
　　7.1.1 认识数组 ·· 121
　　7.1.2 数组的特点 ··· 122
7.2 一维数组 ··· 122
　　7.2.1 定义一维数组 ·· 122
　　7.2.2 初始化一维数组 ··· 123
　　7.2.3 一维数组的应用 ··· 125
7.3 二维数组 ··· 127
　　7.3.1 定义二维数组 ·· 127
　　7.3.2 初始化二维数组 ··· 128
　　7.3.3 二维数组的应用 ··· 129
7.4 多维数组 ··· 131
7.5 字符数组 ··· 131
　　7.5.1 字符数组的定义 ··· 131
　　7.5.2 初始化字符数组 ··· 132
　　7.5.3 字符数组的应用 ··· 133

　　　　7.5.4　字符数组的输出 ·· 134

　　　　7.5.5　字符数组的输入 ·· 135

　　7.6　新手疑难问题解答 ·· 137

　　7.7　实战训练 ·· 138

第8章　C++中的指针和引用 ·· 139

　　8.1　指针与变量 ·· 139

　　　　8.1.1　指针变量的定义 ·· 139

　　　　8.1.2　指针变量的初始化 ·· 140

　　　　8.1.3　指针变量的引用 ·· 142

　　　　8.1.4　指针变量的运算 ·· 143

　　8.2　指针与函数 ·· 145

　　　　8.2.1　指针传送到函数中 ·· 145

　　　　8.2.2　返回值为指针的函数 ·· 146

　　　　8.2.3　指向函数的指针 ·· 147

　　8.3　指针与数组 ·· 148

　　　　8.3.1　数组元素的指针 ·· 149

　　　　8.3.2　通过指针引用数组元素 ·· 149

　　　　8.3.3　指向数组的指针变量作为函数参数 ···································· 152

　　　　8.3.4　通过指针对多维数组进行引用 ·· 156

　　8.4　指针与字符串 ·· 160

　　　　8.4.1　指向字符串的指针变量 ·· 160

　　　　8.4.2　使用字符指针作为函数参数 ·· 161

　　8.5　指针数组和多重指针 ·· 163

　　　　8.5.1　指针数组 ··· 163

　　　　8.5.2　指向指针的指针 ·· 164

　　8.6　C++中的引用 ·· 166

　　　　8.6.1　认识C++中的引用 ·· 166

　　　　8.6.2　通过引用传递函数参数 ·· 166

　　　　8.6.3　把引用作为返回值 ·· 167

　　8.7　新手疑难问题解答 ·· 168

　　8.8　实战训练 ·· 168

第9章　结构体、共用体和枚举 ·· 170

　　9.1　结构体概述 ·· 170

　　　　9.1.1　结构体的概念 ·· 170

　　　　9.1.2　结构体类型的定义 ·· 171

　　　　9.1.3　结构体变量的定义 ·· 172

　　　　9.1.4　结构体变量的初始化 ·· 173

　　　　9.1.5　结构体变量成员的引用 ·· 174

9.2 结构体数组 ·· 175
9.2.1 结构体数组的定义 ·· 175
9.2.2 结构体数组的初始化 ··· 175
9.2.3 结构体数组的引用 ·· 176

9.3 结构体与函数 ··· 177
9.3.1 结构体变量作为函数参数 ····································· 177
9.3.2 结构体变量的成员作为函数参数 ··························· 178
9.3.3 结构体变量作为函数返回值 ·································· 179

9.4 结构体与指针 ··· 180
9.4.1 指向结构体变量的指针 ·· 180
9.4.2 指向结构体数组的指针 ·· 182
9.4.3 结构体指针作为函数参数 ····································· 183

9.5 共用体数据类型 ·· 184
9.5.1 共用体类型的声明 ·· 184
9.5.2 共用体变量的定义 ·· 184
9.5.3 共用体变量的初始化 ··· 186
9.5.4 共用体变量的引用 ·· 186

9.6 枚举数据类型 ··· 187
9.6.1 枚举类型的定义 ··· 187
9.6.2 枚举类型变量的定义 ··· 188

9.7 新手疑难问题解答 ·· 189

9.8 实战训练 ·· 190

第 10 章 C++中的类和对象 ··· 192

10.1 C++类 ·· 192
10.1.1 类的概述与定义 ··· 192
10.1.2 类的实现方法 ·· 193
10.1.3 类对象的声明 ·· 195
10.1.4 类对象的引用 ·· 195

10.2 类访问修饰符 ··· 198
10.2.1 公有成员 ··· 199
10.2.2 私有成员 ··· 200
10.2.3 保护成员 ··· 201

10.3 构造函数 ··· 201
10.3.1 构造函数的定义 ··· 202
10.3.2 带参数的构造函数 ·· 203
10.3.3 使用参数初始化表 ·· 204
10.3.4 构造函数的重载 ··· 205
10.3.5 构造函数的默认参数 ·· 206

    10.3.6　复制构造函数 ··· 207

  10.4　析构函数 ··· 209

    10.4.1　认识析构函数 ··· 209

    10.4.2　析构函数的调用 ·· 210

  10.5　C++类成员 ··· 211

    10.5.1　内联成员函数 ··· 211

    10.5.2　静态类成员 ··· 212

    10.5.3　常量类成员 ··· 214

    10.5.4　隐式/显式的this指针 ·· 216

  10.6　类对象数组 ··· 218

    10.6.1　类对象数组的调用 ··· 218

    10.6.2　类对象数组和默认构造函数 ·· 219

    10.6.3　类对象数组和析构函数 ·· 220

  10.7　友元 ··· 221

    10.7.1　友元函数 ·· 221

    10.7.2　友元类 ··· 222

  10.8　新手疑难问题解答 ··· 223

  10.9　实战训练 ·· 224

第11章　C++中的继承与派生 ··· 225

  11.1　C++中的继承 ··· 225

    11.1.1　什么是继承 ··· 225

    11.1.2　基类与派生类 ··· 226

    11.1.3　基类中的构造函数 ··· 228

    11.1.4　继承中的构造顺序 ··· 231

  11.2　C++继承方式 ··· 233

    11.2.1　公有继承 ·· 233

    11.2.2　私有继承 ·· 234

    11.2.3　保护继承 ·· 235

  11.3　派生类存取基类成员 ··· 237

    11.3.1　私有成员的存取 ·· 237

    11.3.2　继承与静态成员 ·· 238

  11.4　多重继承 ·· 239

    11.4.1　声明多继承 ··· 240

    11.4.2　多继承下的构造函数 ·· 240

  11.5　新手疑难问题解答 ··· 242

  11.6　实战训练 ·· 242

第 12 章 C++中的多态与重载 ··· 244

12.1 多态概述 ·· 244

12.1.1 认识多态行为 ·· 244

12.1.2 实现多态性 ··· 244

12.2 虚函数与虚函数表 ··· 246

12.2.1 虚函数的作用 ·· 246

12.2.2 动态绑定和静态绑定 ·· 248

12.2.3 定义纯虚函数 ·· 249

12.2.4 认识虚函数表 ·· 251

12.3 抽象类与多重继承 ··· 252

12.3.1 抽象类的作用 ·· 253

12.3.2 抽象类的多重继承 ··· 253

12.4 认识运算符的重载 ··· 254

12.4.1 什么是运算符重载 ··· 255

12.4.2 运算符重载的形式 ··· 255

12.4.3 可重载的运算符 ··· 258

12.5 常用运算符的重载 ··· 259

12.5.1 "<" 运算符重载 ··· 259

12.5.2 "+" 运算符重载 ··· 260

12.5.3 "=" 赋值运算符重载 ·· 261

12.5.4 前置运算符重载 ··· 263

12.5.5 后置运算符重载 ··· 264

12.5.6 插入运算符重载 ··· 265

12.5.7 折取运算符重载 ··· 266

12.6 新手疑难问题解答 ··· 268

12.7 实战训练 ·· 268

第 13 章 C++中模板的应用 ··· 269

13.1 函数模板 ·· 269

13.1.1 函数模板的用途 ··· 269

13.1.2 函数模板的定义 ··· 270

13.1.3 函数模板的调用 ··· 271

13.1.4 函数模板的重载 ··· 273

13.2 类模板 ··· 274

13.2.1 类模板的定义 ·· 274

13.2.2 类模板的实例化 ··· 277

13.2.3 类模板的使用 ·· 277

13.3 模板的特化 ·· 279

13.3.1 函数模板的特化 ··· 280

13.3.2 类模板的特化 ·· 281

13.4 新手疑难问题解答 ·· 282

13.5 实战训练 ·· 283

第 14 章 容器、算法与迭代器 ·································· 284

14.1 认识容器 ·· 284

14.2 顺序容器 ·· 285

14.2.1 向量类模板 ·· 285

14.2.2 链表类模板 ·· 290

14.2.3 双端队列类模板 ·· 296

14.3 关联容器 ·· 297

14.3.1 映射类模板 ·· 298

14.3.2 集合类模板 ·· 301

14.3.3 多重集合类模板 ·· 302

14.4 容器适配器 ·· 303

14.4.1 栈类 ·· 303

14.4.2 队列类 ·· 304

14.4.3 优先级队列类 ·· 305

14.5 C++中的算法 ·· 307

14.5.1 数据编辑算法 ·· 307

14.5.2 查找算法 ·· 308

14.5.3 比较算法 ·· 310

14.5.4 排序相关算法 ·· 311

14.6 C++中的迭代器 ·· 312

14.6.1 迭代器的分类 ·· 312

14.6.2 迭代器的使用 ·· 314

14.7 新手疑难问题解答 ·· 315

14.8 实战训练 ·· 315

第 15 章 C++程序的异常处理 ································ 316

15.1 认识异常处理 ·· 316

15.1.1 认识异常处理机制 ·· 316

15.1.2 认识标准异常 ·· 317

15.1.3 异常处理语句块 ·· 317

15.2 异常处理的简单应用 ·· 318

15.2.1 抛出异常 ·· 318

15.2.2 重新抛出异常 ·· 320

15.2.3 捕获所有异常 ·· 321

15.2.4 异常的匹配 ·· 321

15.3 异常处理的高级应用 ··· 324

15.3.1 自定义异常类 ··· 324

15.3.2 捕获多个异常 ··· 325

15.3.3 异常的重新捕获 ·· 327

15.3.4 构造函数的异常处理 ··· 328

15.4 新手疑难问题解答 ··· 329

15.5 实战训练 ·· 330

第 16 章 C++中文件的操作 ··· 331

16.1 文件 I/O 操作 ·· 331

16.1.1 输入文件流 ·· 331

16.1.2 输出文件流 ·· 332

16.1.3 输入/输出文件流 ··· 333

16.2 文件的打开与关闭 ··· 334

16.2.1 文件的打开 ·· 334

16.2.2 文件的关闭 ·· 336

16.3 文本文件的处理 ·· 337

16.3.1 将变量写入文本文件 ··· 337

16.3.2 将变量写入文件尾部 ··· 337

16.3.3 从文本文件中读取变量 ··· 338

16.4 使用函数处理文本文件 ··· 339

16.4.1 使用函数get( )读取文本文件 ··· 339

16.4.2 使用函数getline( )读取文本文件 ··· 340

16.4.3 使用函数put( )将记录写入文本文件 ·· 340

16.5 新手疑难问题解答 ··· 341

16.6 实战训练 ·· 341

第1章

快速步入 C++的世界

⏱ **本章内容提要**

C++是由 Bjarne Stroustrup 于 1979 年在贝尔实验室开始设计、开发的，是一种面向对象的程序设计语言。C++可运行于多种平台上，如 Windows、Mac 操作系统及 UNIX 操作系统的各种版本。本章介绍 C++语言的基础知识，主要内容包括 C++语言的起源和特色、C++语言开发环境搭建、C++语言的编译过程等。

1.1　C++语言概述

微视频

C++是一种静态类型的、通用的不规则编程语言，支持过程化编程和面向对象编程，它综合了高级语言和低级语言的特点。

1.1.1　C 语言与 C++语言的关系

C++语言最初的开发宗旨是作为 C 语言的继任者，可以说，C++语言进一步扩充和完善了 C 语言。但不同于 C 语言，C++是一种面向对象的语言，实现了继承、抽象、多态和封装等概念。C++语言还支持类，而且类包含成员数据及操作成员数据的成员方法。其结果是，程序员只需要考虑数据及要用它们来做什么。一直以来，很多 C++编译器都支持 C 语言。

☆**大牛提醒**☆

虽然 C++是在 C 语言的基础上发展起来的一种语言，但它不是 C 语言的替代品或 C 语言的升级。C++语言和 C 语言是兄弟关系，故没有谁比谁先进的说法。

1.1.2　C++语言的特点

相比 C 语言而言，C++语言是一种年轻的语言。C 语言曾以其简洁明了的结构化编程成为主流编程语言，当时很多程序员从事 C 语言程序开发。C++以 C 语言为基础，加入面向对象概念，不仅顺应了当时的潮流，还简化了 C 语言程序设计到 C++语言程序设计的转变过程。

如今，C++仍然是一种主流编程语言，这足以证明 C++是一种优秀而又强大的编程语言。其具有以下几个优点。

（1）C++应用范围十分广泛。C++的应用几乎无所不包，从科学计算到网络应用程序、从分布式应用到移动设备应用、从系统级软件到计算机游戏应用都有 C++靓丽的身影。

（2）C++在硬件级编程方面。由于 C++包含了 C 语言特性，因此对于硬件驱动的开发，自然也游刃有余。

（3）C++编程的高效性。相比其他面向对象编程语言，C++的执行效率更高。

（4）C++类库执行。C++的标准库包含了大量模板、通用算法，能够大大提高开发效率。

（5）C++遵循 ANSI 标准。标准的建立不仅仅是所有程序员的福音，也使 C++的进一步发展成为可能。标准化使 C++编写的程序从一台计算机上移植到另一台计算机上成为可能。

1.1.3　C++的发展历程

要想学好 C++编程，了解 C++的历史演变过程是一个必需的前提。而 C++是从 C 语言发展来的，所以首先从 C 语言的历史讲起。

C 语言是由计算机科学家丹尼斯·里奇（Dennis Ritchie）创造的。在 1967 年，丹尼斯·里奇进入著名的贝尔实验室（C 语言、C++语言和 UNIX 操作系统都在此诞生）工作。在贝尔实验室工作的过程中，里奇为了解决在工作中遇到的问题，创造了 C 语言。如图 1-1 所示，即为 C 语言发展历程示意图。

不过，在 1979 年，Bjarne 博士为了分析 UNIX 的内核，苦于当时没有合适的工具将 UNIX 的内核模块化，于是他为 C 加上了一个类似 Simula 的机制，并为此专门成立了开发小组。这就是 C++最初的萌芽状态。当时，这个语言并不是叫作 C++，而是叫作 C with class，它仅仅被当作 C 语言的一种补充。不过，随着事态的发展，C++逐渐成熟起来。

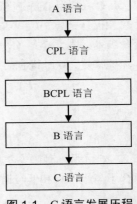

图 1-1　C 语言发展历程

微视频

1.2　搭建 C++开发环境

随着 C++语言的不断发展，C++语言的集成开发环境也有了长足的发展。对于使用 Windows 平台的 C++语言开发人员来讲，使用 Visual Studio（VS）进行开发比较普遍。所以本书以 Visual Studio 2019 为主进行讲解。

1.2.1　安装 Visual Studio 2019

本小节介绍 Visual Studio 2019 的安装方法，具体操作步骤如下。

步骤 1：下载 Visual Studio 2019 程序安装包，如图 1-2 所示。

步骤 2：双击下载好的安装程序文件，进入安装界面，如图 1-3 所示。

步骤 3：单击"继续"按钮，会弹出"Visual Studio 2019 程序安装加载页"界面，显示正在加载程序所需的组件，如图 1-4 所示。

图 1-2　Visual Studio 2019 程序安装包　　　　　图 1-3　Visual Studio 2019 安装界面

步骤 4：加载完成后，会自动跳转到"Visual Studio 2019 程序安装起始页"的界面，如图 1-5 所示。该界面提示有三个版本可供选择，分别是 Visual Studio Enterprise 2019 Preview、Visual Studio Professional 2019 Preview、Visual Studio Community 2019 Preview，用户可以根据自己的需求选择。对于初学者而言，一般推荐安装 Visual Studio Community 2019 Preview。

图 1-4　安装加载页　　　　　　　　　图 1-5　安装起始页

步骤 5：单击"安装"按钮后，弹出"Visual Studio 2019 程序安装选项页"的界面。在该界面中，选中"通用 Windows 平台开发"复选框和"使用 C++的桌面开发"复选框，也可以在"位置"处更改程序安装路径，如图 1-6 所示。

图 1-6　Visual Studio 2019 程序安装选项页

步骤 6：在图 1-6 中选择好要安装的功能后，单击"安装"按钮，进入如图 1-7 所示的"Visual Studio 2019 程序安装进度页"界面，显示安装进度。安装程序自动执行安装过程，直至该安装过程执行完毕。

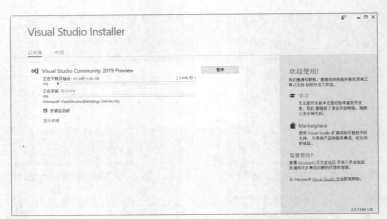

图 1-7　Visual Studio 2019 程序安装进度页界面

1.2.2　启动 Visual Studio 2019

Visual Studio 2019 安装完后，会提示重启操作系统。重新启动操作系统后，即可启动 Visual Studio 2019，具体操作步骤如下。

步骤 1：单击"开始"按钮，在弹出的菜单中选择"所有程序"→"Visual Studio 2019 Preview"，如图 1-8 所示。

步骤 2：在 Visual Studio 2019 启动后会弹出"欢迎使用"界面，如果是注册过微软账户的用户，可以在该界面中单击"登录"按钮登录微软账户；如果不想登录，则可以直接单击"以后再说"按钮跳过登录，如图 1-9 所示。

图 1-8　选择 Visual Studio 2019 Preview

图 1-9　"欢迎使用"界面

步骤 3：在弹出的"Visual Studio 配置"界面中，在"开发设置"下拉列表中，选择 Visual C++选项，主题默认为"蓝色"（这里可以选择自己喜欢的风格），然后单击"启动 Visual Studio"按钮，如图 1-10 所示。

步骤 4：在弹出的"Visual Studio 2019 起始页"界面中，单击需要的选项，至此程序开发环境安装完毕，如图 1-11 所示。

步骤 5：在图 1-11 中单击"继续但无需代码"链接，即可进入 Visual Studio 2019 主界面，如图 1-12 所示。

图 1-10　"Visual Studio 配置"界面

图 1-11　"Visual Studio 2019 起始页"界面

图 1-12　Visual Studio 2019 主界面

1.2.3　使用 Visual Studio 2019 建立 C++程序

本小节利用 Visual Studio 2019 编写一个 C++程序，具体操作步骤如下。

步骤 1：启动 Visual Studio 2019，进入初始化界面，选择"文件"→"新建"→"项目"命令，如图 1-13 所示。

步骤 2：进入"创建新项目"界面，选择"控制台应用"选项，如图 1-14 所示，单击"下一步"按钮。

步骤 3：进入"配置新项目"对话框，在"项目名称"文本框中输入项目的名称，单击"创建"按钮，如图 1-15 所示。

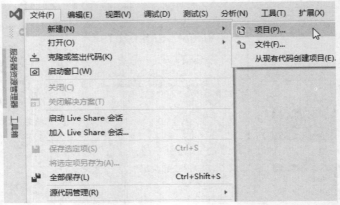

图 1-13   初始化界面及相应命令选择

图 1-14   "创建新项目"界面

图 1-15   "配置新项目"对话框

步骤 4：此时，在 Visual Studio 2019 主界面中可以看到自动添加的演示代码，如图 1-16 所示。

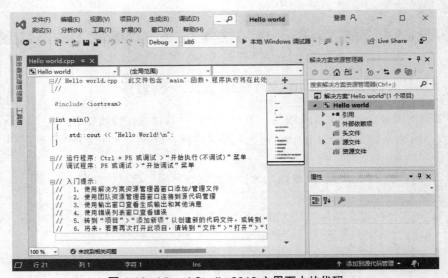

图 1-16   Visual Studio 2019 主界面中的代码

步骤 5：在菜单栏中选择"调试"→"开始调试"命令，在弹出的界面中会显示运行结果并提示"×××（进程 9388）已退出，返回代码为：0。……"，如图 1-17 所示。或者单击工具栏中的"本地 Windows 调试器"按钮，也可达到此效果。

図 1-17 运行结果

步骤 6：添加新的源程序。在"解决方案资源管理器"窗格中，选择"源文件"文件夹，右击，在弹出的快捷菜单中选择"添加"→"新建项"命令，如图 1-18 所示。

図 1-18 "解决方案资源管理器"窗格

步骤 7：在弹出的"添加新项"对话框中会显示工程创建的相关信息，在左侧选择 Visual C++选项，在右侧列表框中选择"C++文件(.cpp)"选项，然后输入工程名称并选择工程存放的路径，如图 1-19 所示。

步骤 8：在图 1-19 中单击"添加"按钮后，即可创建新的源程序。在编程界面中开始编写程序，以实现两个整数的加减运算，如图 1-20 所示。

程序代码如下：

```cpp
#include <iostream>                              //包含输入、输出头文件
using namespace std;
int main()                                       //定义主函数
{
    int n1=200, n2=100;                          //定义两个变量并赋值
    cout << n1 << "+" << n2 << "=" << n1 + n2 << endl; //进行加法运算
    cout << n1 << "-" << n2 << "=" << n1 - n2 << endl; //进行减法运算
    return 0;
}
```

图 1-19　"添加新项"对话框设置

图 1-20　创建新的源程序

步骤 9：调试程序，运行结果如图 1-21 所示。

图 1-21　自编小程序的运行结果

1.3　C++ 的编译过程

微视频

C++ 应用程序可以分为编辑、编译、连接和执行 4 个步骤，下面分别进行介绍。

1. 编辑

编辑就是在文本编辑器中输入代码，并对代码字符进行增、删、改，然后将输入的内容保存为文件。例如，输入 Hello World 程序代码，然后将代码保存为 Hello World.cpp 文件，如图 1-22 所示。

2. 编译

编译就是将代码文件编译成目标文件。在 Visual Studio 2019 开发环境中，选择"生成"→"编译"命令后，Visual Studio 2019 开始对输入的代码进行编译和连接，整个编译过程如图 1-23 所示。

图 1-22　输入 Hello World 程序代码

图 1-23　编译程序

3. 连接

连接就是将编译后的目标文件连接成可执行的应用程序。例如，将 Hello World.obj 和 lib 库文件连接成 Hello World.exe 可执行程序。Lib 库是编译好的提供给用户使用的目标模块，在有多个源文件的工程，会将其编译成多个目标模块，最后链接器会将程序多涉及的目标模块连接成可执行程序。

4. 执行

执行就是执行生成的应用程序，在 Visual Studio 开发环境下，单击"本地 Windows 调试器"按钮，开发环境自动执行生成的程序并显示执行的结果，如图 1-24 所示为 Hello world.cpp 文件执行的结果。

图 1-24　程序执行结果

1.4　新手疑难问题解答

问题1：在编译 C++程序时，可以忽略编译器发出的警告消息吗？

解答：在有些情况下，编辑器会发出警告消息。警告与错误的不同之处在于，相关代码行的语法是正确的，能够通过编译，但可能有更佳的编写方式，编译器在发出警告的同时提供修复建议。而修复建议可能是一种更安全的编程方式，也能让应用程序处理非拉丁语字符和符号。用户应该留意警告，并相应地改进应用程序。除非可以确定警告是误报，否则不能对警告视而不见。

问题2：为什么编写的程序在编译的过程中没有错误，但最后计算的结果是错误的呢？

解答：程序的编译过程仅仅是检查源程序中是否存在语法错误，编译系统无法检查出源程序中的逻辑思维错误，因此，即使编译过程没有错误，也不能保证程序能够计算出正确的结果。当出现错误时，建议用户尽量修改源程序，在编译阶段最好做到"0 error(s)，0 warning(s)"，从而养成一个良好的编程习惯。

实战训练

1.5　实战训练

实战1：输出"乾坤未定！你我皆是黑马！"。

编写程序，在窗口中输出语句"乾坤未定！你我皆是黑马！"，程序运行效果如图 1-25所示。

实战2：输出星号字符图形——三角形。

编写程序，在窗口中输出由星号组成的三角形，程序运行效果如图 1-26 所示。

图 1-25　输出信息 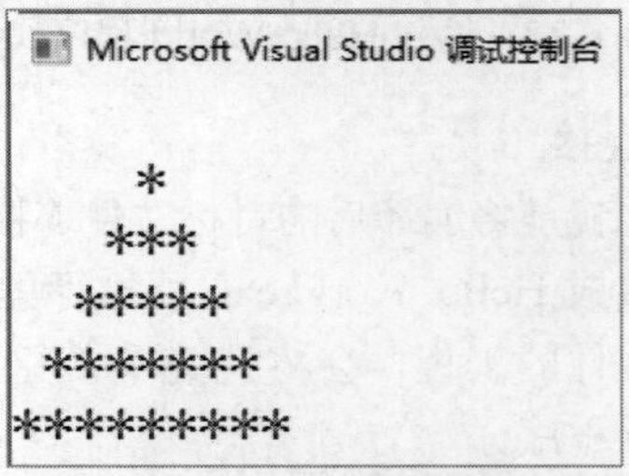　　　　　　　　　　图 1-26　输出星号字符图形——三角形

实战3：输出星号字符图形——菱形。

编写程序，在窗口中输出一个由星号组成的菱形，程序运行效果如图 1-27 所示。

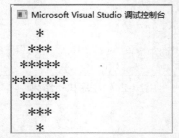

图 1-27　输出星号字符图形——菱形

第2章

C++语言基础

本章内容提要

在深入学习一种编程语言前，一般需要先学会基本的语法和规范。因此，在学习 C++语言前，首先需要了解的就是 C++语言的一些基本知识，包括 C++语言的基本语法、程序的结构、数据类型、数据的输入与输出等。

2.1　C++基本语法

在学习 C++语言开发前，本节先了解 C++程序的基本语法。

微视频

2.1.1　C++中的基本概念

C++程序可以被定义为对象的集合，这些对象通过调用彼此的方法进行交互。下面让我们简要地了解什么是类、对象、方法和即时变量。

（1）类：类可以被定义为描述对象行为或状态的模板。

（2）对象：对象具有状态和行为。例如，一只狗的状态包括颜色、名称、品种等；狗的行为包括摇尾、吼叫、吃食物等。对象是类的实例。

（3）方法：基本上，一个方法即表示一种行为。一个类可以包含多个方法，可以在方法中写入逻辑、操作数据及执行所有的动作。

（4）即时变量：每个对象都有其独特的即时变量，对象的状态是由这些即时变量的值创建的。

2.1.2　C++中的分号和空格

在 C++程序中，分号是语句结束符。也就是说，每个语句必须以分号结束。它表明一个逻辑实体的结束。例如，以下是两条不同的语句，都以分号结束语句。

```
cout << "Hello World!\n";
return 0;
```

在 C++中，空格用于描述空白符、制表符、换行符和注释。空格分隔语句的各个部分，让编译器能识别语句中的某个元素（如 int）在哪里结束，下一个元素在哪里开始。因此，在下面的语句中：

```
int age;
```

在这里，int 和 age 之间必须至少有一个空格字符（通常是一个空白符），这样编译器才能够区分它们。另外，在下面的语句中：

```
fruit = apples + oranges;   //获取水果的总数
```

在这里，fruit 和 "="，或者 "=" 和 apples 之间的空格字符不是必需的。但是为了增强可读性，用户可以根据需要适当增加一些空格。

2.1.3 C++中的语句块

语句块是一组用大括号括起来的按逻辑连接的语句。例如：

```
{
   cout << "Hello World";   //输出 Hello World
   return 0;
}
```

C++不以行末 ";" 作为结束符的标识，因此，用户可以在一行上放置多个语句。例如：

```
x = y;
y = y+1;
add(x, y);
```

等同于

```
x = y; y = y+1; add(x, y);
```

2.1.4 C++中的标识符

C++中的标识符是用来标识变量、函数、类、模块或任何其他用户自定义项目的名称。一个标识符以字母 A～Z、a～z 或下画线 "_" 开始，后跟 0 个或多个字母、下画线、数字（0～9）。标识符内不允许出现标点字符及@、&和%等符号。C++是区分大小写的编程语言，因此，在C++中，Manpower 和 manpower 是两个不同的标识符。下面列出几个有效的标识符。

```
mohd        zara       abc       move_name    a_123
myname50    _temp      j         a23b9        retVal
```

标识符命名具体的语法规则如下。

（1）标识符只能是由英文字母（A～Z，a～z）、数字（0～9）和下画线 "_" 组成的字符串，并且其第 1 个字符必须是字母或下画线。例如：

```
MAX_LENGTH;       /*由字母和下画线组成*/
```

（2）标识符不能是 C++的关键字。

（3）在标识符中，大小写是有区别的。例如：BOOK 和 book 是两个不同的标识符。

（4）标识符虽然可由程序员随意定义，但标识符是用于标识某个量的符号，故应当直观且可拼读，让其他人看了就能了解其用途。

（5）标识符最好采用英文单词或其组合，不要太复杂，且用词要准确，以便记忆和阅读。因此，命名应尽量有相应的意义，以便阅读和理解，做到 "顾名思义"。

（6）标识符的长度应当符合以最短的长度表达最多信息的原则。

不合法的标识符，例如：

（1）6A（不能以数字开头）。

（2）ABC*（不能使用"*"）。

（3）case（不能是保留关键字）。

☆**大牛提醒**☆

标识符大小写书写错误，在写标识符时要注意字母大小写的区分；标点符号中/英文状态忘记切换，在书写代码时应该采用英文半角输入法。

2.1.5　C++中的关键字

C++中的关键字是由 C++系统预定义的，在语言或编译系统的实现中具有特殊含义的单词。C++语言中的关键字如表 2-1 所示。

表 2-1　C++语言中的关键字

关　键　字	关　键　字	关　键　字	关　键　字
asm	else	new	this
auto	enum	operator	throw
bool	explicit	private	true
break	export	protected	try
case	extern	public	typedef
catch	false	register	typeid
char	float	reinterpret_cast	typename
class	for	return	union
const	friend	short	unsigned
const_cast	goto	signed	using
continue	if	sizeof	virtual
default	inline	static	void
delete	int	static_cast	volatile
do	long	struct	wchar_t
double	mutable	switch	while
dynamic_cast	namespace	template	

2.2　C++程序的结构

微视频

C++程序中会包含头文件、命名空间、主函数、字符串常量、数据流等部分，这些都是 C++程序中经常用到的。本节就来认识 C++程序的结构。

2.2.1　第一个 C++程序

开启神奇的 C++学习之旅与学习其他语言程序一样，首先从一个简单的程序开始。

【**实例 2.1**】编写程序（见第 1.2.3 节），在屏幕上输出 Hello World！（源代码\ch02\2.1.txt）。

```cpp
#include <iostream>
using namespace std;
int main()
{
    cout << "Hello World!\n";
}
```

图 2-1　例 2.1 的程序运行结果

程序输出的结果如图 2-1 所示。

以上是一段输出 Hello World 的小程序。程序代码的第 1 行使用字符"#"（这是一个预处理标志，预处理表示该行代码要最先进行处理，所以要在编译代码前运行）开头，include 是一个预处理指令，其后紧跟一对尖括号（<>），尖括号内是一个标准库；第 2 行表示使用命名空间 std；从第 3 行开始到第 6 行结束是程序部分，入口函数 main()是每个 C++程序都需要有的，大括号（{}）代表 main()函数的函数体，在函数体内可以编写要执行的代码。

☆**大牛提醒**☆

C++程序代码中所有的字母、数字、括号及标点符号均为英文输入法状态下的半角字符，而不能输入中文输入法状态下的全角字符。如图 2-2 所示，末尾即为中文输入法状态下的分号，当程序运行时就会给出相应的错误提示。

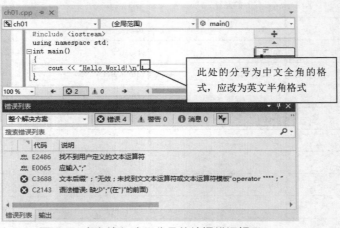

图 2-2　中文输入法下分号的编译错误提示

2.2.2　#include 指令

C++程序中第一行带"#"的语句被称为宏定义或预编译指令，表示包含 C/C++标准输入头文件。C++编译系统会根据头文件名把该文件的内容包含进来。

☆**大牛提醒**☆

在该 C++语句中不要用" "代替<>来包含系统头文件，例如，#include "stdio.h"和#include "iostream"都是错误的示例。

Hello World 程序中的第一行代码#include <iostream>就是为了说明要引用 iostream 文件内容，编译器在编译程序时会将 iostream 中的内容在#include <iostream>处展开。如果在编写程序时忘记包含 iostream 头文件，就会出现错误提示。例如，在编写 Hello World 程序时忘记包含 iostream 头文件，那么原来应输出 Hello World 的程序在编译时就会报错，如图 2-3 所示。在该图中可以发现，由于不包含这个头文件，很多相关的功能都是不能使用的。

图 2-3　忘记包含 iostream 头文件时的编译错误提示

2.2.3　iostream 标准库

iostream（输入/输出流）是一个标准库。简单来讲，它的命名是由 in 和 out 的首字母与 stream 结合成的。它包含了众多的函数，每个函数都有其自身的作用。

提示：函数就是能够实现特定功能的程序模块。

如果在编写程序时没有包含 iostream 标准库文件，那么就不能使用 cout 输出语句了。因此，这里需要读者记住的是，必须使用#include <iostream>这条语句，才能在程序中使用与其相关的功能。

☆**大牛提醒**☆

如果在编程时忘记插入一对尖括号（<>）导致程序无法包含 iostream 文件，就会引起其他功能不能被使用，因此会出现如图 2-4 所示的错误提示。

图 2-4　忘记插入尖括号时的编译错误提示

2.2.4 命名空间

C++中命名空间的目的是减少和避免命名冲突。所谓命名空间（namespace），是指标识符的各种可见范围。使用 C++标准库中标识符的一种简便方法就是，在程序中添加如下语句。

```
using namespace std;
```

像上述语句这样命名空间 std 内定义的所有标识符都有效，所以在程序中我们可以使用 cout 输出字符串；如果没有这条语句，就只能像下面这样来书写输出字符串语句了。

```
std::cout << "Hello World!\n";
```

提示："std::"是一个命名空间的标识符，C++标准库中的函数或者对象都是在命名空间 std 中定义的，所以标准库中的函数或者对象都要用 std 来限定。

由于 cout 是我们经常用到的，因此在每个程序的开头加上一条"using namespace std;"是很有必要的。如果在输入"using namespace std;"时忘记添加分号，将会出现如图 2-5 所示的错误提示。

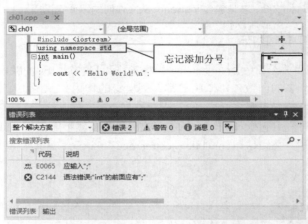

图 2-5 忘记添加分号的编译错误提示

2.2.5 函数 main()

函数 main()是程序的入口点，C++程序必须有且只能有一个函数 main()，而不论其在程序中处于什么样的位置。C++程序从函数 main()的第一条指令开始执行，直到函数 main()结束，整个程序也将执行结束。

☆大牛提醒☆

并非所有 C++程序都有传统的函数 main()。用 C 或 C++写成的 Windows 程序入口点函数称为 WinMain()，而不是传统的函数 main()。

函数 main()下面"{}"中的内容是需要执行的内容，称为函数体。函数体是按代码的先后顺序执行的，写在前面的代码先执行，写在后面的代码后执行。代码"cout << "Hello World!\n";"表示通过输出流输出字符串"Hello World!"，双引号（""）代表括起来的单词是字符串常量，cout 表示输出流，"<<"表示将字符串传送到输出流中。

函数的返回值是用来判断函数执行情况及返回函数执行结果的，因此，不要将函数 main()的返回类型定义为 void（虽然有些编译器允许用户将其定义为 viod，但这样不符合 C++的语法标准），也不要将函数 main() 的返回类型 int 省略不写。例如，void main(){} 和 main(){} 都是错误的示例。

2.2.6　关于注释

在 C++中，注释是用来辅助程序员阅读程序的语言结构。它是一种程序礼仪，可以用来概括程序的算法、表达变量的意义或者阐明一段比较难懂的程序代码。注释不会增加可执行程序代码的长度，在代码生成以前编译器会将注释从程序中剔除掉。

C++中有两种注释符号：一种是注释对（/*　*/），与 C 语言中的一样，注释的开始用/*标记，编译器会把/*与*/之间的代码当作注释；另一种是双斜线（//），用来注释一个单行，程序行中注释符右边的内容都将被当作注释而被编译器忽略。例如：

```
/*Hello World.cpp*/
#include <iostream>                //头文件引用
using namespace std;              //命名空间
int main()                        //主函数
{
    cout << "Hello World!\n";     //执行输出字符串
}
```

2.3　C++数据类型

微视频

掌握并合理定义数据类型是学好一门编程语言的基础。因此，在学习用 C++语言编写程序前，首先要学习的就是 C++语言中的数据类型。不同的数据类型占用不同的内存空间，合理定义数据类型可以优化程序的运行。

C++为程序员提供了种类丰富的内置数据类型和用户自定义的数据类型。表 2-2 为 7 种 C++内置数据类型。

表 2-2　C++内置数据类型

类　　型	关　键　字	类　　型	关　键　字
布尔型	bool	双浮点型	double
字符型	char	无类型	void
整型	int	宽字符型	wchar_t
浮点型	float		

☆大牛提醒☆

宽字符型的定义格式为 "typedef short int wchar_t;"，因此 wchar_t 实际上的空间和 short int 一样。

2.3.1　整型数据类型

C++语言中的整型数据类型按符号划分，可以分为有符号（signed）和无符号（unsigned）两类；按长度划分，可以分为普通整型（int）、短整型（short）和长整型（long）三类，如

表 2-3 所示。

表 2-3　整数类型

类　　型	名　　称	字 节 数	取 值 范 围
int	整型	4 字节	–2 147 483 648 到 2 147 483 647
unsigned int	无符号整型	4 字节	0 到 4 294 967 295
signed int	有符号整型	4 字节	–2 147 483 648 到 2 147 483 647
short int	短整型	2 字节	–32 768 到 32 767
unsigned short int	无符号短整型	2 字节	0 到 65 535
signed short int	有符号短整型	2 字节	–32 768 到 32 767
long int	长整型	4 字节	–2 147 483 648 到 2 147 483 647
signed long int	有符号长整型	4 字节	–2 147 483 648 到 2 147 48 3647
unsigned long int	无符号长整型	4 字节	0 到 4 294 967 295

为了得到某个类型或某个变量的存储大小，用户可以使用 sizeof(type)表达式查看对象或类型的存储字节大小。

【**实例 2.2**】编写程序，获取整型数据类型的存储大小、字节数等信息，并在屏幕上输出（源代码\ch02\2.2.txt）。

```cpp
#include <iostream>        //头文件引用
using namespace std;       //命名空间
int main()                 //主函数
{
    cout << "short: \t\t" << "所占字节数: " << sizeof(short);
    cout << "\t 最大值: " << (numeric_limits<short>::max)();
    cout << "\t 最小值: " << (numeric_limits<short>::min)() << endl;
    cout << "int: \t\t" << "所占字节数: " << sizeof(int);
    cout << "\t 最大值: " << (numeric_limits<int>::max)();
    cout << "\t 最小值: " << (numeric_limits<int>::min)() << endl;
    cout << "unsigned: \t" << "所占字节数: " << sizeof(unsigned);
    cout << "\t 最大值: " << (numeric_limits<unsigned>::max)();
    cout << "\t 最小值: " << (numeric_limits<unsigned>::min)() << endl;
    cout << "long: \t\t" << "所占字节数: " << sizeof(long);
    cout << "\t 最大值: " << (numeric_limits<long>::max)();
    cout << "\t 最小值: " << (numeric_limits<long>::min)() << endl;
    cout << "unsigned long: \t" << "所占字节数: " << sizeof(unsigned long);
    cout << "\t 最大值: " << (numeric_limits<unsigned long>::max)();
    cout << "\t 最小值: " << (numeric_limits<unsigned long>::min)() << endl;
}
```

程序运行结果如图 2-6 所示。

图 2-6　例 2.2 的程序运行结果

2.3.2　浮点型数据类型

浮点数的小数点位置是不固定的，可以浮动。C++语言中提供了 3 种不同的浮点型数据类型，包括单精度型、双精度型和长双精度型，如表 2-4 所示。

表 2-4　浮点型数据类型

类　　型	名　　称	字　节　数	取　值　范　围
float	单精度型	4 字节	1.2E-38 到 3.4E+38
double	双精度型	8 字节	2.2E-308 到 1.8E+308
long double	长双精度型	8 字节	2.2E-308 到 1.8E+308

当精度要求不严格时，例如员工的工资需要保留两位小数，就可以使用 float 类型；double 类型提供了更高的精度，对于绝大多数用户来说已经够用；long double 类型支持极高精度，但很少被使用。

【实例 2.3】编写程序，输出浮点类型占用的存储空间及其范围值（源代码\ch02\2.3.txt）。

```
#include <iostream>          //头文件引用
using namespace std;         //命名空间
int main()                   //主函数
{
    cout << "float: \t\t" << "所占字节数: " << sizeof(float);
    cout << "\t 最大值: " << (numeric_limits<float>::max)();
    cout << "\t 最小值: " << (numeric_limits<float>::min)() << endl;
    cout << "double: \t" << "所占字节数: " << sizeof(double);
    cout << "\t 最大值: " << (numeric_limits<double>::max)();
    cout << "\t 最小值: " << (numeric_limits<double>::min)() << endl;
    cout << "long double: \t" << "所占字节数: " << sizeof(long double);
    cout << "\t 最大值: " << (numeric_limits<long double>::max)();
    cout << "\t 最小值: " << (numeric_limits<long double>::min)() << endl;
}
```

程序运行结果如图 2-7 所示。

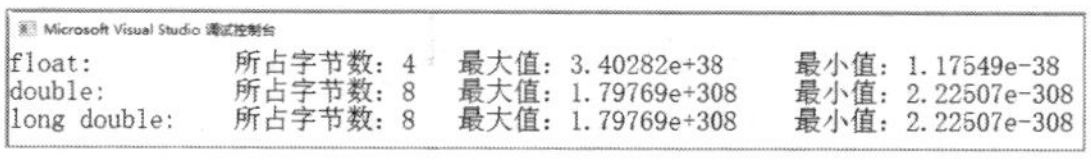

图 2-7　例 2.3 的程序运行结果

2.3.3　字符型数据类型

在 C++语言中，字符型数据类型使用 "' '" 来表示，如'A'、'5'、'm'、'$'、';'等，其存储方式是按照 ASCII 编码方式，且每个字符占一个字节，如表 2-5 所示。

表 2-5　字符型数据类型

类　　型	名　　称	字　节　数	取　值　范　围
char	字符型	1 字节	-128 到 127 或者 0 到 255
unsigned char	无符号字符型	1 字节	0 到 255
signed char	有符号字符型	1 字节	-128 到 127

【实例2.4】 编写程序，输出字符型数据类型所占字节数（源代码\ch02\2.4.txt）。

```
#include <iostream>          //头文件引用
using namespace std;         //命名空间
int main()                   //主函数
{
    cout << "char: \t\t" << "所占字节数: " << sizeof(char)<< endl;
    cout << "signed char: \t" << "所占字节数: " << sizeof(signed char)<< endl;
    cout << "unsigned char: \t" << "所占字节数: " << sizeof(unsigned char)<< endl;
}
```

程序运行结果如图 2-8 所示。

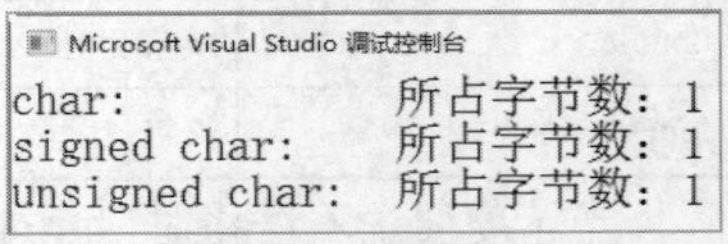

字符型数据既可以使用字符形式输出（即采用%c 格式控制符），也可以使用整数形式输出。例如：

```
char c ='A';
printf("%c,%u ",c,c);
```

以上这段代码的输出结果是：A，65。此处的 65 是字符'A'的 ASCII 码。

图 2-8　例 2.4 的程序运行结果

【实例2.5】 编写程序，实现字符和整数的相互转换输出（源代码\ch02\2.5.txt）。

```
#include <iostream>
using namespace std;
int main()
{
    char cch='A';                //定义字符变量并赋值
    int ich='A';                 //定义整型变量并赋值
    cout<<"cch="<<cch<<endl;     //输出单个字符
    cout<<"ich="<<ich<<endl;     //输出字符对应的ASCII 码
}
```

程序运行结果如图 2-9 所示。在本实例中先定义了一个 char 型变量 cch，其后给 cch 赋值为'A'，将字符变量 cch 输出，再定义一个 int 型变量 ich，给它赋值也是'A'，然后将该变量输出。

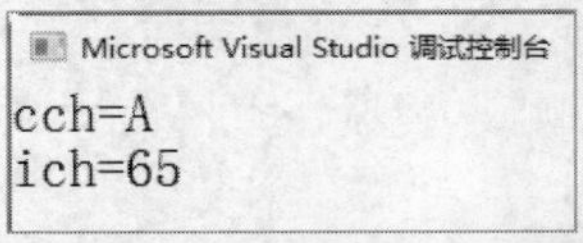

图 2-9　例 2.5 的程序运行结果

从结果来看，定义了字符型数据 cch 和整型数据 ich，给它们赋值都为字符'A'，输出结果却不同，整型变量 ich 的输出为 65。这是因为字符型数据在计算机内部是转换为整型数据来操作的，如上述代码中的字母 A，系统会自动将其转换为对应的 ASCII 码值 65。

知识扩展： C++语言中还保留着屏幕输出函数 printf()，使用该函数可以将任意数值类型的数据输出到屏幕中。因此将上述实例的代码修改为如下代码，也同样可以实现字符和整数的相互转换输出。代码如下：

```
#include <iostream>          //头文件引用
using namespace std;         //命名空间
int main()                   //主函数
{
    char cch='A';            /*字符变量 cch 初始化*/
    int ich='A';             /*整型变量 ich 初始化*/
    printf("cch=%c\n",cch);  /*以字符型输出 cch*/
    printf("ich=%u\n",ich);  /*输出字符对应的 ASCII 码*/
}
```

程序运行结果如图 2-10 所示。

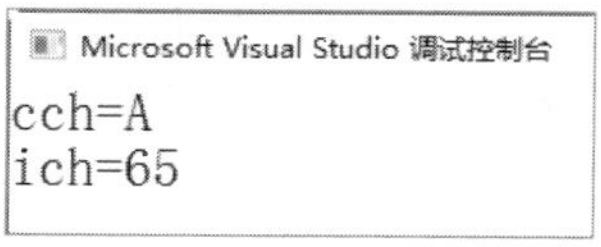

2.3.4　布尔型数据类型

```
cch=A
ich=65
```

在逻辑判断中，结果通常只有真和假两个值。C++语言　**图 2-10　字符和整数的相互转换输出**
中提供了布尔类型（bool）来描述真和假。布尔类型共有两
个取值，分别为 true 和 false，true 表示真，false 表示假。

在程序中，布尔类型被作为整数类型对待，true 表示 1，false 表示 0。将布尔类型赋值给整型是合法的；反之，将整型赋值给布尔类型也是合法的。例如：

【实例 2.6】编写程序，定义布尔型数据类型，并输出布尔型数值（源代码\ch02\2.6.txt）。

```
#include <iostream>
using namespace std;
int main()
{
    bool bflag=true;                    //定义布尔型变量并赋值
    int iflag=true;                     //定义整型变量并赋值
    cout<<"bflag="<<bflag<<endl;        //输出布尔型变量的值
    cout<<"iflag="<<iflag<<endl;        //输出整型变量的值
}
```

程序运行结果如图 2-11 所示。在本实例中先定义了一个
bool 类型的变量 bflag 并赋值为 true，又定义了一个 int 型的变量
iflag 并赋值为 true，最后将 iflag 和 bflag 输出。

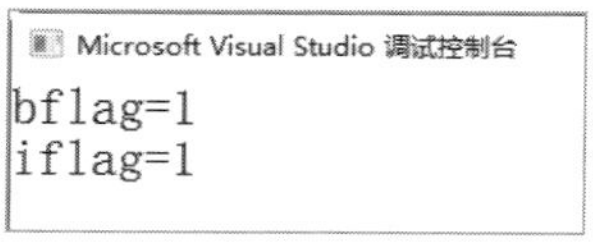

```
bflag=1
iflag=1
```

☆大牛提醒☆

图 2-11　例 2.6 的程序运行结果

从运行结果可以看到，布尔型变量 bflag 和整型变量 iflag 的输出值并不是 true，而都是整数值 1，这是使用布尔类型数据时需要注意的。

2.3.5　自定义数据类型

使用 typedef 可以自定义数据类型，语句由 3 个部分组成，分别是关键字 typedef、类型名称、类型标识符。具体的语法格式如下：

```
typedef 类型名称 类型标识符;
```

以上格式中 typedef 为系统关键字；"类型名称"为已知数据类型名称，包括基本数据类型和用户自定义数据类型；"类型标识符"为新的类型名称。例如：

```
typedef double LENGTH;
typedef unsigned int COUNT;
```

定义新的类型名称后，可以像基本数据类型那样定义变量。例如：

```
typedef unsigned int COUNT;
unsigned int b;
COUNT c;
```

typedef 的主要应用有如下几种形式。

（1）为基本数据类型定义新的类型名。

（2）为自定义数据类型（结构体、公用体和枚举类型）定义简洁的类型名称。

（3）为数组定义简洁的类型名称。

（4）为指针定义简洁的名称。

【实例 2.7】编程程序，自定义数据类型，然后输出自定义数据类型所占字节数（源代码\ch02\2.7.txt）。

```cpp
#include <iostream>
using namespace std;
typedef unsigned int UINT;
int main()
{
    unsigned int a;
    a=123;
    UINT b;
    b=456;
    cout<<"a="<<a<<endl;
    cout<<"sizeof a="<<sizeof(a)<<endl;
    cout<<"b="<<b<<endl;
    cout<<"sizeof b="<<sizeof(b)<<endl;
}
```

程序运行结果如图 2-12 所示。在本实例中，使用 type def 定义了一个 UINT 类型，该类型等同于 int 型。在主程序中，定义了一个 int 型变量 a 并赋值为 125；定义了一个 UNIT 型变量 b 并赋值为 456。将 a 的值和 a 的存储字节大小输出，将 b 的值和 b 的存储字节大小输出。

```
Microsoft Visual Studio 调试控制台
a=123
sizeof a=4
b=456
sizeof b=4
```

图 2-12　例 2.7 的程序运行结果

从运行结果来看，a 和 b 属于同一种数据类型（unsigned int 型），因为 UINT 标识符已经定义为 unsigned int 类型。

2.4　数据的输入与输出

微视频

在用户与计算机进行交互的过程中，数据的输入与输出是不可或缺的。计算机通过输入数据来获取用户的操作指令，并通过输出数据来显示操作结果。

2.4.1　认识控制台

在 Windows 操作系统中，保留了 DOS 系统的风格，并提供了控制台，也就是我们常用的"命令提示符"窗口。用户可以通过选择"开始"→"运行"命令，打开"运行"对话框，如图 2-13 所示，然后在"打开"文本框中输入 cmd.exe 命令并按 Enter 键，从而打开"命令提示符"窗口，如图 2-14 所示。

在控制台中可以运行 dir、cd、delete 等 DOS 系统中的文件操作命令，也可以用来启动 Windows 程序。使用 VC++ 6.0 创建的控制台工程程序都将运算结果输出到这个控制台上，它是程序显示输出结果的地方。

☆大牛提醒☆

本书中使用的 Visual Studio 2019 编译软件自带调试控制台。当程序运行后，结果会显示在如图 2-15 所示的调试控制台中。

图 2-13　"运行"对话框

图 2-14　"命令提示符"窗口

图 2-15　调试控制台

2.4.2　C++语言中的流

在 C++语言中，数据的输入与输出包括标准输入/输出设备（键盘、显示器）、外部存储介质上的文件（磁盘或 U 盘中的文件）和内存的存储空间 3 个方面的输入/输出。对标准输入设备和标准输出设备的输入/输出简称为标准 I/O，对在外存磁盘上文件的输入/输出简称文件 I/O，对内存中指定的字符串存储空间的输入/输出简称为串 I/O。

C++语言中把数据之间的传输操作称为"流"。所谓的"流"，是从数据的传输抽象而来的，可以将其理解为文件。C++中的流既可以表示数据从内存传送到某个载体或设备中（即输出流），也可以表示数据从某个载体或设备传送到内存缓冲区变量中（即输入流）。

C++语言定义了 I/O 流库供用户使用，常用的标准 I/O 操作包括 cin 和 cout。其中，cin 代表标准输入设备键盘，也称为 cin 流或标准输入流；cout 代表标准输出显示器，也称为 cout 流或标准输出流。当通过键盘输入操作时使用 cin 流，当进行显示器输出操作时使用 cout 流。如图 2-16 表示 C++通过流进行数据输入/输出的过程。

有关 cin、cout 和流运算符（<<和>>）的定义是预先定义好的流对象，存放在 C++的输入/输出流库中。因此，如果在程序中使用 cin、cout 和流运算符，就必须使用预处理命令把头文件 iostream 包含到程序中，语句如下：

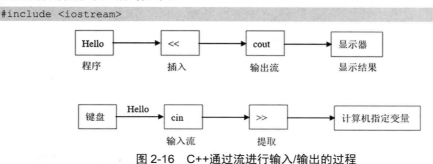

图 2-16　C++通过流进行输入/输出的过程

C++的流通过重载运算符"`>>`"和"`<<`"执行输入和输出操作。输出操作是向流中插入一个字符序列，因此将左移运算符"`<<`"称为插入运算符。输入操作是从流中提取一个字符序列，因此将右移运算符"`>>`"称为提取运算符。

2.4.3 认识 cout 与 cin 语句

1. cout 语句的一般格式

cout 语句的一般格式如下：

```
cout<<表达式 1<<表达式 2<<…<<表达式 n;
```

cout 代表显示器，执行"cout<<表达式 1"操作就是相当于把表达式 1 的值输出到显示器。cout 可以输出整数、实数、字符及字符串，cout 中插入符"`<<`"后面可以跟变量、常量、转义字符、对象等表达式。在定义流对象时，系统会在内存中开辟一段缓冲区，用来暂存输入/输出流的数据。在执行 cout 语句时，先把插入的数据顺序存放在输出缓冲区中，直到输出缓冲区满或遇到 cout 语句中的 endl（或'\n'、ends、flush）为止，此时将缓冲区中已有的数据一起输出并清空缓冲区。

一个 cout 语句可以分成若干行。例如：

```
cout<<"This is a C++ program."<<endl;
```

可以写成

```
cout<<"This is"          //行末尾无分号
<<"a C++"
<<"program."
<<endl;                  //语句最后有分号
```

也可以写成

```
cout<<"This is";         //语句末尾有分号
cout<<"a C++";
cout<<"program.";
cout<<endl;
```

以上 3 种情况的输出结果均为：

```
This is a C++ program.
```

【实例 2.8】编写程序，在屏幕上输出数字和字符串（源代码\ch02\2.8.txt）。

```
#include <iostream>
using namespace std;
int main()
{
    int a=10;                        //定义 int 型变量 a，并赋值为 10
    cout <<a<<endl;                  //输出变量 a 的值，并换行
    cout << "Hello World!" <<endl;   //输出"Hello World!"，并输出一个换行
}
```

程序运行结果如图 2-17 所示，即向屏幕输出变量 a 的值和'Hello World!'字符串。在代码中，endl 是向流的末尾部位加入换行符；a 是一个整型变量，在输出流中会自动将整型变量转换成字符串输出。

图 2-17 例 2.8 的程序运行结果

2. cin 语句的一般格式

cin 语句的一般格式如下：

```
cin>>变量1>>变量2>>…>>变量n;
```

cin 代表键盘，执行 "cin>>变量1" 操作就是相当于把键盘输入的数据赋予变量1。当从键盘上输入数据时，只有当输入完数据并按 Enter 键后，系统才把该行数据存入到键盘缓冲区，以供 cin 流将其按顺序读取给变量。另外，从键盘上输入的每个数据之间必须用空格或回车符分开，因为 cin 为一个变量读入数据是以空格或回车键作为其结束标志的。

与 cout 类似，一个 cin 语句可以分成若干行。例如：

```
cin>>a>>b>>c>>d;
```

可以写成

```
cin>>a          //注意行末尾无分号
>>b
>>c
>>d;
```

也可以写成

```
cin>>a;
cin>>b;
cin>>c;
cin>>d;
```

以上 3 种情况均可以通过从键盘输入 1234↙ 来实现，也可以像下面这样分多行输入数据。

```
1↙
23↙
4↙
```

在用 cin 输入时，系统也会根据变量的类型从输入流中读取相应长度的字节。

【实例 2.9】编写程序，输出用户输入的数字和字符串（源代码\ch02\2.9.txt）。

```cpp
#include <iostream>
using namespace std;
int main()
{
    cout << "请输入您的名字和年龄:" << endl;
    char name[10];
    int age;
    cin >> name;
    cin >> age;
    cout << "您的名字是: " << name << endl;
    cout << "您的年龄是: " << age << endl;
}
```

程序运行结果如图 2-18 所示。在本例中，首先定义了一个 char 类型的数组 name，又定义了一个 int 型的变量 age，再使用 cin 从键盘输入 name 和 age 的值，最后将赋值的变量输出。从运行结果来看，利用 cin 实现了 name 和 age 的输入。

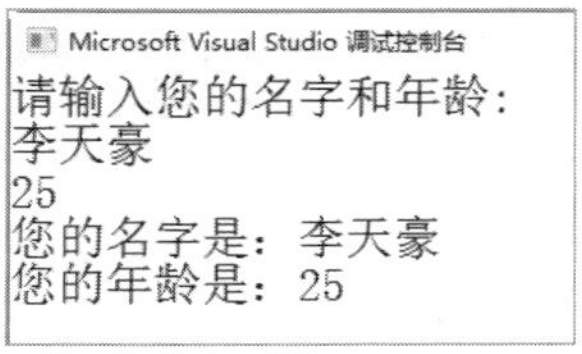

图 2-18 例 2.9 的程序运行结果

2.4.4　流输出格式的控制

1. cout 控制符的格式

使用 cout 输出数据时，一般采用默认格式，如整型按十进制形式输出，但在实际应用中，会输出一些具有特殊要求的数据，例如输出浮点数时规定字段宽度、只保留两位小数、数据向左或向右对齐等。为此，C++语言在头文件 iomanip 中定义了一些控制流输出格式的函数。表 2-6 所示为流控制的具体函数。

表 2-6　流控制的具体函数

函 数 名	描　　述
int width()	返回当前的输出域宽
int width(int w)	设置下一个数据值的输出域宽为 w
long unsetf(long f)	根据参数 f 清除相应的格式化标志
long setf(long f)	根据参数 f 设置相应的格式标志
resetiosflags(long f)	关闭被指定为 f 的标志
setbase(int base)	设置数值的基本数为 base
setfill(int ch)	设置填充字符为 ch
setiosflags(long f)	启用指定为 f 的标志
setprecision(int p)	设置数值的精度（四舍五入）
setw(int w)	设置域宽度为 w

除了使用函数控制 cout 输出的格式外，数据输入/输出的格式控制还有更简洁的形式，就是使用头文件 iomanip 中提供的操作符。使用这些操作符不需要调用成员函数，只要把它们作为插入操作符（" "）的输出对象即可。表 2-7 所示为 iomanip 中提供的操作符。

表 2-7　iomanip 中提供的操作符

函 数 名	描　　述	函 数 名	描　　述
dec	转换为按十进制输出整数，是默认的输出格式	endl	输出换行符\n 并刷新流
oct	转换为按八进制输出整数	ends	输出一个空字符\0
hex	转换为按十六进制输出整数	flush	只刷新一个输出流
ws	从输出流中读取空白字符		

【实例 2.10】编写程序，使用 cout 格式化输出结果（源代码\ch02\2.10.txt）。

```
#include <iostream>
#include <iomanip>
using namespace std;
int main()
{
    double a=123.456789012345;                          //对 a 赋初值
    cout<<a<<endl;                                       //输出:123.456
    cout<<setprecision(9)<<a<<endl;                      //输出:123.456789
    cout<<setprecision(6)<< a <<endl;                    //恢复默认格式
```

```
    cout<<setiosflags(ios::fixed)<< a <<endl;                //输出:123.456789
    cout<<setiosflags(ios::fixed)<<setprecision(8)<<a<<endl; //输出:123.45678901
    cout<<setiosflags(ios::scientific)<<a<<endl;             //输出:0X1.edd3c080p+6
    cout<<setiosflags(ios::scientific)<<setprecision(4)<<a<<endl; //输出: 0X1.edd4p+6
    int b=123456;                                            //对 b 赋初值
    cout<<b<<endl;                                           //输出:123456
    cout<<hex<<b<<endl;                                      //输出:1e240
    cout<<setiosflags(ios::uppercase)<<b<<endl;              //输出:1E240
    cout<<setw(10)<<b<<','<<b<<endl;                         //输出:1E240,1E240
    cout<<setfill('*')<<setw(10)<<b<<endl;                   //输出:****1E240
    cout<<setiosflags(ios::showpos)<<b<<endl;                //输出:1E240
}
```

　　程序运行结果如图 2-19 所示。在本例中，首先定义了一个 double 型变量 a，再调用 cout 格式控制符，按照需要将 double 型变量 a 输出，然后又定义了 int 型变量 b，再调用 cout 格式控制符将 int 型变量 b 输出。从运行结果来看，利用 cout 格式控制符，实现了各类数据的格式化输出。

```
■ Microsoft Visual Studio 调试控制台
123.457
123.456789
123.457
123.456789
123.45678901
0x1.edd3c080p+6
0x1.edd4p+6
123456
1e240
1E240
      1E240, 1E240
*****1E240
1E240
```

图 2-19　例 2.10 的程序运行结果

2. 格式输出函数 printf( )

　　格式输出函数 printf( )主要是将标准输入流读入的数据向输出设备进行输出。一般形式如下：

```
printf("格式字符串");
printf("格式字符串", 输出项列表);
```

　　（1）"格式字符串"用来指定输出的格式，由"普通字符"和"格式控制字符"组成。"普通字符"是指除了格式说明符外的需要原样输出的字符，一般是输出时的提示性信息，也可以输出空格及转义字符；"格式控制字符"由"%"和格式说明符组成，如%c、%d、%f 等，用于将输出项依次转换为指定的格式输出。

　　例如，若已经定义了基本整型变量 a 并赋值为 10，则可以像下面这样输出 a 的值。

```
int a=10;
printf("变量 a 的值为: %d\n", a);
```

　　输出的结果如下：

```
变量 a 的值为: 10
```

　　（2）"输出项列表"是需要输出的若干数据的列表，各项间由逗号隔开。每一项既可以是常量、变量，也可以是表达式。

　　例如，若已经定义了基本整型变量 a、b，并且将 a 赋值为 10、将 b 赋值为 a+5，则可以像下面这样输出 a 和 b 的值。

```
int a=10,b;
printf("a=%d  b=%d\n", a, a+5);
```

　　输出的结果如下：

```
a=10  b=15
```

　　C++语言中的 printf( )函数格式字符及说明如表 2-8 所示。

表 2-8 printf()函数格式字符及说明

格 式 字 符	说　明
d	以十进制形式输出带符号整数（正数不输出符号）
o	以八进制形式输出无符号整数（不输出前缀 o）
x	以十六进制形式输出无符号整数（不输出前缀 ox）
u	以十进制形式输出无符号整数
c	输出单个字符
s	输出字符串
f	以小数形式输出单精度、双精度实数
e	以指数形式输出单精度、双精度实数
g	以%f%e 中较短的输出宽度输出单精度、双精度实数

（1）d 格式符。以十进制形式输出整数（正数不输出符号），具体用法如下。

- %d：指定按照实际占用的宽度输出十进制整型数据。
- %*md：m 为指定的输出字段的宽度，如果数据的位数小于 m，用*所指定的字符占位，否则*未指定用空格占位；如果大于 m，则按实际位数输出。
- %ld：l 为修饰符，用来指定长整型数据的输出格式。

（2）o 格式符。以八进制形式输出整数（不输出前缀 o），具体用法如下。

- %o：指定按照实际占用的宽度输出八进制整型数据。
- %*mo：m 为指定的输出字段的宽度，如果数据的位数小于 m，用*所指定的字符占位，否则*未指定用空格占位；如果大于 m，则按实际位数输出。
- %lo：l 为修饰符，用来指定长整型数据的输出格式。

（3）x 格式符。以十六进制形式输出无符号整数（不输出前缀 ox），具体用法如下。

- %x：指定按照实际占用的宽度输出十六进制整型数据。
- %*mx：m 为指定的输出字段的宽度，如果数据的位数小于 m，用*所指定的字符占位，否则*未指定用空格占位；如果大于 m，则按实际位数输出。
- %lx：l 为修饰符，用来指定长整型数据的输出格式。

（4）f 格式符。以十进制小数形式输入/输出实数，包括单精度和双精度，具体用法如下。

- %f：不指定字段宽度，整数部分全部输出，小数部分输出 6 位。
- %m.nf：m 和 n 都是正整数，输出的数据占 m 列，其中有 n 位小数。如果数值长度小于 m，则左端补空格。
- %-m.nf：m 和 n 都是正整数，输出的数据占 m 列，其中有 n 位小数。如果数值长度小于 m，则右端补空格。
- %lf：l 为修饰符，表示输出双精度数据。

（5）e 格式符。以指数形式输出单精度、双精度实数，具体用法如下。

- %e：不指定字段宽度，整数部分全部输出，小数部分输出 6 位。
- %m.ne：m 和 n 都是正整数，输出的数据占 m 位，其中有 n 位小数。如果数值长度小于 m，则左端补空格。
- %-m.ne：m 和 n 都是正整数，输出的数据占 m 位，其中有 n 位小数。如果数值长度小于 m，则右端补空格。

（6）s 格式符。输出一个字符串，具体用法如下。

- %s：将字符串按实际长度输出。
- %*ms：输出的字符串占 m 列，如果字符串本身大于 m，则突破 m 的限制，用*所指定的字符占位，否则*未指定用空格占位；如果字符串长度小于 m，则左补空格。
- %-ms：如果字符串长度小于 m，则在 m 列范围内字符串向左靠，右补空格。
- %m.ns：m 和 n 都是正整数，输出占 m 列，但只取字符串中左端 n 个字符。这 n 个字符输出在 m 列的右侧，左补空格。
- %-m.ns：m 和 n 都是正整数，输出占 m 列，但只取字符串中左端 n 个字符。这 n 个字符输出在 m 列的左侧，右补空格。

【实例 2.11】编写程序，定义 int 型变量 a、char 型变量 b、float 型变量 c，并为 a、b、c 分别赋值，最后通过输出函数 printf()输出变量 a、b、c 的值（源代码\ch02\2.11.txt）。

```cpp
#include <iostream>
#include <iomanip>
using namespace std;
int main()
{
    int a=10;
    char b='A';
    float c=3.1415;
    printf("a=%d  b=%c  c=%f\n",a,b,c); /*在屏幕中输出 a,b,c 的值*/
}
```

程序运行结果如图 2-20 所示。

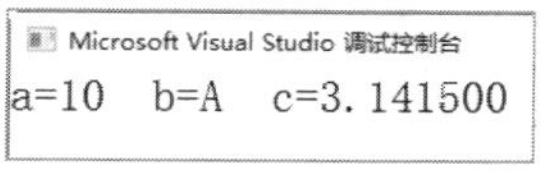

```
Microsoft Visual Studio 调试控制台
a=10   b=A   c=3.141500
```

图 2-20　例 2.11 的程序运行结果

2.5　新手疑难问题解答

问题 1：注释有什么作用？C++中有哪几种注释的方法？它们之间有什么区别？

解答：注释在程序中的作用是对程序进行注解和说明，以便于阅读。编译系统在对源程序进行编译时不理会注释部分，因此注释对于程序的功能实现不起任何作用。而且由于编译时忽略注释部分，因此注释内容不会增加最终可执行程序的大小。适当地使用注释，能够提高程序的可读性。在 C++中，有两种注释的方法：一种是沿用 C 语言方法，使用 "/*" 和 "*/" 括起注释文字；另一种方法是使用 "//"，从 "//" 开始，直到它所在行的行尾，所有字符都被作为注释处理。

问题 2：从精度上来讲，浮点型的精度比整型精确；从表示范围上来讲，浮点型表示的范围比整型表示的范围大。那么，为什么还需要整型呢？

解答：每种数据类型都有优缺点，虽然有时可以将浮点型与整型相互替换，但有时就非要某种类型不可了，而且有些整数是浮点型表示不出来的，这就必须使用整型数据类型了。

2.6 实战训练

实战训练

实战 1：根据输入的学生个数与成绩，统计有关信息。

编写程序，通过输入端输入学生的个数，然后输入学生的期末成绩，要求计算平均成绩、完成成绩排序及计算出成绩合格人数。程序运行效果如图 2-21 所示。

实战 2：制作一个查询数据类型长度的小工具。

编写程序，制作一个查询数据类型长度的小工具，要求实现 char、short、int、long、float、double 类型的长度查询。程序运行效果如图 2-22 所示。

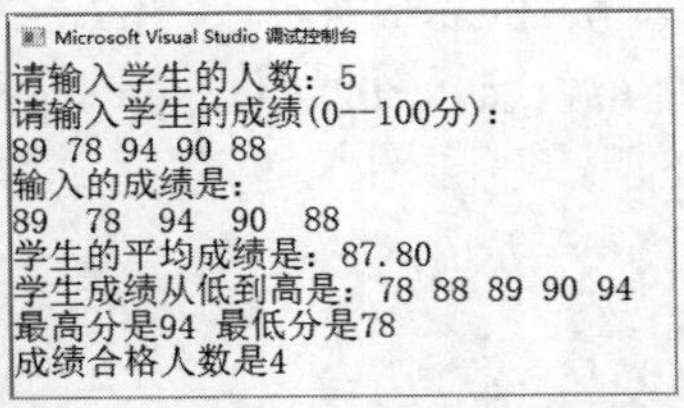

```
Microsoft Visual Studio 调试控制台
请输入学生的人数：5
请输入学生的成绩(0—100分)：
89 78 94 90 88
输入的成绩是：
89  78  94  90  88
学生的平均成绩是：87.80
学生成绩从低到高是：78 88 89 90 94
最高分是94 最低分是78
成绩合格人数是4
```

图 2-21 实战 1 程序运行效果

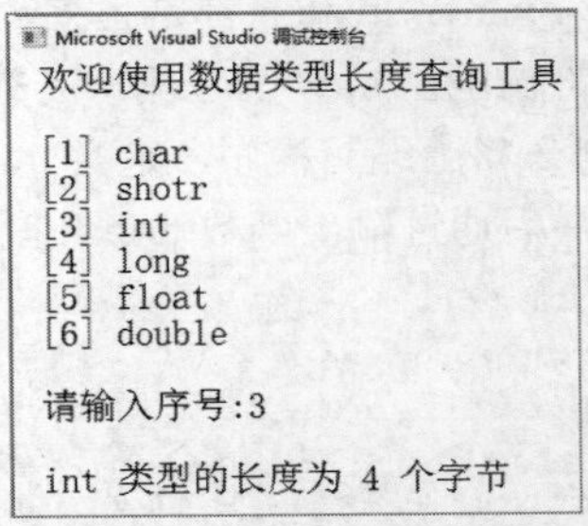

```
Microsoft Visual Studio 调试控制台
欢迎使用数据类型长度查询工具

[1] char
[2] shotr
[3] int
[4] long
[5] float
[6] double

请输入序号:3

int 类型的长度为 4 个字节
```

图 2-22 实战 2 程序运行效果

实战 3：定义不同的数据类型，进行数据的转换。

编写程序，定义不同的数据类型，并将不同的数据类型进行相互转换。程序运行效果如图 2-23 所示。

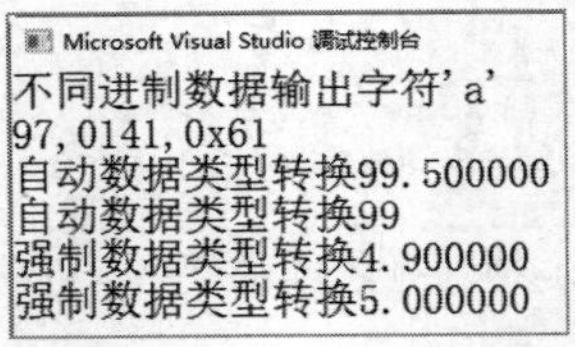

```
Microsoft Visual Studio 调试控制台
不同进制数据输出字符'a'
97, 0141, 0x61
自动数据类型转换99.500000
自动数据类型转换99
强制数据类型转换4.900000
强制数据类型转换5.000000
```

图 2-23 实战 3 程序运行效果

第3章

使用常量和变量

在数据的世界中，数据被分为一成不变的常量和一直变化的变量。这样划分以后，计算机操作数据也变得方便多了，只要计算机能操作变量和常量，那么它就可以操作任何数据。本章介绍在 C++程序设计中如何使用常量和变量。

3.1 使用常量

微视频

在程序中，有些数据是不需要改变的，也是不能改变的。因此，我们把这些不能改变的固定值称为常量。

3.1.1 认识常量

常量是固定值，在程序执行期间不会改变。常用的常量包括整型常量、浮点型常量、字符常量和字符串常量等。在程序中，常量可以不经说明而直接引用。

【**实例 3.1**】编写程序，在屏幕中输出不同类型的常量数据（源代码\ch03\3.1.txt）。

```cpp
#include <iostream>              //头文件引用
using namespace std;            //命名空间
int main()                      //主函数
{
    cout <<2021<<endl;          //执行输出整型常量
    cout <<3.1415<<endl;        //执行输出实型常量
    cout <<'a'<<endl;           //执行输出字符常量
    cout <<"Hello World!"<<endl; //执行输出字符串常量
}
```

程序运行结果如图 3-1 所示。cout 是输出流，实现向屏幕输出不同类型的数据，其中 3.1415 也被称为实型变量。

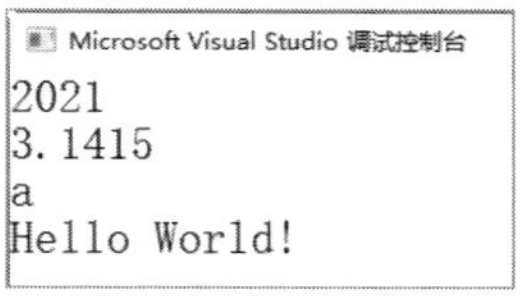

```
▣ Microsoft Visual Studio 调试控制台
2021
3.1415
a
Hello World!
```

图 3-1 例 3.1 的程序运行结果

3.1.2 整型常量

在 C++语言中，整型常量就是指直接使用的整型常数，例如 0、15、–20 等。整型常量可以分为长整型、短整型、符号整型和无符号整型，如表 3-1 所示。

表 3-1　整型常量数据类型

数 据 类 型	占 位 数	取 值 范 围
unsigned short int	2 字节	0 到 65 535
signed short int	2 字节	32 768 到 32 767
unsigned int	4 字节	0 到 4 294 967 295
signed int	4 字节	2 147 483 648 到 2 147 483 647
signed long int	8 字节	9 223 372 036 854 775 808 到 9 223 372 036 854 775 807

☆大牛提醒☆

根据不同的编译器，整型的取值范围是不一样的，有可能在 16 位的计算机中整型就为 16 位，在 32 位的计算机中整型就为 32 位。

在编写整型常量时，可以在常量的后面添加"l"或"u"来修饰整型常量，若添加"l"或"L"则表示该整型常量为"长整型"，如"17L"；若添加"u"或"U"则表示该整型常量为"无符号型"，如"17u"；这里的"l"或"u"不区分大小写。

所有整型常量可以通过三种形式进行表达，分别是十进制、八进制、十六进制，并且各种数制均有正（+）负（–）之分，正数的"+"可省略。例如，0、–12、255、1、32767 等都是整型数据。

（1）十进制：包含 0～9 中的数字，但是一定不能以 0 开头，如 15，–255。

（2）八进制：只包含 0～7 中的数字，必须以 0 开头，如 017（十进制的 15）、0377（十进制的 255）。

（3）十六进制：包含 0～9 中的数字和 a～f 中的字母，以 0x 或 0X 开头，如 0xf（十进制的 15）、0xff（十进制的-1）、0x7f（十进制的 127）。

以下是各种类型整数常量的实例。

```
85          /* 十进制 */
0213        /* 八进制 */
0x4b        /* 十六进制 */
30          /* 整数 */
30u         /* 无符号整数 */
30l         /* 长整数 */
```

☆大牛提醒☆

整型数据是不允许出现小数点和其他特殊符号的。另外，在计算机中，整型常量以二进制方式存储；在日常生活中，数值的表示以十进制为主。

3.1.3 实型常量

C++语言中实型常量也被称为浮点型常量。它有两种表示形式：一种是十进制小数形式，一种是指数形式。

（1）十进制小数形式：由数码 0～9 和小数点组成。例如，0.1、25.2、5.789、0.13、5.8、300.5、−267.8230 等均为合法的实数。注意，必须有小数点。

（2）指数形式：由十进制数加字母"e"或"E"及阶码（只能为整数，可以带符号）组成，这里的 E 代表指数 10。例如，2.8E5、3.9E−2、0.1E7、−2.5E−2 等。

☆**大牛提醒**☆

科学记数法要求字母 e（或 E）的两端必须都有数字，而且右侧必须为整数，因此 e3、2.1e3.2、e 是错误的。

【**实例 3.2**】编写程序，在屏幕中输出实型常量（源代码\ch03\3.2.txt）。

```
#include <iostream>          //头文件引用
using namespace std;         //命名空间
int main()                   //主函数
{
    cout <<3.1415<<endl;     //执行输出浮点数 3.1415
    cout <<-3.1415<<endl;    //执行输出浮点数−3.1415
}
```

程序运行结果如图 3-2 所示。从结果可以看出，直接输出的数值都没有发生变化，这些数值都是实型常量。

图 3-2　例 3.2 的程序运行结果

3.1.4　字符常量

字符常量是用单引号"'"括起来的一个字符，一个字符常量在计算机中占一个字节，例如 'a'、'b'、'='、'+'、'?'都是合法的字符常量。字符常量的值为所括起的字符在 ASCII 表中的编码，所以字符和整数可以互相赋值。例如，字符"a"的 ASCII 码值为 97，字符"A"的 ASCII 码值为 65，字符"？"的 ASCII 码值为 63。

在 C++语言中，字符常量有以下特点。

（1）字符常量只能用单引号括起来，不能用双引号或其他括号。

（2）字符常量只能是单个字符，不能是字符串。

（3）字符可以是字符集中任意字符，但数字被定义为字符型后就不能参与数值运算。如'5'和 5 是不同的，'5'是字符常量，不能参与运算。

ASCII 码表中还有很多通过键盘无法输入的字符，可以使用"\ddd"或"\xhh"来引用这些字符。"\ddd"是 1～3 位八进制数所代表的字符，"\xhh"是 1～2 位十六进制数所代表的字符。例如，"\101"表示 ASCII 码"A"，"\XOA"表示换行等。

【**实例 3.3**】编写程序，输出 ASCII 码表中的部分字符（源代码\ch03\ 3.3.txt）。

```
#include <iostream>          //头文件引用
using namespace std;         //命名空间
int main()                   //主函数
{
    cout <<"A"<<endl;
    cout <<"\101"<<endl;
    cout <<"\x41"<<endl;
    cout <<"\052, \x1E"<<endl;
}
```

程序运行结果如图3-3所示。

除了正常显示的字符外，还有一些控制符是无法通过正常的字符形式表示的，如常用的回车、换行、退格等。因此，C++语言还使用了一种特殊形式的字符常量，这种特殊字符称为转义字符。例如上述代码中\101、\x41为转义字符。

图3-3　例3.3的程序运行结果

使用转义字符时是以反斜杠（\）代表开始转义，后跟一个或几个字符的特定字符序列。它表示ASCII字符集中控制字符、某些用于功能定义的字符和其他字符，不同于字符原有的意义，故称为"转义"字符。常用的转义字符如表3-2所示。

表3-2　常用的转义字符

转 义 字 符	含 义	ASCII 值（十进制）
\a	响铃（BEL）	007
\b	退格（BS）	008
\f	换页（LF）	012
\n	换行	010
\r	回车（CR）	013
\t	水平制表（HT）	009
\v	垂直制表（VT）	011
\\	反斜杠	092
\?	问号字符	063
\'	单引号字符	039
\"	双引号字符	034
\0	空字符（NULL）	000

【实例3.4】编写程序，在命令行中输出字符常量与转义字符（源代码\ch03\3.4.txt）。

```
#include <iostream>                      //头文件引用
using namespace std;                     //命名空间
int main()                               //主函数
{
    cout <<"Hello\tWorld\n\n"<<endl;     /*输出 Hello  World 并换两次行*/
    cout <<" a, A\n"<<endl;              /*输出 a, A 并换行*/
    cout <<"123\'\"\n "<<endl;           /*输出 123、单引号和双引号，最后换行*/
}
```

程序运行结果如图3-4所示。

3.1.5　字符串常量

字符串常量是由一对双引号括起的字符序列。例如，"Hello World"、"C program"、"3.14"等都是合法的字符串常量。字符串常量和字符常量是不同的量，它们之间主要有以下区别。

（1）字符常量由单引号括起来，字符串常量由双引号括起来。

图3-4　例3.4的程序运行结果

（2）字符常量只能是单个字符，字符串常量则可以含一个或多个字符。

（3）可以把一个字符常量赋予一个字符串变量，但不能把一个字符串常量赋予一个字符变量。

☆大牛提醒☆

在 C++语言中没有相应的字符串变量，但可以用一个字符数组来存放一个字符串常量，在后面的章节中会详细介绍。

（4）字符常量占一个字节的内存空间。字符串常量占的内存字节数等于字符串中字节数加1。增加的一个字节中存放字符"\0"（ASCII 码为 0），它是字符串结束的标志。

例如，字符串"C program"在内存中所占的字节可以表示为如下所示的样式。

C		p	r	o	g	r	a	m	\0

字符常量'a'和字符串常量"a"虽然都只有一个字符，但在内存中的情况是不同的。字符常量'a'在内存中占一个字节，可表示为如下所示的样式。

r	a

字符串常量"a"在内存中占两个字节，可表示为如下所示的样式。

a	\0

【实例 3.5】编写程序，在命令行中输出字符串常量（源代码\ch03\3.5.txt）。

```cpp
#include <iostream>              //头文件引用
using namespace std;            //命名空间
int main()                     //主函数
{
    cout <<"Hello World! "<<endl;     /*输出 Hello World! 并换行*/
    cout <<"Hello, dear! "<<endl;     /*输出 Hello, dear! */
}
```

程序运行结果如图 3-5 所示。

3.1.6　其他常量

除前面介绍的普通常量外，常量还包括布尔常量、枚举常量、宏定义常量等。

图 3-5　例 3.5 的程序运行结果

（1）布尔常量：布尔常量只有两个，一个是 true，表示真；一个是 false，表示假。注意，不能把 true 的值看成 1，false 的值看成 0。

（2）枚举常量：枚举型数据中定义的成员也都是常量。

（3）宏定义常量：通过#define 宏定义的一些值也被称为常量。例如：

```cpp
#define PI 3.1415
```

其中，PI 就是常量。

3.2　自定义常量

微视频

在 C++中，有两种简单定义常量的方式，分别是使用#define 预处理器和使用 const 关键字来定义。

3.2.1 使用#define 预处理器

#define 是一条预处理命令（预处理命令都以"#"开头），称为宏定义命令，其功能是把该标识符定义为其后的常量值。使用#define 预处理器定义常量的格式如下：

```
#define identifier（标识符） value（常量值）
```

一经定义，以后在程序中所有出现该标识符的地方均代之以该常量值。例如#define PI 3.14159，表示用符号 PI 代替 3.14159。在编译前，系统会自动把所有的 PI 替换成 3.14159，也就是说编译运行时系统中只有 3.14159，而没有符号。

【实例 3.6】编写程序，使用#define 预处理器定义常量来计算圆的面积（源代码\ch03\ 3.6.txt）。

```cpp
#include <iostream>
using namespace std;
#define PI 3.14159
int main()
{
    double square = 0, radius=0;
    cout<<"请输入圆的半径"<<endl;
    cin>>radius;
    square = PI*radius*radius;
    cout<<"半径为"<<radius<<"的圆面积是: "<<square<<endl;
}
```

程序运行结果如图 3-6 所示。在本实例中，首先使用#define 预处理器定义了一个 PI 常量，初始化为 3.14159，接着在主函数中使用 cin 输入圆的半径，然后根据输入的半径计算出圆的面积。从输出结果来看，使用#define 实现了 PI 的宏定义，在程序编译时只要有 PI 的地方全部替换成 3.14159。

【实例 3.7】编写程序，使用#define 预处理器定义常量来计算长方形的周长和面积（源代码\ ch03\3.7.txt）。

```cpp
#include <iostream>
using namespace std;
#define LENGTH 5
#define WIDTH 8
int main()
{
    int area;                    /*定义长方形的面积*/
    int cir;                     /*定义长方形的周长*/
    area = LENGTH*WIDTH;         /*计算长方形的面积*/
    cir = 2*(LENGTH+WIDTH);      /*计算长方形的周长*/
    cout<<"长方形的面积:"<<area<<endl;
    cout<<"长方形的周长:"<<cir <<endl;
}
```

程序运行结果如图 3-7 所示。从输出结果可以看出，本实例中使用#define 预处理器定义了常量。使用#define 预处理器定义常量与变量不同，它的值在其作用域内不能改变，也不能再被赋值。

图 3-6　例 3.6 的程序运行结果

图 3-7　例 3.7 的程序运行结果

☆**大牛提醒**☆

使用#define 预处理器定义常量的好处是，含义清楚且在程序中修改一处即可实现 "一改全改"。习惯上，使用#define 预处理器定义常量的标识符用大写字母，变量标识符用小写字母，以示区别。

3.2.2　使用 const 关键字

除了使用#define 定义符号常量外，用户还可以使用 const 前缀声明指定类型的常量。其定义格式如下：

```
const type variable = value;
```

相比变量定义的格式，常量定义必须以 const 开始。另外，常量必须在定义的同时完成赋值，而不能先定义后赋值。

```
const float PI = 3.14159;
```

【实例 3.8】编写程序，使用 const 关键字定义常量来计算圆的面积（源代码\ch03\3.8.txt）。

```cpp
#include <iostream>
using namespace std;
const double PI = 3.14159;
int main()
{
    double square = 0, radius=0;
    cout<<"请输入半径长度"<<endl;
    cin>>radius;
    square = PI*radius*radius;
    cout<<"半径长度为"<<radius<<"的圆面积是: "<<square<<endl;
}
```

程序运行结果如图 3-8 所示。在本实例中，首先使用宏定义了一个 PI 常量，初始化为 3.14159。在主程序中，使用 cin 输入圆的半径，然后根据输入的半径计算出圆的面积。从结果来看，首先使用 const 关键字定义了一个 PI 常量。与使用#define 预处理器定义常量不同，使用 const 定义常量不是在编译时就起作用，而是在运行时才发生作用。

【实例 3.9】编写程序，使用 const 关键字定义常量来计算长方形的周长和面积（源代码\ch03\3.9.txt）。

```cpp
#include <iostream>
using namespace std;
int main()
{
    const int  LENGTH = 5;
    const int  WIDTH = 8;
    int area;                    /*定义长方形的面积*/
    int cir;                     /*定义长方形的周长*/
    area = LENGTH*WIDTH;         /*计算长方形的面积*/
    cir = 2*(LENGTH+WIDTH);      /*计算长方形的周长*/
    cout<<"长方形的面积:"<<area<<endl;   /*输出长方形的面积*/
    cout<<"长方形的周长:"<<cir <<endl;   /*输出长方形的周长*/
}
```

程序运行结果如图 3-9 所示。从输出结果可以看出，使用 const 关键字定义常量与使用#define 预处理器定义常量，其计算结果是一样的。

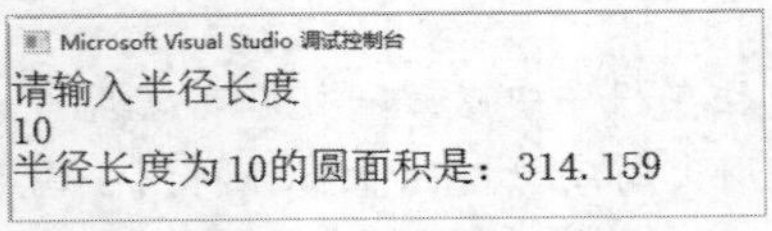
Microsoft Visual Studio 调试控制台
请输入半径长度
10
半径长度为10的圆面积是：314.159

图 3-8 例 3.8 的程序运行结果

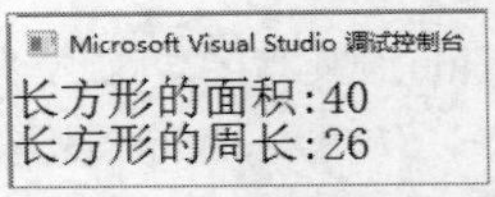
Microsoft Visual Studio 调试控制台
长方形的面积:40
长方形的周长:26

图 3-9 例 3.9 的程序运行结果

3.3 使用变量

微视频

变量是指在程序运行过程中其值可以改变的量。在程序定义变量时，编译系统就会给它分配相应的存储单元，用来存储数据。变量的名称就是该存储单元的符号地址。

3.3.1 认识变量

在 C++程序设计中，变量用于存储程序中可以改变的数据。形象地讲，变量就像一个存放东西的抽屉，知道了抽屉的名字（变量名），也就能找到抽屉的位置（变量的存储单元）及抽屉里的东西（变量的值）。当然，抽屉里存放的东西是可以改变的。也就是说，变量值也是可以变化的。

从上面的叙述不难看出，变量具有以下 4 个基本属性。

（1）变量名：一个符合规则的标识符。

（2）变量类型：C++语言中的数据类型或者是自定义的数据类型。

（3）变量位置：数据的存储空间位置。

（4）变量值：数据存储空间内存放的值。

程序编译时，会给每个变量分配存储空间和位置。程序读取数据的过程，其实就是根据变量名查找内存中相应的存储空间，从其内取值的过程。

【实例 3.10】编写程序，使用变量输出偶数 2 和 4，再输出大写字母 A 和 B（源代码\ch03\3.10.txt）。

```
#include <iostream>
using namespace std;
int main()
{
    int i=2;                                  /*定义一个变量 i 并赋初值*/
    char y='A';                               /*定义一个 char 类型的变量 y 并赋初值*/
    cout<<"第 1 次输出偶数 i="<<i<<endl;        /*输出变量 i 的值*/
    i=4;                                      /*给变量 i 赋值*/
    cout<<"第 2 次输出偶数 i="<<i<<endl;        /*输出变量 i 的值*/
    cout<<"第 1 次输出大写字母 y="<<y<<endl;    /*输出变量 y 的值*/
    y='B';                                    /*给变量 y 赋值*/
    cout<<"第 2 次输出大写字母 y="<<y<<endl;    /*输出变量 y 的值*/
}
```

程序运行结果如图 3-10 所示。从输出结果可以看出，变量 i 和 y 的值两次输出不一样。在本实例代码中变量 i 和 y 是先进行定义的，而且变量 i 和 y 都进行了两次赋值。可见，变量在程序运行中是可以改变它的值的。第 5 行和第 7 行是给变量赋初值的两种方式，是变量的初始化。

图 3-10 例 3.10 的程序运行结果

☆**大牛提醒**☆

变量的名称可以由字母、数字和下画线字符组成，它必须以字母或下画线开头；大写字母和小写字母是不同的，因为 C++语言中字母的大小写是有区别的。

3.3.2 变量的声明

变量声明的作用是向编译器保证变量以指定的类型和名称存在，这样编译器在不需要知道变量完整细节的情况下也能继续进一步的编译。变量的声明有以下两种情况。

情况 1：需要建立存储空间。例如，int a 在声明的时候就已经建立了存储空间。

情况 2：不需要建立存储空间，通过使用 extern 关键字声明变量名而不定义它。例如，extern int a，其中变量 a 可以在其他文件中定义。

变量的声明包括变量类型和变量名两个部分，其语法格式如下：

变量类型 变量名

例如 int num;double area;char c;等语句都是变量的声明。在这些语句中，int、double 和 char 是变量类型，num、area 和 c 是变量名。这里的变量类型也是数据类型的一种，即变量 num 为 int 类型、变量 area 为 double 类型、变量 c 为 char 类型。

变量类型可以是 C++语言自带的数据类型和用户自定义的数据类型。C++语言自带的数据类型包括整型、字符型、浮点型、枚举型、指针类型、数组、引用、数据结构、类等。

【实例 3.11】编写程序，在程序头部声明变量，从而计算两数之和。这里变量的定义与初始化在主函数内（源代码\ch03\3.11.txt）。

```cpp
#include <iostream>
using namespace std;
//函数外定义变量 x 和 y
int x;
int y;
int addtwonum()
{
    //函数内声明变量 x 和 y 为外部变量
    extern int x;
    extern int y;
    //给外部变量（全局变量）x 和 y 赋值
    x =105;
    y =106;
    return x+y;
}
int main()
{
    int result;
    //调用函数 addtwonum
    result = addtwonum();
    cout<<"105+106="<<result<<endl;
}
```

程序运行结果如图 3-11 所示。从输出结果可以看出，变量 x 和 y 相加后的值为"211"。

变量名其实就是一个标识符。当然，标识符的命名规则在此处同样适用。因此，变量命名时需要注意以下几点：

```
Microsoft Visual Studio 调试控制台
105+106=211
C:\Users\Administrator\source\
若要在调试停止时自动关闭控制台
按任意键关闭此窗口...
```

图 3-11　例 3.11 的程序运行结果

- 命名时应注意区分大小写，并且尽量避免使用大小写上有区别的变量名。
- 不建议使用以下画线开头的变量名，因为此类名称通常是保留给内部和系统命名用的。
- 不能使用 C++语言关键字或预定义标识符作为变量名。如 int、define 等。
- 避免使用类似的变量名。如 total、totals、total1 等。
- 变量的命名最好具有一定的实际意义。如 sum 一般表示求和，area 表示面积。
- 变量的命名需放在变量使用前。

☆大牛提醒☆

如果变量没有经过声明而直接使用，则会出现编译器报错的现象。

3.3.3　变量的赋值

既然变量的值可以在程序中随时改变，那么变量必然可以多次赋值。变量除了通过赋值的方式获得值外，还可以通过初始化的方式获得值。把第一次的赋值行为称为变量的初始化。也可以这么说，变量的初始化是赋值的特殊形式。

下面给出几个变量赋值的语句。

```
int i;
double f;
char a;
i=10;
f=3.4;
a='b';
```

在以上语句中，前 3 行是对变量的定义；后 3 行是对变量赋值，将 10 赋给 int 类型的变量 i，将 3.4 赋给 double 类型的变量 f，将字符'b'赋给 char 类型的变量 a。后 3 行都是使用的赋值表达式。

从以上语句不难得出，对变量赋值的语法格式如下：

```
变量名=变量值;
```

对变量的初始化语法格式如下：

```
变量类型 变量名=初始值;
```

其中，变量必须在赋值前进行定义。符号"="称为赋值运算符，而不是等号。它表示将其后边的值放入以变量名命名的变量中。变量值可以是一个常量或一个表达式。例如：

```
int i=5;
int j=i;
double f=2.5+1.8;
char a='b';
int x=y+2;
```

更进一步讲，赋值语句不仅可以给一个变量赋值，还可以给多个变量赋值。语法格式如下：

```
类型变量名 变量名 1=初始值 1,变量名 2=初始值 2,…;
```

例如：

```
int i=8,j=10,m=12;
```

上面的代码分别给变量 i、变量 j、变量 m 赋值为 8、10、12，相当于执行以下语句。

```
int i,j,m;
i=8;
j=10;
m=12;
```

☆**大牛提醒**☆

变量的定义就是指让内存给变量分配内存空间。在分配好内存空间且程序尚没有运行前，变量会被分配一个不可知的混乱值。如果程序中没有对其进行赋值就使用，势必会引起不可预期的结果。因此，使用变量前，务必要对其初始化，而且只有变量的数据类型相同时，才可以在一个语句中进行初始化。

【**实例 3.12**】编写程序，通过给变量赋值，计算奇数 3 与 5 的和（源代码\ch03\3.12.txt）。

```
#include <iostream>
using namespace std;
int main()
{
    int a=3,b=5,c;
    c=a+b;
    cout<<"a="<<a<<endl;
    cout<<"b="<<b<<endl;
    cout<<"c="<<c<<endl;
}
```

程序运行结果如图 3-12 所示。

☆**大牛提醒**☆

在赋值的过程中，我们一定要注意 C++ 中的左值和右值。

- 左值（lvalue）：指向内存位置的表达式被称为左值表达式。左值可以出现在赋值号的左边或右边。
- 右值（rvalue）：存储在内存中某些地址的数值被称为右值。右值是不能对其进行赋值的表达式，也就是说，右值可以出现在赋值号的右边，但不可以出现在赋值号的左边。

```
■ Microsoft Visual Studio 调试控制台
a=3
b=5
c=8
```

图 3-12 例 3.12 的程序运行结果

变量是左值，因此可以出现在赋值号的左边。数值型的字面值是右值，不能被赋值，因此不能出现在赋值号的左边。例如，下面语句是一条有效的语句。

```
int g=20;
```

但下面的语句就不是一条有效的语句，会产生编译错误。

```
10=20;
```

3.3.4 变量的作用域

变量按其作用域可分为局部变量和全局变量。全局变量在整个工程文件内都有效，静态全局变量只在定义它的文件内有效。局部变量在定义它的函数内有效，当函数返回后失效，静态局部变量只在定义它的函数内有效，只是程序仅分配一次内存，函数返回后该变量不会消失，只有程序结束后才释放内存。

1. 局部变量

局部变量也称为内部变量，它是在函数内做定义、声明的变量。其作用域仅限于函数内，离开该函数后再使用这种变量是非法的。例如下面的代码段：

```
int fun(int a)          /*函数 fun()为 a,b,c 的作用域*/
{
    int b,c;
}
main()                  /*主函数 main()为 x,y 的作用域*/
{
    int x,y;
}
```

从上述代码可以看出，在函数 fun()内定义了 3 个变量 a、b、c，在该函数范围内变量 a、b、c 有效，或者说变量 a、b、c 的作用域限于函数 fun()内。同理，变量 x、y 的作用域限于函数 main()内。

☆**大牛提醒**☆

局部变量只有局部作用域，它在程序运行期间不是一直存在，而是只在函数执行期间存在。函数的一次调用执行结束后，变量被撤销，其所占用的内存也被收回。

2. 全局变量

全局变量也称为外部变量，它是在函数外部定义的变量。全局变量不是属于哪一个函数，而是属于一个源程序文件，其作用域是整个源程序。在函数内使用全局变量，一般应做全局变量。也就是说，只有在函数内经过声明的全局变量才能使用。全局变量具有全局作用域，只需在一个源文件中定义，就可以作用于所有的源文件。当然，其他不包含全局变量定义的源文件需要用 extern 关键字再次声明这个全局变量。

例如下面的代码段：

```
int a,b;        /*外部变量*/
void fun1()     /*函数 fun1()*/
{…}
float c,d;      /*外部变量*/
int fun2()      /*函数 fun2()*/
{…}
main()          /*主函数*/
{…}             /*全局变量 a,b,c,d 的作用域*/
```

从上述代码可以看出，a、b、c、d 是在函数外部定义的变量，都是全局变量。但变量 c、d 定义在函数 fun1()后面，fun1()内又没有对变量 c、d 加以声明，所以它们在函数 fun1()内无效。而变量 a、b 定义在源程序最前面，因此在函数 fun1()、函数 fun2()及函数 main()内不加声明也可以使用。

☆**大牛提醒**☆

初始化局部变量和全局变量。当局部变量被定义时，系统不会对其初始化，用户必须自行对其初始化。而当定义全局变量时，系统会自动将其初始化为如表 3-3 中所示的值。

表 3-3　全局变量的系统自动初始化值

数 据 类 型	初始化默认值
int	0
char	'\0'
float	0
double	0
pointer	NULL

正确地初始化变量是一种良好的编程习惯，否则有时候程序可能会产生意想不到的结果。

【实例 3.13】编写程序，定义全局变量，然后为全局变量输入长方体的长、宽、高，最后求出长方体的体积及 3 个不同面的面积（源代码\ch03\3.13.txt）。

```
#include <iostream>
using namespace std;
int ar1,ar2,ar3;                    /*定义全局变量*/
int vol(int a,int b,int c)          /*定义全局变量*/
{int v;
v=a*b*c;                            /*计算长方体的体积*/
ar1=a*b;                            /*计算长方体第 1 个面的面积*/
ar2=b*c;                            /*计算长方体第 2 个面的面积*/
ar3=a*c;                            /*计算长方体第 3 个面的面积*/
return v;                           /*返回长方体的体积*/
}
int main()                          /*定义主函数*/
{int v,l,w,h;                       /*定义变量*/
cout<<"输入长方体的长、宽和高"<<endl;  /*提示输入长方体的长、宽和高*/
cin>>l>>w>>h;                       /*输入长方体的长、宽和高*/
v=vol(l,w,h);                       /*计算长方体的体积*/
cout<<"v="<<v<<endl;                /*输出长方体的体积 v*/
cout<<"s1="<< ar1<<endl;            /*输出长方体 s1 面的面积*/
cout<<"s2="<< ar2<<endl;            /*输出长方体 s2 面的面积*/
cout<<"s3="<< ar3<<endl;            /*输出长方体 s3 面的面积*/
}
```

程序运行结果如图 3-13 所示。根据提示输入长、宽、高，按 Enter 键，即可计算出长方体的体积与面积。在本实例中，定义了全局变量 ar1、ar2、ar3 用来存放 3 个面积，其作用域为整个程序；函数 vol()用来求长方体的体积和 3 个面积，函数的返回值为体积 v；主函数 main()用来完成长、宽、高的输入及结果输出。

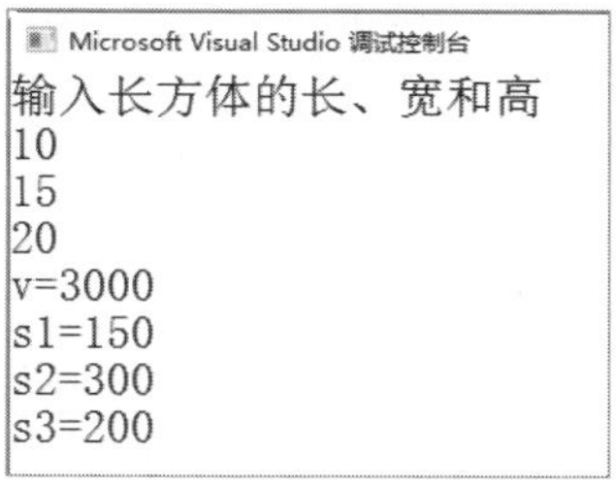

图 3-13　例 3.13 的程序运行结果

☆大牛提醒☆

C++语言规定函数返回值只有一个，当需要增加函数的返回数据时，用全局变量是一种很好的方式。本例中，若不使用全局变量，在主函数中就不可能取得 v、ar1、ar2、ar3 这 4 个值。而采用了全局变量，在函数 vol()中求得的 ar1、ar2、ar3 在函数 main()中仍然有效。可见，全局变量是实现函数之间数据通信的有效手段。

3.3.5 整型变量

在现实生活中，整数是最常用的计数描述形式，而在 C++中则用整型来描述整数。整型规定了整数的表示形式、运算和表示范围。

在 C++中，整型数据类型是用关键字 int 声明的常量或变量，其值只能为整数。根据 unsigned、signed、short 和 long 等修饰符，整型数据类型可分为 4 种，分别对应为无符号整型、有符号整型、短整型和长整型。整型变量的声明格式如下：

```
[修饰符] <int> <变量名>
```

每种整型变量都有不同的表示方式和取值范围，表 3-4 列出了每种整型变量的取值范围。

表 3-4 整型变量的取值范围

类　　型	长　　度	取　值　范　围
int	32	−2 147 483 648～2 147 483 648
short int	16	−32 768～32 768
long int	32	−2 147 483 648～2 147 483 648
unsigned int	32	0～4 294 967 295
unsigned short	16	0～65 535
unsigned long	32	0～4 294 967 295

下面通过一个实例来说明 int 类型和 short int 类型的使用方法。

【实例 3.14】编写程序，定义整型变量 a 和短整型变量 b，然后依次输出两变量的值和变量所占内存空间的大小（源代码\ch03\3.14.txt）。

```cpp
#include <iostream>
using namespace std;
int main()
{
    int a;                          //定义整型变量
    a=100;                          //为变量 a 赋初值
    cout<<"a="<<a<<endl;            //输出 a 的值
    cout<<"size a  "<<sizeof(a)<<endl;
    short int b=100.01;             //为变量 b 赋初值
    cout<<"b="<<b<<endl;            //输出 b 的值
    cout<<"size b  "<<sizeof(b)<<endl;
}
```

程序运行结果如图 3-14 所示。在本实例中，首先定义了一个整型变量 a，给该变量赋值为 100，输出该变量的值和该变量所占内存空间的大小；接着又定义了一个短整型变量 b，给该变量赋值为 100.01，然后输出该变量的值和该变量占内存空间的大小。

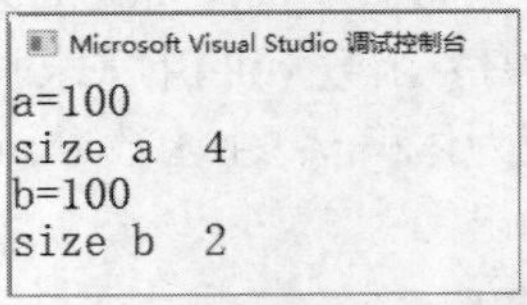

从运行结果可以看出，用 int 类型实现了定义整型变

图 3-14 例 3.14 的程序运行结果

量的操作，用 short int 类型实现了定义短整型变量的操作。而整型变量与短整型变量的区别在于，它们的取值范围不同。

注意：整型数据在溢出后不会报错，达到最大值后又从最小值开始记。在编程时，注意定义变量的最大取值范围，且使用时一定不要超过这个取值范围。

3.3.6　实型变量

实型变量也称为浮点型变量，是指用来存储实型数据的变量，其由整数和小数两部分组成。在 C++中，实型变量根据精度的不同，可以分为单精度类型、双精度类型和长双精度类型，如表 3-5 所示。

表 3-5　实型变量的分类

类 型 名 称	关 键 字
单精度类型	float
双精度类型	double
长双精度类型	long double

1. 单精度浮点型

单精度浮点型（float）专指占用 32 位存储空间的单精度值。当用户需要小数部分且对精度的要求不高时，单精度浮点型的变量是有用的。下面是一个声明单精度浮点型变量的例子。

```
float a,b;
```

2. 双精度浮点型

双精度浮点型（double）占用 64 位的存储空间。当用户需要保持多次反复迭代计算的精确性时，或在操作很大的数据时，双精度型是最好的选择。例如，计算圆面积，声明的常量和变量均为双精度型。代码如下：

```
double radius,area;
```

3. 长双精度浮点型

长双精度浮点型（long double）占用 80、96 或者 128 位存储空间。"精度"是指尾数中的位数。通常，float 类型提供 7 位精度，double 类型提供 15 位精度，long double 类型提供 19 位精度，但 double 类型和 long double 类型在几个编译器上的精度是相同的。除了精度有所增加外，double 类型和 long double 类型的取值范围也在扩大。下面通过一个实例来说明实型变量的应用。

【实例 3.15】编写程序，定义浮点型变量，然后给变量赋值，最后输出变量的值（源代码\ch03\3.15.txt）。

```
#include <iostream>
#include <iomanip>
using namespace std;
int main()
{
    float a;                    //定义浮点型变量
    double b;                   //定义浮点型变量
    a=3.1415926;                //为变量赋初值
    b=3.1415926;
    cout<<"a="<<a<<endl;        //输出变量的值
    cout<<"b="<<b<<endl;
    cout<<"b="<<setprecision(9)<<b<<endl;
}
```

程序运行结果如图 3-15 所示。在本实例中，首先定义了一个 float 类型的变量 a，又定义了一个 double 类型的变量 b，给变量 a 和变量 b 赋值为 3.1415926，然后将 a 和 b 输出，再调用 setprecision()函数保留 9 位小数输出 b。

```
Microsoft Visual Studio 调试控制台
a=3.14159
b=3.14159
b=3.1415926
```

图 3-15　例 3.15 的程序运行结果

从运行结果来看，无论定义的变量是单精度数据类型还是双精度数据类型，其输出的小数位都相同，这是因为没有设置输出精度，系统默认输出 6 位小数（包括小数点）。如果需要 double 型变量输出更多的小数位，则应用设置精度函数。

3.3.7　字符型变量

在 C++中，字符型数据类型只占据 1 个字节，其声明关键字为 char。同样地，可以给其加上 unsigned、signed 修饰符，分别表示无符号字符型和有符号字符型。字符型变量的声明格式如下：

```
[修饰符] <char> <变量名>
```

在 ASCII 码表中，共有 127 个字符。其中编码 1～31 和编码 127 的字符为不可见字符，其余全部为可见字符。

字符型是为针对处理 ASCII 码字符而设的，在表示方式和处理方式上与整数吻合，在表示范围上为整数的子集，其运算可以参与到整数中，只要不超过整数的取值范围。

注意：计算机不能直接存储字符，所以所有字符都是用数字编码来表示和处理的。例如字母 a 的 ASCII 码值是 97，字母 A 的 ASCII 码值是 65。如果一个字符被当成整数使用，则其值就是对应的 ASCII 码值；如果一个整数被当成字符使用，则该字符就是这个整数在 ASCII 码表中对应的字符。

通常，单个字符使用单引号表示，例如字符 a 可以写为'a'。如果字符的个数大于 1，那么就变成了字符串，只能使用双引号来表示。下面通过一个实例来说明字符型变量的使用方法。

【实例 3.16】编写程序，定义字符型变量，然后给变量赋值，最后输出字符变量的值（源代码\ch03\3.16.txt）。

```cpp
#include <iostream>
using namespace std;
int main()
{
    char cch;
    //定义字符型变量
    cch='B';
    //为变量赋值
    cout<<"cch="<<cch<<endl;
    int ich;
    //定义整型变量
    ich='B';
    //为变量赋值
    cout<<"ich="<<ich<<endl;
}
```

程序运行结果如图 3-16 所示。在本实例中，首先定义了一个 char 型变量 cch，其后给 cch 赋值为'B'，将字符变量 cch 输出，又定义了一个 int 型变量 ich，给它赋值也是'B'，然后将该变量输出。

从运行结果来看，定义了字符型变量 cch 和整型变量 ich，给它们赋值都为字符'B'，输出后结果却不同，整型变量 ich 的输出值为 66。这是因为字符型数据在计算机内部是转换为整型数据来操作的，如上述代码中的字母 B，系统会自动将其转换为对应的 ASCII 码值 66。

```
Microsoft Visual Studio 调试控制台
cch=B
ich=66
```

图 3-16 例 3.16 的程序运行结果

3.3.8 布尔型变量

布尔（bool）类型在 C++中表示真假，其直接常量只有两个：true 和 false，分别表示逻辑真和逻辑假。要把一个整型变量转换成布尔型变量，其对应关系为：如果整型值为 0，则其布尔型值为假（false）；如果整型值为 1，则其布尔型值为真（true）。布尔型输出形式可以选择，默认为整数 1 和 0，如果要输出 true 和 false，可以使用输出控制符 "d"。

下面通过一个实例来说明布尔型变量的使用方法。

【实例 3.17】编写程序，定义布尔型变量，然后给变量赋值，最后输出布尔型数值（源代码\ch03\3.17.txt）。

```cpp
#include <iostream>
using namespace std;
int main()
{
    bool bflag;
    //定义布尔型变量
    int iflag;
    //定义整型变量
    bflag=true;
    //为变量赋值
    iflag=true;
    cout<<"bflag="<<bflag<<endl;
    //输出变量的值
    cout<<"iflag="<<iflag<<endl;
}
```

程序运行结果如图 3-17 所示。在本实例中，首先定义了一个布尔型的变量 bflag，又定义了一个整型的变量 iflag，给 bflag 和 iflag 都赋值为 true，然后将它们输出。

从运行结果来看，上述程序定义了布尔型变量 bflag 和整型变量 iflag，但输出结果并不是 true，而是都输出整数值 1。这是使用布尔类型数据时需要注意的。

```
Microsoft Visual Studio 调试控制台
bflag=1
iflag=1
```

图 3-17 例 3.17 的程序运行结果

3.4 新手疑难问题解答

问题 1：字符常量和字符串常量有什么区别？

解答：字符常量与字符串常量的书写方式不同，用单引号括起来的字符是字符常量，用双引号括起来的字符是字符串常量。字符串常量与字符常量的存储方式不同，C++编译程序在存储字符串常量时，自动采用"\0"作为字符串常量的结束标志。

问题2：变量的声明和变量的定义有什么不同？

解答：变量的定义比变量的声明多了一个分号，所以变量的定义是一个完整的语句。另外，变量的声明是在程序的编译期起作用，而变量的定义在程序的编译期起声明作用，在程序的运行期起为变量分配内存的作用。

实战训练

3.5 实战训练

实战1：定义变量，计算长方形的周长与面积。

编写程序，通过定义变量来计算长方形的周长与面积，程序运行效果如图3-18所示。

实战2：根据输入的学生成绩，对成绩进行统计操作。

编写程序，输入学生的成绩，当输入负数时，程序结束。根据输入的数据计算全班的平均成绩，并统计90分以上的学生个数、80～90分的学生个数、70～80分的学生个数、60～70分的学生个数，以及不及格的学生个数。程序运行效果如图3-19所示。

```
 Microsoft Visual Studio 调试控制台
请依次输入长方形的长和宽
5  10
该长方形的周长是30
该长方形的面积是50
```

图 3-18　实战1程序运行效果

```
 Microsoft Visual Studio 调试控制台
98 86 95 93 78 85 -1
班级平均成绩为:89.166664
90分以上的（包括90）的人数是:3
80～90分（包括80）的人数是:2
70～80分（包括70）的人数是:1
60～70分（包括60）的人数是:0
60分以下的人数是:0
```

图 3-19　实战2程序运行效果

实战3：根据输入的数字，判断该数字的位数。

编写程序，根据用户输入的数字，判断该数字是几位数。程序运行效果如图3-20所示。

```
 Microsoft Visual Studio 调试控制台
输入一个整数：89627
数字是 5 位数。
```

图 3-20　实战3程序运行效果

第4章
使用运算符和表达式

本章内容提要

C++语言为用户提供了丰富的运算符和表达式，以实现对数据进行操作。例如，使用运算符可以将常量、变量及函数等进行连接，并且可以通过改变运算符号对表达式进行不同的运算。本章介绍运算符和表达式的应用。

4.1 认识运算符

微视频

运算符是一种告知编译器执行特定的数学或逻辑操作的符号。C++语言内置了丰富的运算符，主要包括算术运算符、关系运算符、逻辑运算符、赋值运算符、位运算符等。

4.1.1 算术运算符

C++语言中的算术运算符是用来处理四则运算的符号，也是最简单、最常用的符号，尤其是数字的处理几乎都会用到运算符。如表 4-1 所示，列出了 C++语言中常用的算术运算符（这里假设变量 A 的值为 10，变量 B 的值为 20）。

表 4-1　算术运算符

运　算　符	描　　述	示　　例
+	把两个操作数相加	A+B 将得到 30
−	从第一个操作数中减去第二个操作数	A−B 将得到-10
*	把两个操作数相乘	A*B 将得到 200
/	分子除以分母	B/A 将得到 2
%	取模运算符，求整除后的余数	B%A 将得到 0
++	自增运算符，整数值增加 1	A++将得到 11
--	自减运算符，整数值减少 1	A--将得到 9

【实例 4.1】计算数值 21 与 10 的和、差、积、商、余数等（源代码\ch04\4.1.txt）。

```
#include <iostream>
using namespace std;
int main()
```

```
{
    int a = 21;
    int b = 10;
    int c ;
    c = a + b;
    cout << "第 1 行 a+b: c 的值是"<<c<<endl;
    c = a - b;
    cout << "第 2 行 a-b: c 的值是"<<c<<endl;
    c = a * b;
    cout << "第 3 行 a*b: c 的值是"<<c<<endl;
    c = a / b;
    cout << "第 4 行 a/b: c 的值是"<<c<<endl;
    c = a % b;
    cout << "第 5 行 a%b: c 的值是"<<c<<endl;
    c = a++;     //赋值后再加 1, c 为 21, a 为 22
    cout << "第 6 行 a++: c 的值是"<<c<<endl;
    c = a--;     //赋值后再减 1, c 为 22, a 为 21
    cout << "第 7 行 a--: c 的值是"<<c<<endl;
}
```

程序运行结果如图 4-1 所示。

```
■ Microsoft Visual Studio 调试控制台
第1行a+b: c的值是31
第2行a-b: c的值是11
第3行a*b: c的值是210
第4行a/b: c的值是2
第5行a%b: c的值是1
第6行a++: c的值是21
第7行a--: c的值是22
```

图 4-1　例 4.1 的程序运行结果

4.1.2　自增、自减运算符

在 C++中，提供了两个比较特殊的运算符：自增运算符++和自减运算符--。自增、自减运算符又分为前缀和后缀。当++或--运算符置于变量的左边时，称为前置运算或称为前缀，表示先进行自增或自减运算，再使用变量的值。而当++或--运算符置于变量的右边时，称为后置运算或后缀，表示先使用变量的值，再进行自增或自减运算。前置与后置运算方法如表 4-2 所示（这里假设参与计算的变量为 a 和 b，并且 a 的值为 5）。

表 4-2　自增、自减运算符的前置与后置

表 达 式	类 型	计 算 方 法	结果（假定 a 的值为 5）
b = ++a;	前置自加	a = a + 1; b = a;	b = 6; a = 6;
b = a++;	后置自加	b = a; a = a + 1;	b = 5; a = 6;
b = --a;	前置自减	a = a - 1; b = a;	b = 4; a = 4;
b = a--;	后置自减	b = a; a = a - 1;	b = 5; a = 4;

【实例 4.2】编写程序，定义 int 型变量 x 和 y，分别对 x 做前置运算和后置运算，将运算结果赋予 y，然后分别输出 x 和 y 的值（源代码\ch04\4.2.txt）。

```
#include <iostream>
using namespace std;
int main()
{
    int x,y;
```

```
/* 后置运算 */
cout << " x++、x--均先赋值后运算: "<<endl;
x = 5;
y = x++;
cout <<"y="<<y <<endl;
cout <<"x="<<x <<endl;
x = 5;
y = x--;
cout <<"y="<<y <<endl;
cout <<"x="<<x <<endl;
/* 前置运算 */
cout <<"++x、--x均先运算后赋值: " <<endl;
x = 5;
y = ++x;
cout <<"y="<<y <<endl;
cout <<"x="<<x <<endl;
x = 5;
y = --x;
cout <<"y="<<y <<endl;
cout <<"x="<<x <<endl;
}
```

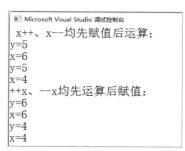

程序运行结果如图 4-2 所示。在本实例中，y=x++表示
先将 x 值赋予 y，再对 x 进行自增运算；y=++x 表示先将 x
进行自增运算，再将 x 值赋予 y；y=x--表示先将 x 值赋予
y，再对 x 进行自减运算；y=--x 表示先将 x 进行自减运算，
再将 x 值赋予 y。

图 4-2　例 4.2 的程序运行结果

4.1.3　关系运算符

关系运算可以被理解为一种"判断"，判断的结果要么是"真"，要么是"假"。C++语
言中规定关系运算符的优先级低于算术运算符，且高于赋值运算符。C++语言中定义的关系运
算符如表 4-3 所示（这里假设变量 A 的值为 10，变量 B 的值为 20）。

表 4-3　关系运算符

运　算　符	描　　述	示　　例
==	检查两个操作数的值是否相等，如果相等则条件为真	(A == B)为假
!=	检查两个操作数的值是否相等，如果不相等则条件为真	(A != B)为真
>	检查左操作数的值是否大于右操作数的值，如果是则条件为真	(A > B)为假
<	检查左操作数的值是否小于右操作数的值，如果是则条件为真	(A < B)为真
>=	检查左操作数的值是否大于或等于右操作数的值，如果是则条件为真	(A >= B)为假
<=	检查左操作数的值是否小于或等于右操作数的值，如果是则条件为真	(A <= B)为真

☆大牛提醒☆

关系运算符中的等于号 "=="很容易与赋值号 "="混淆，一定要记住， "="是赋值运算
符，而 "=="是关系运算符。

【实例 4.3】使用关系运算符判断数值 5 与 6 的关系（源代码\ch04\4.3.txt）。

```
#include <iostream>
using namespace std;
int main()
{
    int a = 5;
    int b = 6;
    if(a == b)
    {
        cout << "第1行 ： a 等于b " << endl;
    }
    else
    {
        cout << "第1行 ： a 不等于b " << endl;
    }
    if(a < b)
    {
        cout << "第2行 ： a 小于b " << endl;
    }
    else
    {
        cout << "第2行 ： a 不小于b " << endl;
    }
    if(a > b)
    {
        cout << "第3行 ： a 大于b " << endl;
    }
    else
    {
        cout << "第3行 ： a 不大于b " << endl;
    }
    /* 改变 a 和 b 的值 */
    a = 7;
    b = 8;
    if(a <= b)
    {
        cout << "第4行 ：a 小于或等于b " << endl;
    }
    if(b >= a)
    {
        cout << "第5行 ：b 大于或等于a" << endl;
    }
}
```

程序运行结果如图 4-3 所示。

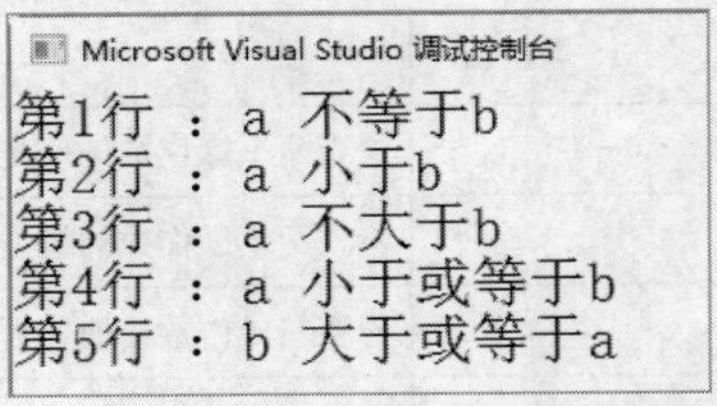

```
▥ Microsoft Visual Studio 调试控制台
第1行 ： a 不等于b
第2行 ： a 小于b
第3行 ： a 不大于b
第4行 ： a 小于或等于b
第5行 ： b 大于或等于a
```

图 4-3　例 4.3 的程序运行结果

4.1.4　逻辑运算符

C++语言为用户提供了逻辑运算符，包括逻辑与、逻辑或、逻辑非 3 种逻辑运算符。逻辑运算符两侧的操作数需要转换成布尔值进行运算。逻辑与和逻辑非都是二元运算符，要求有两个操作数，而逻辑非为一元运算符，只有一个操作数。

如表 4-4 所示，列出了 C++语言支持的逻辑运算符（这里假设变量 A 的值为 1，变量 B 的值为 0）。

表 4-4　逻辑运算符

运　算　符	描　　述	示　　例
&&	逻辑与运算符表示对两个操作数进行与运算，并且仅当两个操作数均为"真"时，结果才为"真"	(A && B)为假
||	逻辑或运算符表示对两个操作数进行或运算，当两个操作数中只要有一个操作数为"真"时，结果就为"真"	(A || B)为真
!	逻辑非运算符表示对某个操作数进行非运算，当某个操作数为"真"时，结果就为"假"	!(A && B)为真

为了方便掌握逻辑运算符的使用，逻辑运算符的运算结果可以用逻辑运算的"真值表"来表示，如表 4-5 所示。

表 4-5　真值表

a	b	a&&b	a||b	!a
1	1	1	1	0
1	0	0	1	0
0	1	0	1	1
0	0	0	0	1

☆**大牛提醒**☆

逻辑运算符与关系运算符的返回结果一样，分为"真"与"假"两种，"真"为"1"，"假"为"0"。

【实例 4.4】使用逻辑运算符判断数值 5 与 6 的关系（源代码\ch04\4.4.txt）。

```cpp
#include <iostream>
using namespace std;
int main()
{
    int a = 5;
    int b = 6;
    int c ;
    if( a && b )
    {
        cout << "第 1 行: 条件为真 " << endl;
    }
    if( a || b )
    {
        cout << "第 2 行: 条件为真 " << endl;
    }
    /* 改变 a 和 b 的值*/
    a = 0;
    b = 10;
    if( a && b )
    {
        cout << "第 3 行: 条件为真 " << endl;
    }
    else
    {
        cout << "第 3 行: 条件为假" << endl;
```

```
    }
    if( !(a && b) )
    {
        cout << "第 4 行：条件为真" << endl;
    }
}
```

程序运行结果如图 4-4 所示。

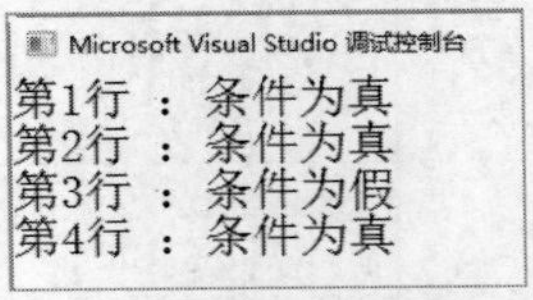

图 4-4　例 4.4 的程序运行结果

4.1.5　赋值运算符

赋值运算符为二元运算符，要求运算符两侧的操作数类型必须一致（或者右边的操作数必须可以隐式转换为左边操作数的类型）。C++语言中提供的简单赋值运算符如表 4-6 所示。

表 4-6　赋值运算符

运　算　符	描　　　　述	示　　　例
=	简单的赋值运算符，把右边操作数的值赋给左边操作数	C=A+B 将 A+B 的值赋予 C
+=	加且赋值运算符，把右边操作数加上左边操作数的结果赋予左边操作数	C+=A 相当于 C=C+A
-=	减且赋值运算符，把左边操作数减去右边操作数的结果赋予左边操作数	C-=A 相当于 C=C-A
*=	乘且赋值运算符，把右边操作数乘以左边操作数的结果赋予左边操作数	C*=A 相当于 C=C*A
/=	除且赋值运算符，把左边操作数除以右边操作数的结果赋予左边操作数	C/=A 相当于 C=C/A
%=	求模且赋值运算符，求两个操作数的模并将其赋予左边操作数	C%=A 相当于 C=C%A
<<=	左移且赋值运算符	C<<=2 相当于 C=C<<2
>>=	右移且赋值运算符	C>>=2 相当于 C=C>>2
&=	按位与且赋值运算符	C&=2 相当于 C=C&2
^=	按位异或且赋值运算符	C^=2 相当于 C=C^2
|=	按位或且赋值运算符	C|=2 相当于 C=C|2

【实例 4.5】使用赋值运算符对 5 进行赋值运算（源代码\ch04\4.5.txt）。

```cpp
#include <iostream>
using namespace std;
int main()
{
    int a = 5;
    int c ;
    c = a;
    cout <<"第 1 行：= 运算符实例，c 的值 ="<< c<<endl;
    c += a;
    cout <<"第 2 行：+= 运算符实例，c 的值 ="<< c<<endl;
    c -= a;
    cout <<"第 3 行：-= 运算符实例，c 的值 ="<< c<<endl;
    c *= a;
```

```
cout <<"第 4 行: *= 运算符实例, c 的值 = "<< c<<endl;
c /= a;
cout <<"第 5 行: /= 运算符实例, c 的值 = "<< c<<endl;
c = 100;
c %= a;
cout <<"第 6 行: %= 运算符实例, c 的值 ="<< c<<endl;
c <<= 2;
cout <<"第 7 行: <<= 运算符实例, c 的值 ="<< c<<endl;
c >>= 2;
cout <<"第 8 行: >>= 运算符实例, c 的值 ="<< c<<endl;
c &= 2;
cout <<"第 9 行: &= 运算符实例, c 的值 ="<< c<<endl;
c ^= 2;
cout <<"第 10 行: ^= 运算符实例, c 的值 ="<< c<<endl;
c |= 2;
cout <<"第 11 行: |= 运算符实例, c 的值 ="<< c<<endl;
}
```

程序运行结果如图 4-5 所示。

☆**大牛提醒**☆

在书写复合赋值运算符时，两个符号之间一定不能有空格，否则将会出错。

4.1.6　位运算符

任何信息在计算机中都是以二进制的形式保存的，位运算符是对数据按二进制位进行运算的运算符。C++ 语言中提供的位运算符如表 4-7 所示（这里假设变量 A 的值为 60，变量 B 的值为 13）。

```
Microsoft Visual Studio 调试控制台
第1行: = 运算符实例, c 的值 = 5
第2行: += 运算符实例, c 的值 = 10
第3行: -= 运算符实例, c 的值 = 5
第4行: *= 运算符实例, c 的值 = 25
第5行: /= 运算符实例, c 的值 = 5
第6行: %=运算符实例, c 的值 = 0
第7行: <<= 运算符实例, c 的值 = 0
第8行: >>= 运算符实例, c 的值 = 0
第9行: &= 运算符实例, c 的值 = 0
第10行: ^= 运算符实例, c 的值 = 2
第11行: |= 运算符实例, c 的值 = 2
```

图 4-5　例 4.5 的程序运行结果

表 4-7　位运算符

运　算　符	描　　述	示　　例
&	按位与操作，按二进制位进行"与"运算。运算规则： 0&0=0; 0&1=0; 1&0=0; 1&1=1;	(A&B)将得到 12，即为 0000 1100
|	按位或运算符，按二进制位进行"或"运算。运算规则： 0|0=0; 0|1=1; 1|0=1; 1|1=1;	(A|B)将得到 61，即为 0011 1101
^	异或运算符，按二进制位进行"异或"运算。运算规则： 0^0=0; 0^1=1; 1^0=1; 1^1=0;	(A^B)将得到 49，即为 0011 0001

续表

运 算 符	描 述	示 例
~	取反运算符，按二进制位进行"取反"运算。运算规则： ~1=0; ~0=1;	(~A)将得到-61，即为1100 0011，一个有符号二进制数的补码形式
<<	二进制左移运算符。将一个运算对象的各二进制位全部左移若干位（左边的二进制位丢弃，右边补0）	A<<2 将得到240，即为1111 0000
>>	二进制右移运算符。将一个数的各二进制位全部右移若干位（正数左补0，负数左补1，右边丢弃）	A>>2 将得到15，即为0000 1111

【实例4.6】使用位运算符对数值60和13进行位运算（源代码\ch04\4.6.txt）。

```cpp
#include <iostream>
using namespace std;
int main()
{
    unsigned int a = 60;     /* 60 = 0011 1100 */
    unsigned int b = 13;     /* 13 = 0000 1101 */
    int c = 0;
    c = a & b;               /* 12 = 0000 1100 */
    printf("第1行：c 的值是 %d\n", c );
    c = a | b;               /* 61 = 0011 1101 */
    printf("第2行：c 的值是 %d\n", c );
    c = a ^ b;               /* 49 = 0011 0001 */
    printf("第3行：c 的值是 %d\n", c );
    c = ~a;                  /*-61 = 1100 0011 */
    printf("第4行：c 的值是 %d\n", c );
    c = a << 2;              /* 240 = 1111 0000 */
    printf("第5行：c 的值是 %d\n", c );
    c = a >> 2;              /* 15 = 0000 1111 */
    printf("第6行：c 的值是 %d\n", c );
}
```

```
Microsoft Visual Studio 调试控制台
第1行 ： c 的值是 12
第2行 ： c 的值是 61
第3行 ： c 的值是 49
第4行 ： c 的值是 -61
第5行 ： c 的值是 240
第6行 ： c 的值是 15
```

程序运行结果如图4-6所示。

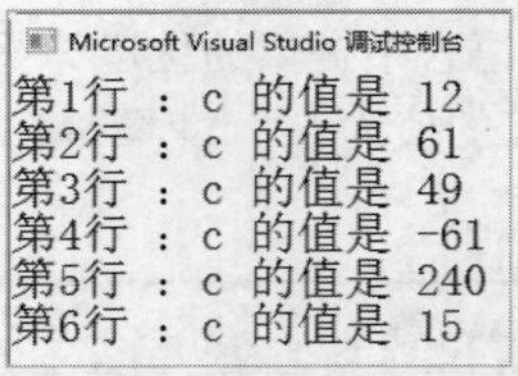

图4-6　例4.6的程序运行结果

4.1.7　杂项运算符

在 C++语言中，除了算术运算符、关系运算符、逻辑运算符等，还有其他一些重要的运算符，如表4-8所示。

表4-8　杂项运算符

运 算 符	描 述	示 例
sizeof()	返回变量的大小	sizeof(a)将返回4，其中a是整数
&	返回变量的地址	&a;将给出变量的实际地址
*	指向一个变量	*a;将指向一个变量
?:	条件表达式	?X:Y 中如果条件为真，则值为 X，否则值为 Y

【实例4.7】杂项运算符的应用（源代码\ch04\4.7.txt）。

```cpp
#include <iostream>
using namespace std;
int main()
{
    int a = 4;
    short b;
    double c;
    int *ptr;
    /* sizeof()运算符实例 */
    printf(第 1 行: 变量 a 的大小 = %lu\n", sizeof(a) );
    printf(第 2 行: 变量 b 的大小 = %lu\n", sizeof(b) );
    printf(第 3 行: 变量 c 的大小 = %lu\n", sizeof(c) );
    /* & 和 * 运算符实例 */
    ptr = &a; /* ptr包含a的地址 */
    printf("a 的值是 %d\n", a);
    printf("*ptr 是 %d\n", *ptr);
    /* 三元运算符实例 */
    a = 10;
    b = (a == 1) ? 20:30;
    printf( "b 的值是 %d\n", b );
    b = (a == 10) ? 20:30;
    printf( "b 的值是 %d\n", b );
}
```

程序运行结果如图 4-7 所示。

```
▓ Microsoft Visual Studio 调试控制台
第1行 : 变量 a 的大小 = 4
第2行 : 变量 b 的大小 = 2
第3行 : 变量 c 的大小 = 8
a 的值是 4
*ptr 是 4
b 的值是 30
b 的值是 20
```

图 4-7　例 4.7 的程序运行结果

4.1.8　逗号运算符

C++提供一种特殊的运算符——逗号运算符，用它可以将两个表达式连接起来。逗号运算符是优先级最低的运算符，它可以使多个表达式放在一行上，从而大大简化了程序。逗号表达式又称为顺序求值运算符。逗号表达式的一般格式如下：

表达式 1,表达式 2

逗号表达式的求解过程是：先求解表达式 1，再求解表达式 2。整个逗号表达式的值是表达式 2 的值。

注意：程序中使用逗号表达式，通常是要分别求逗号表达式内各表达式的值，并不一定要求整个逗号表达式的值。

一般情况下，使用逗号运算符来进行多个变量的初始化或者执行多个自增语句。然而，逗号表达式是可以作为任意表达式的一部分的。它用于把多个表达式连接起来，用逗号进行分隔的表达式列表的值就是其中最右边表达式的值，其他表达式的值都会被丢弃。这就意味着最右边表达式的值就是整个逗号表达式的值。

下面通过一个实例来说明逗号运算符的使用方法。

【实例 4.8】逗号运算符的应用（源代码\ch04\4.8.txt）。

```cpp
#include <iostream>
using namespace std;
int main()
{
    int i, j;
    j = 10;
    i = ( j++, j+100, 999+j );
```

```
    cout << i<<endl;
}
```

程序运行代码如图 4-8 所示。在本实例中，首先定义了两个 int 型变量 i 和 j，给 j 赋值为 10，接着 j 自增到 11，然后把 j 和 100 相加，最后把 j（j 的值仍为 11）和 999 相加，这样最终的结果就是 1010。从运行结果来看，使用逗号运算符把 i 和 j 的值隔开，实现了逗号运算符顺序求值的过程。

Microsoft Visual Studio 调试控制台
1010
C:\Users\Administrator\source\
若要在调试停止时自动关闭控制台
按任意键关闭此窗口...

图 4-8　例 4.8 的程序运行结果

4.2　优先级与结合性

微视频

前面几小节中介绍了各种运算符的含义及如何使用。但是，如果多个运算符一起使用，那么各种运算符的优先级和结合性又如何呢？本节将介绍运算符的优先级和结合性。

4.2.1　运算符优先级

运算符的种类非常多，通常不同的运算符可构成不同的表达式，甚至一个表达式中又可包含多种运算符，因此它们的运算方法应该有一定的规律性。C++语言中规定了各类运算符的运算优先级等，如表 4-9 所示。

表 4-9　运算符的优先级

优　先　级	运　算　符
1	(), [], ->, ., ::, ++, --
2	!, ～, ++, --, -, +, *, &, (type), sizeof()
3	->*, .*
4	*, /, %
5	+, -
6	<<, >>
7	<, <=, >, >=
8	==, !=
9	&
10	^
11	|
12	&&
13	||
14	?:
15	=, +=, -=, *=, /=, %=, &=, ^=, |=, <<=, >>=
16	,

注意： 在书写表达式的时候，如果无法确定运算符的有效顺序，则尽量采用括号来保证运算的顺序。这样可以使得程序一目了然，而且在编程时能够确保思路清晰。

【实例 4.9】 运算符优先级的应用（源代码\ch04\4.9.txt）。

```cpp
#include <iostream>
using namespace std;
int main()
{
  int a = 20;
  int b = 10;
  int c = 15;
  int d = 5;
  int e;
  e = (a+b) * c/d;          //(30 * 15)/5
  printf("(a+b) * c/d 的值是 %d\n", e);
  e = ((a+b) * c)/d;        //(30 * 15)/5
  printf("((a+b) * c)/d 的值是 %d\n", e);
  e = (a+b) * (c/d);        //(30) * (15/5)
  printf("(a+b) * (c/d) 的值是 %d\n", e);
  e = a+(b * c)/d;          //20+(150/5)
  printf("a+(b * c)/d 的值是 %d\n", e);
  return 0;
}
```

程序运行结果如图 4-9 所示。

4.2.2　运算符结合性

前面介绍了运算符的优先级，知道了运算符优先级高的先运算，优先级低的后运算。那么，对于相同优先级的，又如何处理呢？为此，C++中引入了运算符结合性的概念。

图 4-9　例 4.9 的程序运行结果

```
▨ Microsoft Visual Studio 调试控制台
(a+b)*c/d的值是90
((a+b)*c)/d的值是90
(a+b)*(c/d) 的值是90
a+(b*c)/d的值50
```

运算符的结合性是指同一优先级的运算符在表达式中操作的组织方向，即当一个运算对象两侧运算符的优先级别相同时，运算对象与运算符的结合顺序。C++语言中规定了各种运算符的结合方向（结合性），大多数运算符的结合方向是"自左至右"，即先左后右。例如，a-b+c，b 两侧-和+两种运算符的优先级相同，按先左后右结合方向，b 先与减号结合，执行 a-b 的运算，再执行加 c 的运算。

除了自左至右的结合性外，C++语言还有三类运算符参与运算的结合方向是从右至左，即单目运算符、条件运算符、赋值运算符。下面用表 4-10 来说明运算符的结合性。

表 4-10　运算符的结合性

运　算　符	名称或含义	结　合　性
.	成员选择（对象）	从左到右
->	成员选择（属于指针）	从左到右
[]	数组下标	从左到右
()	成员函数调用初始化	从左到右
++	后缀递增	从左到右

运　算　符	名称或含义	结　合　性
--	后缀递减	从左到右
typeid( )	类型名称	从左到右
const_cast	类型转换	从左到右
dynamic_cast	类型转换	从左到右
reinterpret_cast	类型转换	从左到右
static_cast	类型转换	从左到右
sizeof( )	对象或类型的范围	从右到左
++	前缀递增	从右到左
--	前缀递减	从右到左
~	1 的补码	从右到左
!	逻辑"非"	从右到左
-	一元负	从右到左
+	一元加号	从右到左
&	地址	从右到左
*	间接寻址	从右到左
new	创建对象	从右到左
delete	销毁对象	从右到左
()	cast	从右到左
.*	指向成员的指针（对象）	从左到右
->*	指向成员的指针（属于指针）	从左到右
*	乘法	从左到右
/	除法	从左到右
%	取模	从左到右
+	加法	从左到右
-	减法	从左到右
<<	左移	从左到右
>>	右移	从左到右
<	小于	从左到右
>	大于	从左到右
<=	小于或等于	从左到右
>=	大于或等于	从左到右
==	相等	从左到右

续表

运　算　符	名称或含义	结　合　性
!=	不相等	从左到右
&	按位与	从左到右
^	按位异或	从左到右
|	按位与或	从左到右
&&	逻辑与	从左到右
||	逻辑或	从左到右
expr1 ? expr2 : expr3	条件运算	从右到左
=	赋值	从右到左
*=	乘法赋值	从右到左
/=	除法赋值	从右到左
%=	取模赋值	从右到左
+=	加法赋值	从右到左
_=	减法赋值	从右到左
<<=	左移赋值	从右到左
>>=	右移赋值	从右到左
&=	按位与赋值	从右到左
|=	按位或赋值	从右到左
^=	按位异或赋值	从右到左

4.3　使用表达式

微视频

在 C++语言中，表达式是由运算符和操作数构成的，运算符指出了对操作数的操作，操作数可以是常量、变量或是函数的调用，并且表达式是用来构成语句的基本单位。本节介绍表达式的使用。

4.3.1　算术表达式

由算术运算符和操作数组成的表达式称为算术表达式，算术表达式的结合性为自左至右。常用的算术表达式及使用说明如表 4-11 所示。

表 4-11　算术表达式及使用说明

表达式的样式	所用运算符	表达式的描述	示例（假设 i=1）
操作数 1 + 操作数 2	+	执行加法运算（如果两个操作数是字符串，则该运算符用作字符串连接运算符，将一个字符串添加到另一个字符串的末尾）	3+2（结果为 5） 'a'+14（结果为 111） 'a'+ 'b'（结果为 195） 'a'+"bcd"（结果为 abcd） 12+"bcd"（结果为 12bcd）

续表

表达式的样式	所用运算符	表达式的描述	示例（假设 i=1）
操作数 1 − 操作数 2	−	执行减法运算	3−2（结果为 1）
操作数 1 * 操作数 2	*	执行乘法运算	3*2（结果为 6）
操作数 1 / 操作数 2	/	执行除法运算	3/2（结果为 1）
操作数 1 % 操作数 2	%	获得进行除法运算后的余数	3%2（结果为 1）
操作数++ 或 ++操作数	++	将操作数加 1	i++/++i（结果为 1/2）
操作数−− 或 −−操作数	−−	将操作数减 1	i−−/−−i（结果为 1/0）

【实例 4.10】编写程序，定义 int 型变量 a、b、c，初始化 a 的值为 10，初始化 b 的值为 20，使用算术表达式对 a 和 b 进行运算，将运算结果分别赋予 c 再输出（源代码\ch04\4.10.txt）。

```cpp
#include <iostream>
using namespace std;
int main()
{
    int a = 10;
    int b = 20;
    int c ;
    /* +运算 */
    c= a + b;
    printf("a+b=%d\n", c );
    /* −运算 */
    c= a - b;
    printf("a-b=%d\n", c );
    /* *运算 */
    c = a * b;
    printf("a*b=%d\n", c );
    /* /运算 */
    c = a / b;
    printf("a/b=%d\n", c );
    /* %运算 */
    c= a % b;
    printf("a%%b=%d\n", c );
    /* 前置++运算 */
    c = ++a;
    printf("++a=%d\n", c);
    /* 前置−−运算 */
    c= --a;
    printf("--a=%d\n", c );
    return 0;
}
```

程序运行结果如图 4-10 所示。

在使用算术表达式的过程中，应该注意以下几点。

（1）在算术表达式中，如果操作数的类型不一致，系统会自动进行隐式转换，如果转换成功，表达式的结果类型以操作数中表示范围大的类型为最终类型，如 3.2+3，其结果为 double 类型的 6.2。

```
▣ Microsoft Visual Studio 调试控制台
a+b=30
a-b=-10
a*b=200
a/b=0
a%b=10
++a=11
--a=10
```

图 4-10　例 4.10 的程序运行结果

（2）减法运算符的使用同数学中的使用方法类似，但需要注意的是，减法运算符不但可以应用于整型、浮点型数据间的运算，还可以应用于字符型的运算。在字符型运算时，首先将字符转换为其 ASCII 码，然后进行减法运算。

（3）在使用除法运算符时，如果除数与被除数均为整数，则结果也为整数，默认会把小数舍去（并非四舍五入），如 3/2=1。

4.3.2　赋值表达式

由赋值运算符和操作数组成的表达式称为赋值表达式，赋值表达式的功能是计算表达式的值再赋予左侧的变量。赋值表达式的一般格式如下：

```
变量 赋值运算符 表达式
```

C++语言中常见的赋值表达式及使用说明如表 4-12 所示。

表 4-12　常见赋值表达式及使用说明

表达式的样式	所用运算符	表达式的描述	示　例
运算结果=操作数	=	直接赋值	x = 10
运算结果=操作数 1 + 操作数 2	+=	加上数值后赋值	x = x + 10
运算结果=操作数 1 - 操作数 2	-=	减去数值后赋值	x = x - 10
运算结果=操作数 1 * 操作数 2	*=	乘以数值后赋值	x = x *10
运算结果=操作数 1 / 操作数 2	/=	除以数值后赋值	x = x / 10
运算结果=操作数 1 % 操作数 2	%=	求余数后赋值	x = x% 10

【实例 4.11】编写程序，定义 int 型变量 x 和 y，使用赋值表达式对 x 进行相应的运算操作，然后将结果赋予 y 并输出（源代码\ch04\4.11.txt）。

```cpp
#include <iostream>
using namespace std;
int main()
{
    int x,y;
    x=2;
    printf("x = %d\n",x);
    /* 基本赋值 */
    y = x;
    printf("计算 y = x\n");
    printf("y = %d\n", y );
    /* +=运算符 */
    y += x;
    printf("计算 y += x\n");
    printf("y = %d\n", y );
    /* -=运算符 */
    y -= x;
    printf("计算 y -= x\n");
    printf("y = %d\n", y );
    /* *=运算符 */
    y *= x;
    printf("计算 y *= x\n");
```

```
                printf("y = %d\n", y );
                /*  /=运算符 */
                y /= x;
                printf("计算 y /= x\n");
                printf("y = %d\n", y );
                /*  %=运算符 */
                y = 3;
                y %= x;
                printf("计算 y %%= x(y=3)\n");
                printf("y = %d\n", y );
        }
```

图 4-11　例 4.11 的程序运行结果

程序运行结果如图 4-11 所示。

在使用赋值表达式的过程中，应该注意以下几点。

（1）左操作数必须是一个变量，C++语言中可以对变量进行连续赋值。这时赋值运算符是右关联的，这意味着从右向左运算符被分组。例如，a=b=c 的表达式等价于 a=(b=c)。

（2）如果赋值运算符两边的操作数类型不一致，存在隐式转换，系统会自动将赋值号右边的类型转换为左边的类型再赋值；如果不存在隐式转换，那就先要进行显式类型转换，否则程序会报错。

4.3.3　关系表达式

由关系运算符和操作数构成的表达式称为关系表达式。关系表达式中的操作数可以是整型、实型、字符型等。对于整型、实型和字符型，前述 6 种比较运算符（见表 4-3）都可以使用；而对于字符串型，比较运算符实际上只能使用"=="和"!="。关系表达式的格式如下：

表达式 关系运算符 表达式

例如：

```
3>2
z>x-y
'a'+2<d
a>(b>c)
a!=(c==d)
"abc"!="asf"
```

☆大牛提醒☆

当两个字符串的值都为 null 或两个字符串长度相同、对应的字符序列也相同（非空字符串）时，比较的结果才能为"真"。

关系表达式的返回值只有"真"与"假"两种，分别用"1"和"0"来表示。例如：

```
2>1/*返回值为"真"，也就是"1"*/
(a+b)==(c=5)/*返回值为"假"，也就是"0"*/
```

【实例 4.12】编写程序，通过输入端输入一个字符，使用关系表达式判断该字符是字母还是数字（源代码\ch04\4.12.txt）。

```
#include <iostream>
using namespace std;
int main()
{
```

```
/* 定义变量 */
char ch;
printf("请输入一个字符: \n");
ch=getchar();
/* 根据不同情况进行判断 */
if((ch>='A' && ch<='Z') || (ch>='a' && ch<='z'))
{
        printf("%c 是一个字母。\n",ch);
}
else if(ch>='0' && ch<='9')
{
        printf("%c 是一个数字。\n",ch);
}
else
{
        printf("%c 属于其他字符。\n",ch);
}
}
```

保存并运行程序，如果输入数值 8，则返回如图 4-12 所示的结果；如果输入一个字母 a，则返回如图 4-13 所示的结果。

图 4-12　输入数字　　　　　　　　　　　图 4-13　输入字母

4.3.4　逻辑表达式

由逻辑运算符和操作数组成的表达式称为逻辑表达式。逻辑表达式的结果只能是真或假，即要么是"1"，要么是"0"。逻辑表达式的一般格式如下：

表达式　逻辑运算符　表达式

例如，表达式 a&&b，其中 a 和 b 均为布尔值，系统在计算该逻辑表达式时，首先判断 a 的值，如果 a 为 true，再判断 b 的值；如果 a 为 false，系统不需要继续判断 b 的值，直接可确定表达式的结果为 false。

虽然在 C++语言中以"1"表示"真"，以"0"表示"假"，但在判断一个量是为"真"或是为"假"时，则是以"0"代表"假"，以非"0"的数值代表"真"。例如，2&&3，由于"2"和"3"均非"0"，所以该表达式的返回值为"真"，即为"1"。

【实例 4.13】编写程序，分别定义 char 型变量 s 并初始化为'z'，定义 int 型变量 a、b、c 并初始化为 1、2、3，定义 float 型变量 x 和 y 并初始化为 2e+5 和 3.14，然后输出由它们所组合的相应逻辑表达式的返回值（源代码\ch04\4.13.txt）。

```
#include <iostream>
using namespace std;
int main()
{
    /* 定义变量 */
```

```
        char s='z';
        int a=1,b=2,c=3;
        float x=2e+5,y=3.14;
        /* 输出逻辑表达式的返回值 */
        printf("结果一: ");
        printf( "%d,%d\n", !x*y, !x );
        printf("结果二: ");
        printf( "%d,%d\n", x||a&&b-5, a>b&&x<y );
        printf("结果三: ");
        printf( "%d,%d\n", a==2&&s&&(b=3), x+y||a+b+c );
        return 0;
    }
```

程序运行结果如图 4-14 所示。

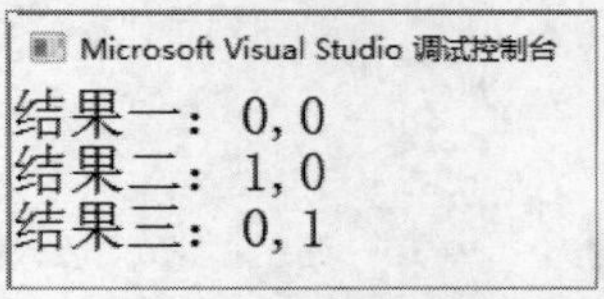

4.3.5　位运算表达式

由位运算符和操作数构成的表达式称为位运算表达

图 4-14　例 4.13 的程序运行结果

式。在位运算表达式中，系统首先将操作数转换为二进制数，进行位运算后，再将结果转换为十进制数整数。各种位运算表达式及使用说明如表 4-13 所示（这里假设操作数 1 为 8，操作数 2 为 3）。

表 4-13　位运算符表达式

表达式的样式	所用运算符	表达式的描述	示　例
操作数 1 & 操作数 2	&	与运算。操作数中的两个对应位都为 1，结果为 1；两个中有一个为 0，结果为 0	结果为 0。8 转换成二进制为 1000，3 转换成二进制为 0011，与运算结果为 0000，转换成十进制为 0
操作数 1 | 操作数 2	|	或运算。操作数中的两个对应位都为 0，结果为 0，否则，结果为 1	结果为 11。8 转换成二进制为 1000，3 转换成二进制为 0011，与运算结果为 1011，转换成十进制为 11
操作数 1 ^ 操作数 2	^	异或运算。两个操作位相同时，结果为 0；不相同时，结果为 1	结果为 11。8 转换成二进制为 1000，3 转换成二进制为 0011，与运算结果为 1011，转换成十进制为 11
～ 操作数 1	～	取补运算。操作数的各个位取反，即 1 变为 0，0 变为 1	结果为-9。8 转换成二进制为 1000，取补运算后为 0111，对符号位取补后为负，转换成十进制为-9
操作数 1 << 操作数 2	<<	左移位。操作数按位左移，高位被丢弃，低位顺序补 0	结果为 32。8 转换成二进制为 1000，左移两位后为 100000，转换成十进制为 32
操作数 1 >> 操作数 2	>>	右移位。操作数按位右移，低位被丢弃，其他各位顺序右移	结果为 2。8 转换成二进制为 1000，右移两位后为 10，转换成十进制为 2

【实例 4.14】编写程序，定义 unsigned int 型变量 a、b 并初始化为 20、15，定义 int 型变量 c 并初始化为 0，对 a、b 进行相关位运算操作，然后将结果赋予变量 c 并输出（源代码\ch04\4.14.txt）。

```
    #include <iostream>
    using namespace std;
    int main()
```

```
{
        /* 定义变量 */
        unsigned int a = 20;            /* 20 = 0001 0100 */
        unsigned int b = 15;            /* 15 = 0000 1111 */
        int c = 0;
        printf("a 的值为: %d, b 的值为: %d\n",a,b);
        /* 位运算 */
        c = a & b;                      /* 4 = 0000 0100 */
        printf("a & b 的值是 %d\n", c );
        c = a | b;                      /* 31 = 0001 1111 */
        printf("a | b 的值是 %d\n", c );
        c = a ^ b;                      /* 27 = 0001 1011 */
        printf("a ^ b 的值是 %d\n", c );
        c = ~a;                         /*-21 = 1110 1011 */
        printf("~ a 的值是 %d\n", c );
        c = a << 2;                     /* 80 = 0101 0000 */
        printf("a << 2 的值是 %d\n", c );
        c = a >> 2;                     /* 5 = 0000 0101 */
        printf("a >> 2 的值是 %d\n", c );
        return 0;
}
```

程序运行结果如图 4-15 所示。

4.3.6　条件表达式

由条件运算符组成的表达式称为条件表达式。其一般表示格式如下：

```
条件表达式?表达式 1:表达式 2
```

图 4-15　例 4.14 的程序运行结果

条件表达式的计算过程是先计算条件，然后进行判断。如果条件表达式的结果为"真"，计算表达式 1 的值，表达式 1 为整个条件表达式的值；否则，计算表达式 2，表达式 2 为整个条件表达式的值。例如，求 a 和 b 中最大数的表达式。

```
a>b?a:b   //取 a 和 b 的最大值
```

条件运算符的优先级高于赋值运算符，低于关系运算符和算术运算符。所以有：

```
(a>b)?a:b 等价于 a>b?a:b
```

条件运算符的结合性规则是自右向左，例如：

```
a>b?a:c<d?c:d 等价于 a>b?a:(c<d?c:d)
```

注意：在条件运算符中"？"与"："是一对运算符，不可拆开使用。

【实例 4.15】编写程序，定义两个 int 型变量，通过输入端输入两变量的值，再使用条件表达式比较它们的大小，将较大数输出（源代码\ch04\4.15.txt）。

```
#include <iostream>
using namespace std;
int main()
{
        /*定义两个 int 型变量 */
        int x, y;
        printf("请输入两个整数, 以比较大小:\n");
```

```
        cin>>x>>y;
        /* 使用条件表达式比较两数大小 */
        printf("两数中较大的为: %d\n", x>y?x:y);
}
```

程序运行结果如图 4-16 所示。

■ Microsoft Visual Studio 调试控制台

请输入两个整数，以比较大小：
100
200
两数中较大的为：200

图 4-16　例 4.15 的程序运行结果

4.3.7　逗号表达式

逗号运算符的功能是将两个表达式连接成一个表达式，这就是逗号表达式。逗号表达式的一般格式如下：

表达式 1,表达式 2

上述逗号表达式的运算方式为分别对两个表达式进行求解，然后以表达式 2 的计算结果作为整个逗号表达式的值。此外，在逗号表达式中可以使用嵌套的形式。例如：

表达式 1,(表达式 2,表达式 3, …, 表达式 n)

将上述逗号表达式展开，可以得到：

表达式 1,表达式 2,表达式 3, …, 表达式 n

那么表达式 n 便为整个逗号表达式的值。

【实例 4.16】编写程序，定义 int 型变量 a、b、c、x、y，对变量 a、b、c 进行初始化，它们的值分别为 1、2、3，然后计算逗号表达式 y=(x=a+b,a+c)，最后输出 x 和 y 的值（源代码\ch04\4.16.txt）。

```
#include <iostream>
using namespace std;
int main()
{
    /* 定义变量 */
    int a=1,b=2,c=3,x,y;
    /* 逗号表达式 */
    y=(x=a+b,a+c);
    printf("整个逗号表达式的值为 y=%d\n",y);
    printf("表达式 1 的值为 x=%d\n",x);
}
```

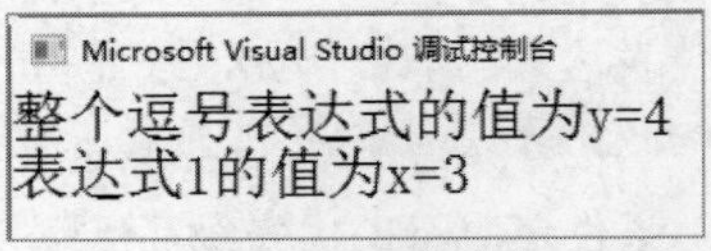

■ Microsoft Visual Studio 调试控制台

整个逗号表达式的值为y=4
表达式1的值为x=3

程序运行结果如图 4-17 所示。

图 4-17　例 4.16 的程序运行结果

4.4　表达式中的类型转换

微视频

在表达式的计算过程中，如果遇到不同的数据类型参与运算，C++编译器就会将数据类型进行转换。在 C++中转换数据类型的方法有两种：一种是自动转换，另一种是强制转换。

4.4.1　自动转换

C++语言中预设了不同类型数据参与运算时的转换规则，编译器会自动进行数据类型的转换，进而计算出最终结果，这就是自动转换。数据类型的自动转换规则示意图如图 4-18 所示。

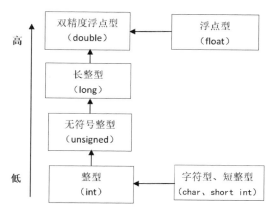

图 4-18 数据类型的自动转换规则示意图

C++编译器在自动转换数据类型时，遵循以下规则。

（1）如果参与运算量的数据类型不同，则先转换成同一类型，然后进行运算。

（2）自动转换数据类型按数据长度增加的方向进行，以保证精度不降低。例如 int 型和 long 型运算时，会先把 int 型转成 long 型，再进行运算。

（3）所有的浮点运算都是以双精度进行的，即使为仅含 float 单精度量运算的表达式，也要先转换成 double 型，再进行运算。

（4）char 型和 short int 型参与运算时，必须先转换成 int 型。

（5）在赋值运算中，赋值号两边量的数据类型不同时，赋值号右边量的类型将转换为左边量的类型。如果右边量的数据类型长度比左边长，转换后将丢失一部分数据，丢失的部分按四舍五入向前舍入，这样会降低精度。例如：

```
int i;
i=2 + 'A';
```

其运算规则是先计算“=”右边的表达式，此为整型和字符型的混合运算，按照数据类型转换先后顺序，把字符型'A'转换为 int 型得 65，然后求和得 67，最后把 67 赋予变量 i。

再如：

```
double d;
d=2+'A'+1.5F;
```

其运算规则是先计算“=”右边的表达式，此为整型、字符型和浮点型的混合运算，因为有浮点型参与运算，所以“=”右边表达式的结果为 float 类型。按照数据类型转换先后顺序，分别把字符型'A'转换为 double 型 65.0，把整型 2 转换为 2.0，把浮点型 1.5F 转换为 1.5，然后求和得 68.5，最后把双精度浮点数 68.5 赋予变量 d。

上述两种情况都是由低精度类型向高精度类型转换，如果逆向转换，可能会出现丢失数据的风险，甚至编译器会以警告的形式给出提示。例如：

```
int i;
i=1.2;
```

浮点数 1.2 舍弃小数位后，把整数部分 1 赋予变量 i。如果 i=1.9，运算后变量 i 的值依然是 1，而不是 2。

【实例 4.17】数据类型自动转换的应用，编程计算圆的面积（源代码\ch04\4.17.txt）。

```
#include <iostream>
```

```
using namespace std;
int main(){
     float PI=3.14159;
     int s,r=8;
     s=r*r*PI;
     printf("s=%d\n",s);
}
```

程序运行结果如图 4-19 所示。从运算结果可以看出，虽然变量 PI 为浮点型；变量 s 和 r 为整型，但在执行 s=r*r*PI 语句时，r 和 PI 都被转换成 double 型，计算结果也为 double 型。又由于 s 为整型，故赋值结果仍为整型，舍去了小数部分，最后输出结果为 201。

Microsoft Visual Studio 调试控制台
s=201

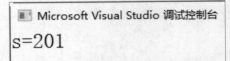

图 4-19　例 4.17 的程序运行结果

4.4.2　强制转换

当数据类型需要转换时，有时编译器会给出警告，提示程序会存在潜在的隐患。如果非常明确地希望转换数据类型，就需要用到显式类型转换，也就是常说的强制转换。其一般格式如下：

```
(类型说明符) (表达式)
```

其功能是把表达式的运算结果强制转换成类型说明符所标示的类型。例如：

```
(float) a      /*把 a 转换为实型*/
(int)(x+y)     /*把 x+y 的结果转换为整型*/
```

在数据类型需要强制转换时，应注意以下问题。

（1）类型说明符和表达式都必须加括号（单个变量可以不加括号）。若把(int)(x+y)写成(int)x+y，则表示把 x 转换成 int 型，再与 y 相加。

（2）无论是强制转换还是自动转换，都只是为了满足当前运算的需要而对变量的数据长度进行临时性转换，而不是改变数据说明时为该变量定义的类型。

【实例 4.18】数据类型强制转换的应用（源代码\ch04\4.18.txt）。

```
#include <iostream>
using namespace std;
int main()
{
     float f, x = 3.6, y = 5.2;
     int i = 4, a, b;
     a = x + y;
     b = (int)(x + y);
     f = 10 / i;
     printf("a=%d,b=%d,f=%f,x=%f\n", a, b, f, x);
     return 0;
}
```

Microsoft Visual Studio 调试控制台
a=8, b=8, f=2.000000, x=3.600000
C:\Users\Administrator\source\
若要在调试停止时自动关闭控制台
按任意键关闭此窗口...

图 4-20　例 4.18 的程序运行结果

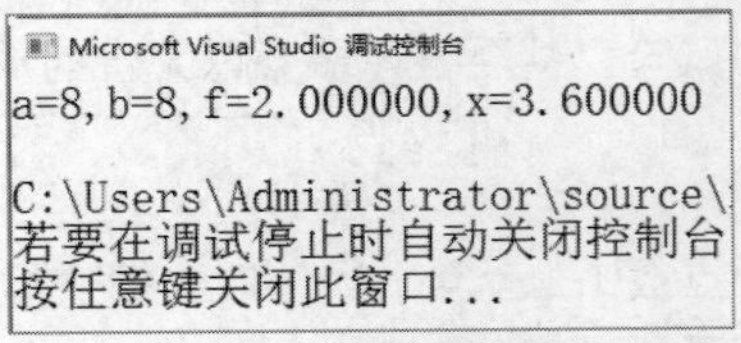

程序运行结果如图 4-20 所示。从运算结果可以看出，本实例中先计算 x+y，然后将其值 8.8 赋予变量 a，因为变量 a 为整型，所以自动取整数部分 8，输出 a=8；接下来执行语句 b=(int)(x+y)，把 x+y 强制转换为整型；最后执行语句 f=10/i，两个整数相除后结果仍为整数 2，把 2 赋予浮点型变量 f；x 为浮点型，直接输出。

4.5　新手疑难问题解答

问题 1： i++与++i，或者 i--与--i 是一样的吗？

解答： 从作用上看，i++与++i 都相当于 i=i+1，i--与--i 相当于 i=i-1。但它们之间有不同之处，以 i++和++i 为例，i++是先使用 i 的值，再执行 i=i+1，而++i 是先执行 i=i+1 后，再使用 i 的值。例如，若 i 初值为 1，则：

```
j=i++;  /*执行后 j 的值为 1，i 的值为 2，因为先执行 j=i，将 i 的初值 1 赋给 j，故此时 j=1,然后执行
i=i+1=2;*/
j=++i;  /*执行后 j 的值为 2，i 的值为 2，因为先执行 i=i+1=2，将 i 的值 2 赋给 j，故此时 j=2; */
```

问题 2： 在使用算术运算符中的除法运算符时，为什么 99/5 的值为 19，而不是 19.8 呢？

解答： 对于"/"运算符，C++语言中的规定如下。

（1）当它的两个运算分量均为整数时，计算结果也必须为整数，也就是说运算结果只保留除法运算后的商（舍去小数部分），所以 99/5 的结果为 19，舍去小数部分。

（2）如果两个运算分量中有一个数为浮点型，则计算结果也应该为浮点型数据。例如，99.0/5 的结果为 19.8。

（3）如果两个运算分量有一个为负值，则计算结果会随不同的计算机系统而不同，但大多数计算机采用"向零取整"的原则。例如，-7/4 的结果为-1；7/-4 的结果为 1。

4.6　实战训练

实战训练

实战 1： 根据成绩，输出成绩的等级。

编写程序，根据提示输入成绩，然后判断该成绩的等级（包括 A、B、C 这 3 个等级）。程序运行结果如图 4-21 所示。

实战 2： 应用运算符及表达式，统计一串字符中各种元素的个数。

编写程序，输入一行字符，分别统计出其中英文字母、空格、数字和其他字符的个数。程序运行结果如图 4-22 所示。

```
■ Microsoft Visual Studio 调试控制台
请输入分数： 89
B
```

图 4-21　实战 1 程序运行结果

```
■ Microsoft Visual Studio 调试控制台
请输入一串字符
hello world!
统计结果:字符数=10 空格数=1 数字数=0 其他=2
```

图 4-22　实战 2 程序运行结果

实战 3： 将 1～100 的自然数以 10×10 格式顺序输出。

编写程序，输出 1～100 的 100 个自然数，数值的排列方式为 10×10。程序运行结果如图 4-23 所示。

```
■ Microsoft Visual Studio 调试控制台
    1    2    3    4    5    6    7    8    9   10
   11   12   13   14   15   16   17   18   19   20
   21   22   23   24   25   26   27   28   29   30
   31   32   33   34   35   36   37   38   39   40
   41   42   43   44   45   46   47   48   49   50
   51   52   53   54   55   56   57   58   59   60
   61   62   63   64   65   66   67   68   69   70
   71   72   73   74   75   76   77   78   79   80
   81   82   83   84   85   86   87   88   89   90
   91   92   93   94   95   96   97   98   99  100
```

图 4-23　实战 3 程序运行结果

第 5 章

程序流程控制结构

本章内容提要

在计算机中，程序是被逐句执行的。C++语言中常用 3 种基本流程控制结构来组织程序语句，分别是顺序结构、选择结构、循环结构。这 3 种结构是编写复杂 C++语言程序的基础。本章介绍 C++程序流程控制结构。

5.1　顺序结构

微视频

在 C++语言中，最常见的语句执行结构是顺序结构。顺序结构是按照程序语句的编写顺序一句一句地执行的，即代码从函数 main() 开始运行，从上到下、一句一句地执行，不跳过代码。顺序结构在 C++语言程序中的形式如下：

```
语句 1;
语句 2;
...
语句 n-1;
语句 n;
```

假设程序中有 n 条语句，并且是按照顺序结构组织的，那么程序就会从第一条语句开始，一直顺序地执行到第 n 条语句，如图 5-1 所示。

【实例 5.1】编写程序，定义变量 a、b 和 s，其中 a 与 b 为长方形的边长，s 为长方形的面积（源代码\ch05\5.1.txt）。

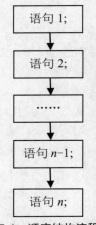

图 5-1　顺序结构流程图

```cpp
#include <iostream>
using namespace std;
int main()
{
    int a,b,s;                  /*定义整型变量*/
    cout << "请输入长方形的边长 a、b 的值: " << endl;
    cin >> a >> b ;             /*输入长方形的边长*/
    s = a * b;                  /*计算长方形的面积*/
    cout << "长方形的面积为: " << s << endl;
}
```

程序运行结果如图 5-2 所示。

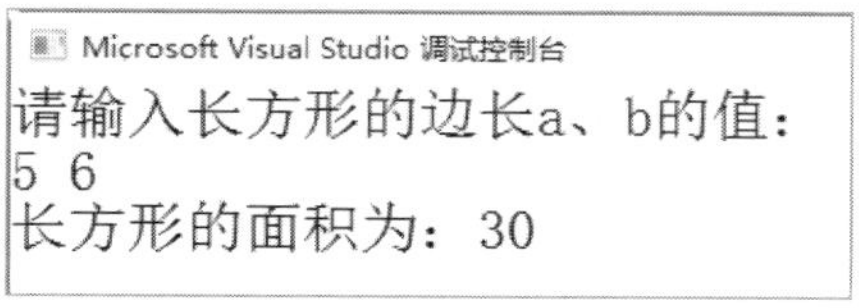

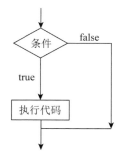

图 5-2　例 5.1 的程序运行结果

5.2　选择结构

微视频

典型的选择结构流程图如图 5-3 所示。条件判断语句要求程序员指定一个（或多个）要评估或测试的条件，以及条件为真时要执行的语句（必需的）和条件为假时要执行的语句（可选的）。C++语言默认任何非零和非空条件的值为 true，零或 null 为 false。C++语言提供的条件判断语句如表 5-1 所示。

图 5-3　选择结构流程图

表 5-1　C++语言提供的条件判断语句

语　　句	描　　述
if 语句	一个 if 语句由一个布尔表达式后跟一个或多个语句组成
if…else 语句	一个 if 语句后可跟一个可选的 else 语句，else 语句在布尔表达式为假时执行
嵌套 if 语句	用户可以在一个 if 或 else if 语句内使用另一个 if 或 else if 语句
switch 语句	一个 switch 语句允许测试一个变量等于多个值时的情况
嵌套 switch 语句	用户可以在一个 switch 语句内使用另一个 switch 语句

5.2.1　if 语句

仅有 if 语句用来判断所给定的条件是否满足，根据判定结果（真或假）决定所要执行的操作。if 语句选择结构的一般形式如下：

```
if(条件表达式)
{
    语句块；
}
```

如果条件表达为 true，则 if 语句内的代码块被执行。如果条件表达式为 false，则跳过语句块，执行大括号后面的语句。使用 if 语句应注意以下几点：

（1）if 关键字后的一对小括号不能省略。小括号内的表达式要求结果为布尔型或可以隐式转换为布尔型的表达式、变量或常量，即表达式返回的一定是布尔值 true 或 false。

（2）if 表达式后的一对大括号内为语句块。程序中的多条语句使用一对大括号括住，就构成了语句块。if 语句中的语句块如果为一条语句，大括号可以省略；如果为一条语句以上，大括号一定不能省略。

（3）if 语句表达式后一定不要加分号。如果加上分号代表条件成立后执行空语句，在调试程序时不会报错，只会警告。if 语句执行流程图如图 5-4 所示。

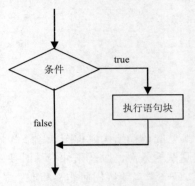

图 5-4　if 语句执行流程图

【实例 5.2】编写程序，从键盘输入 3 个整数，把这 3 个数由小到大排序，并将结果输出（源代码\ch05\5.2.txt）。

```cpp
#include <iostream>
using namespace std;
int main()
{
    int x, y, z, t;
    cout << "请输入三个数字:" << endl;
    cin >>x>>y>>z;
    if(x > y) { /*交换x,y的值*/
        t = x;x = y;y = t;
    }
    if(x > z) { /*交换x,z的值*/
        t = z;z = x;x = t;
    }
    if(y > z) { /*交换z,y的值*/
        t = y;y = z;z = t;
    }
    cout << "从小到大排序:" <<x << ',' <<y << ',' <<z << endl;
}
```

程序运行结果如图 5-5 所示。

```
▓ Microsoft Visual Studio 调试控制台
请输入三个数字：
18 5 12
从小到大排序:5, 12, 18
```

图 5-5　例 5.2 的程序运行结果

5.2.2　if…else 语句

if…else 语句是一种二分支选择结构，其一般形式如下：

```cpp
if(条件表达式)
{ 语句块1;}
else
{ 语句块2;}
```

if…else 语句的功能是先判断表达式的值，如果为真，执行语句块 1，否则执行语句块 2。其中，语句块 1 和语句块 2 只有一条语句时，可以省略大括号。if…else 语句执行流程图如图 5-6 所示。

true
表达式
false
语句块 1
语句块 2

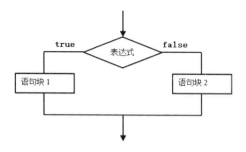

图 5-6　if…else 语句执行流程图

【实例 5.3】编写程序，从键盘输入一个整数，判断该整数的奇偶性，并输出判断结果（源代码\ch05\5.3.txt）。

```
#include <iostream>
using namespace std;
int main()
{
    int n;
    cout << "请输入一个正整数 n:" << endl;
    cin >>n;
    if(n%2==0)              /* 如果 n 能被 2 整除，n 为偶数*/
      cout << n << "是偶数" << endl;
    else                    /*否则，n 为奇数*/
      cout << n << "是奇数" << endl;
}
```

保存并运行程序，如果输入偶数，运行结果如图 5-7 所示；如果输入奇数，运行结果如图 5-8 所示。

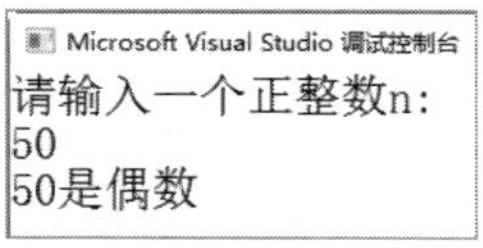

Microsoft Visual Studio 调试控制台
请输入一个正整数n:
50
50是偶数

图 5-7　输入偶数时的运行结果

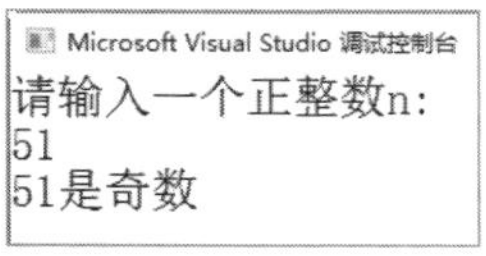

Microsoft Visual Studio 调试控制台
请输入一个正整数n:
51
51是奇数

图 5-8　输入奇数时的运行结果

5.2.3　嵌套 if…else 语句

在 C++语言中，嵌套 if…else 语句是合法的，这意味着用户可以在一个 if 或 else if 语句内使用另一个 if 或 else if 语句。嵌套 if 语句的一般形式如下：

```
if(表达式 1)
{
    if(表达式 2)
    {语句块 1; }          /*表达式 2 为真时执行 */
    else
    {语句块 2; }          /*表达式 2 为假时执行 */
}
else
{
    if(表达式 3)
    {语句块 3; }          /*表达式 3 为真时执行 */
```

```
    else
    {语句块 4；}    /*表达式 3 为假时执行 */
}
```

嵌套 if…else 语句的功能是先执行表达式 1，如果返回值为 true，再判断表达式 2，如果表达式 2 返回值为 true，则执行语句块 1，否则执行语句块 2；表达式 1 返回值为 false，再判断表达式 3，如果表达式 3 返回值为 true，则执行语句块 3，否则执行语句块 4。嵌套 if…else 语句执行流程图如图 5-9 所示。

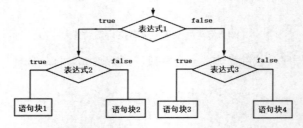

图 5-9　嵌套 if…else 语句执行流程图

【**实例 5.4**】编写程序，根据输入的员工销售金额，输出相应的业绩等级。具体等级划分规则：8000 元以上为业绩优秀，6000～8000 元为业绩良好，4000～6000 元为业绩中等，3000～4000 元为业绩完成，3000 元以下为业绩未完成（源代码\ch05\5.4.txt）。

```cpp
#include <iostream>
using namespace std;
int main()
{
    /* 定义变量 */
    float sales;
    /* 输入销售金额 */
    cout << "请输入销售金额：" << endl;
    cin >>sales;
    /* 判断流程 */
    if(sales < 3000)
    {
        cout <<"业绩未完成"<< endl;
    }
    else
    {
        if(sales <= 4000)
        {
            cout <<"业绩完成"<< endl;
        }
        else
        {
            if(sales <= 6000)
            {
                cout <<"业绩中等"<< endl;

            }
            else
            {
                if(sales <= 8000)
```

```
                                    {
                                        cout <<"业绩良好"<< endl;
                                    }
                                    else
                                    {
                                        cout<<"业绩优秀"<<endl;
                                    }
                            }
                    }
            }
            return 0;
}
```

程序运行结果如图 5-10 所示。这里输入销售金额为 10 000，则返回的结果为"业绩优秀"。

☆大牛提醒☆

在 if…else 语句中嵌套 if…else 语句的形式十分灵活，可在 else 的判断下继续使用嵌套 if…else 语句的方式。

在 C++语言中，还可以在 if…else 语句中 else 后跟 if 语句的嵌套，从而形成 if…else if…else 的结构。这种结构的一般形式如下：

```
if(表达式 1)
    语句块 1;
else if(表达式 2)
    语句块 2;
else if(表达式 3)
    语句块 3;
…
else
    语句块 n;
```

图 5-10　例 5.4 的程序运行结果

该流程控制语句的功能是先执行表达式 1，如果返回值为 true，则执行语句块 1；否则再判断表达式 2，如果返回值为 true，则执行语句块 2；否则再判断表达式 3，如果返回值为 true，则执行语句块 3……否则执行语句块 n，它的执行流程图如图 5-11 所示。

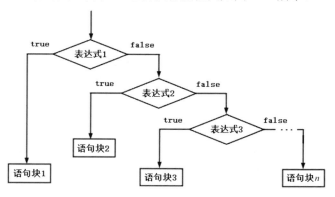

图 5-11　嵌套 else if 语句执行流程图

【实例 5.5】编写程序，对【实例 5.4】的代码进行改写，使用嵌套 else if 语句的形式对销售金额进行判断，并输出相应的业绩评比结果（源代码\ch05\5.5.txt）。

```cpp
#include <iostream>
using namespace std;
int main()
{
    /* 定义变量 */
    float sales;
    /* 输入销售金额 */
    cout << "请输入销售金额: " << endl;
    cin >>sales;
    /* 判断流程 */
    if(sales < 3000)
    {
        cout<<"业绩未完成"<<endl;
    }
    else if(sales <= 4000)
    {
        cout<<"业绩完成"<<endl;
    }
    else if(sales <= 6000)
    {
        cout<<"业绩中等"<<endl;
    }
    else if(sales <= 8000)
    {
        cout<<"业绩良好"<<endl;
    }
    else
    {
        cout<<"业绩优秀"<<endl;
    }
    return 0;
}
```

程序运行结果如图 5-12 所示。这里输入销售金额为 10 000，则返回的结果为"业绩优秀"，这与【实例 5.4】返回的结果是一样的。

☆大牛提醒☆

在编写程序时要注意书写规范，一个 if 语句块对应一个 else 语句块，这样在书写完成后既便于阅读又便于理解。

Microsoft Visual Studio 调试控制台

请输入销售金额:
10000
业绩优秀

图 5-12　例 5.5 的程序运行结果

5.2.4　switch 语句

一个 switch 语句允许测试一个变量等于多个值时的情况。每个值称为一个 case，且被测试的变量会对每个 switch case 进行检查。一个 switch 语句相当于一个 if…else 嵌套语句，因此它们相似度很高，几乎所有的 switch 语句都能用 if…else 嵌套语句表示。

switch 语句与 if…else 嵌套语句最大的区别在于，if…else 嵌套语句中的条件表达式是一个逻辑表达的值，即结果为 true 或 false，而 switch 语句后的表达式值为整型、字符型或字符串型并与 case 标签中的值进行比较。

switch 语句选择结构的一般形式如下：

```
switch(表达式)
{
    case 常量表达式 1:
      语句块 1;
      break; /* 可选的 */
    case 常量表达式 2:
      语句块 2;
      break; /* 可选的 */
    case 常量表达式 3:
      语句块 3;
      break; /* 可选的 */
    ...
    /* 可以有任意数量的 case 语句*/
    default : /*可选的*/
      语句块 n+1;
}
```

switch 语句的功能是先计算表达式的值，当表达式的值等于常量表达式 1 的值时，执行语句块 1；当表达式的值等于常量表达式 2 的值时，执行语句块 2；……；当表达式的值等于常量表达式 n 的值时，执行语句块 n，否则执行 default 后面的语句块 $n+1$。当执行到 break 语句时跳出 switch 结构。switch 语句执行流程图如图 5-13 所示。

switch 语句必须遵循以下规则。

（1）switch 语句中的表达式是一个常量表达式，必须是一个整型或枚举类型。

（2）在一个 switch 中可以有任意数量的 case 语句。每个 case 后跟一个要比较的值和一个冒号。

（3）case 后的表达式必须与 switch 中的变量具有相同的数据类型，且必须是一个常量或字面量。

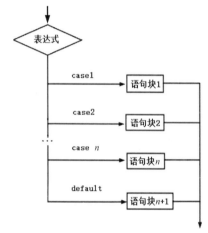

图 5-13　switch 语句执行流程图

（4）当被测试的变量等于 case 中的常量时，case 后跟的语句将被执行，直至遇到 break 语句为止。

（5）当遇到 break 语句时，switch 终止，控制流将跳转到 switch 语句后的下一行。

（6）不是每一个 case 都需要包含 break。如果 case 语句不包含 break，控制流将会继续执行后续的 case，直至遇到 break 为止。

（7）一个 switch 语句可以有一个可选的默认值，出现在 switch 的结尾。默认值可用于在上面所有 case 都不为真时执行一个任务。默认值中的 break 语句不是必需的。

【实例 5.6】编写程序，使用 switch 语句根据成绩等级反馈成绩评论信息（源代码\ch05\5.6.txt）。

```cpp
#include <iostream>
using namespace std;
int main()
{
    /* 定义变量 */
    char grade;
```

```
/* 提示信息 */
cout << "成绩等级选择: A B C D" << endl;
cout << "您输入的成绩等级是: " << endl;
/*输入选择*/
cin >> grade;
/* 根据用户输入反馈成绩评论*/
switch (grade)
{
case 'A':
    cout << "很棒！" << endl;
    break;
case 'B':
    cout << "做得好" << endl;
    break;
case 'C':
    cout << "您通过了" << endl;
    break;
case 'D':
    cout << "最好再试一下" << endl;
    break;
default:
    cout << "无效的成绩" << endl;
}
cout << "您的成绩是:" <<grade<<endl;
}
```

保存并运行程序，这里根据提示输入成绩等级，然后按 Enter 键，即可返回该成绩的反馈信息。例如输入 B，该成绩的反馈信息为"做得好"，如图 5-14 所示。

图 5-14　例 5.6 的程序运行结果

这里通过输入端，输入成绩等级，然后根据用户的选择进行判断，若为 A，则返回"很棒！"；若为 B，则返回"做得好"；若为 C，则返回"您通过了"；若为 D，则返回"最好再试一下"；若输入 D 以外的结果，则返回"无效的成绩"。

5.2.5　嵌套 switch 语句

除正常使用 switch 语句外，还可以把一个 switch 作为一个外部 switch 语句序列的一部分，即可以在一个 switch 语句内使用另一个 switch 语句。即使内部和外部 switch 的 case 常量包含共同的值，也没有矛盾。

嵌套 switch 语句选择结构的一般形式如下：

```
switch(ch1) {
    case 'A':
        printf("这个 A 是外部 switch 的一部分" );
        switch(ch2) {
            case 'A':
                printf("这个 A 是内部 switch 的一部分" );
                break;
```

```
        case 'B': /*内部 B case 代码*/
        }
        break;
    case 'B': /*外部 B case 代码*/
}
```

【实例5.7】编写程序，定义变量 a 和 b，使用嵌套 switch 语句输出 a 和 b 的值（源代码\ ch05\ 5.7.txt）。

```cpp
#include <iostream>
using namespace std;
int main()
{
    /* 局部变量定义 */
    int a = 10;
    int b = 20;
    switch(a){
    case 10:
        cout <<"这是外部 switch 的一部分"<<endl;
        cout <<"a 值是"<<a<<endl;
        switch(b){
            case 20:
            cout <<"这是内部 switch 的一部分"<<endl;
            cout <<"b 值是"<<b<<endl;
        }
    }
}
```

程序运行结果如图 5-15 所示。

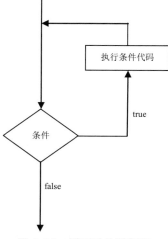

图 5-15　例 5.7 的程序运行结果

5.3　循环结构

微视频

在实际应用中，往往会遇到一行或几行代码需要执行多次的情况，这就是代码的循环。几乎所有的程序都包含循环，循环是重复执行的指令，重复次数由条件决定，这个条件称为循环条件，反复执行的程序段称为循环体。一个正常的循环程序具有 4 个基本要素，分别是循环变量初始化、循环条件、循环体和改变循环变量的值。典型的循环结构流程图如图 5-16 所示。

5.3.1　循环结构类型

在 C++语言中，为用户提供了 4 种循环结构类型，分别为 while 循环、do…while 循环、for 循环、嵌套循环，具体介绍如表 5-2 所示。

图 5-16　循环结构流程图

表 5-2　循环结构类型

循 环 类 型	描　　述
while 循环	当给定条件为真时，重复语句或语句组。它会在执行循环主体前测试条件
do…while 循环	除了它是在循环主体结尾测试条件外，其他与 while 语句类似
for 循环	多次执行一个语句序列，可简化管理循环变量的代码
嵌套循环	用户可以在 while、for 或 do…while 循环内使用一个或多个循环

1. while 循环

while 循环根据循环条件的返回值来判断执行零次或多次循环体。当逻辑条件成立时，重复执行循环体，直到条件不成立时终止。while 循环的语法格式如下：

```
while(表达式)
{
    语句块;
}
```

在这里，语句块可以是一个单独的语句，也可以是几个语句组成的代码块。表达式可以是任意的表达式，表达式的值非零时条件取值为 true，执行循环；否则，退出循环，程序流将继续执行紧接着循环的下一条语句。

while 循环语句的执行流程图如图 5-17 所示。当遇到 while 循环时，首先计算表达式的返回值，当表达式的返回值为 true 时，执行一次循环体中的语句块；循环体中的语句块执行完后，将重新查看是否符合条件，若表达式的值还返回 true 将再次执行相同的代码，否则跳出循环。while 循环的特点：先判断条件，后执行语句。

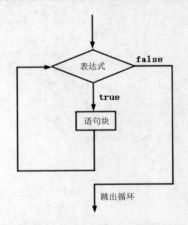

图 5-17　while 循环语句的执行流程图

【实例 5.8】编写程序，实现 100 以内自然数的求和，即 1+2+3+…+100，最后输出计算结果（源代码\ch05\5.8.txt）。

```
#include <iostream>
using namespace std;
int main()
{
    /* 定义变量并初始化 */
    int i=1,sum=0;
    cout <<"100 以内自然数求和: "<<endl;
    /* while 循环语句 */
    while(i<=100)
    {
        sum+=i;
        i                           /* 自增运算 */
    }
    cout <<"1+2+3+…+100="<<sum<<endl;
}
```

程序运行结果如图 5-18 所示。

使用 while 循环语句时要注意以下几点。

（1）while 语句中的表达式一般是关系表达式或逻辑表达式，只要表达式的值为真（非 0）即可继续循环。

（2）循环体包含一条以上语句时，应用 "{}" 括起来，以复合语句的形式出现；否则，它只认为 while 后面的第 1 条语句是循环体。

图 5-18 例 5.8 的程序运行结果

（3）循环前，必须给循环控制变量赋初值，如上例中的 "i=1;"。

（4）循环体中，必须有改变循环控制变量值的语句（使循环趋向结束的语句），如上例中的 "i++;"，否则循环永远不结束，形成所谓的 "死循环"。例如以下代码：

```
int i=1;
while(i<10)
  printf("while 语句注意事项");
```

因为 i 的值始终是 1，也就是说，永远满足循环条件 i<10，所以，程序将不断地输出 "while 语句注意事项"。要使循环不陷入死循环，必须要给出循环终止条件。

while 循环之所以被称为有条件循环，是因为语句部分的执行要依赖于判断表达式中的条件。之所以说其是入口条件，是因为在进入循环体前必须满足这个条件。如果在第一次进入循环体时条件就没有被满足，程序将永远不会进入循环体。例如以下代码：

```
int i=11;
while(i<10)
   printf("while 语句注意事项");
```

因为 i 一开始就被赋值为 11，不符合循环条件 i<10，所以不会执行后面的输出语句。要使程序能够进入循环，必须给 i 赋比 10 小的初值。

【实例 5.9】编写程序，求数列 1/2、2/3、3/4……前 20 项的和，最后输出计算结果（源代码\ ch05\5.9.txt）。

```
#include <iostream>
using namespace std;
int main()
{    int i;                       /*定义整型变量 i 用于存放整型数据*/
     double sum=0;                /*定义浮点型变量 sum 用于存放累加和*/
     i=1;                         /*循环变量赋初值*/
     while(i<=20)                 /*循环的终止条件是 i<=20*/
     {
         sum=sum+i/(i+1.0);       /*每次把新值加到 sum 中*/
         i++;                     /*循环变量增值，此语句一定要有*/
     }
     cout <<"该数列前 20 项的和为:"<<sum<<endl;
}
```

程序运行结果如图 5-19 所示。本实例的数列可以写成通项式：$n/(n+1)$，$n=1, 2, \cdots, 20$，n 从 1 循环到 20，计算每次得到当前项的值，然后加到 sum 中即可求出结果。

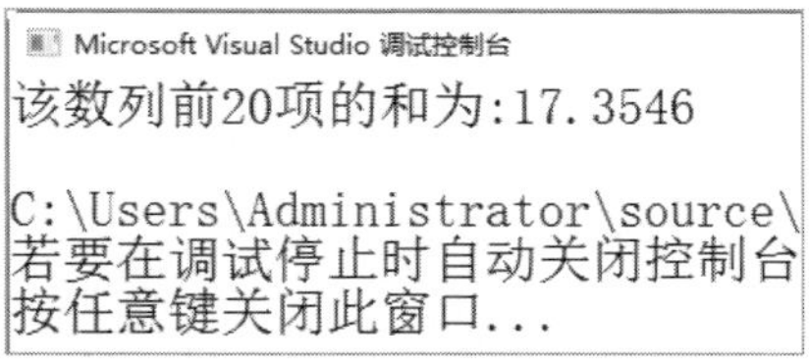

图 5-19 例 5.9 的程序运行结果

☆**大牛提醒**☆

while 后面不能直接加 ";"。如果直接在 while 语句后面加了分号 ";"，系统会认为循环体是空体，什么也不做。后面用 "{}" 括起来的部分将认为是 while 语句后面的下一条语句。

2. do…while 循环

在 C++语言中，do…while 循环是在循环的尾部检查它的条件。do…while 循环与 while 循环类似，但是也有区别。do…while 循环和 while 循环的最主要区别如下。

（1）do…while 循环是先执行循环体后判断循环条件，while 循环是先判断循环条件后执行循环体。

（2）do…while 循环的最小执行次数是 1 次，while 循环的最小执行次数为 0 次。

do…while 循环的语法格式如下：

```
do
{
    语句块;
}
while(表达式);
```

这里的条件表达式出现在循环的尾部，所以循环中的语句块会在条件被测试前至少执行一次。如果条件为真，控制流会跳转回上面的 do，然后重新执行循环中的语句块，直到给定条件变为假为止。do…while 循环语句的执行流程图如图 5-20 所示。

程序遇到关键字 do 会执行大括号内的语句块，语句块执行完毕，执行 while 关键字后的布尔表达式，如果表达式的返回值为 true，则向上执行语句块，否则结束循环，开始执行 while 关键字后的程序代码。

使用 do…while 循环语句应注意以下几点。

do…while 循环语句是先执行循环体语句，后判断循环终止条件，与 while 循环语句不同。两者的区

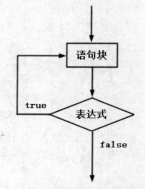

图 5-20　do…while 循环语句的执行流程图

别在于：当 while 后面表达式开始的值为 0（假）时，while 语句的循环体一次也不执行，而 do…while 语句的循环体至少要执行一次。

（1）在书写格式上，循环体部分要用 "{}" 括起来，即使只有一条语句也如此；do…while 循环语句最后以分号结束。

（2）通常情况下，do…while 循环语句是从后面控制表达式退出循环。但它也可以构成无限循环，此时要利用 break 语句或 return 语句直接从循环体内跳出循环。

【**实例 5.10**】编写程序，实现 100 以内自然数的求和，即 1+2+3+…+100，最后输出计算结果（源代码\ch05\5.10.txt）。

```
#include <iostream>
using namespace std;
int main()
{
    /* 定义变量 */
    int i=1,sum=0;
    cout<<"100 以内自然数求和: "<<endl;
```

```
    /* do…while 循环语句 */
    do
    {
        sum+=i;
        i++;
    }
    while(i<=100);
    cout<<"1+2+3+…+100="<<sum<<endl;
}
```

程序运行结果如图 5-21 所示。

【实例 5.11】编写程序，根据输入的两个数，计算两个
数的最大公约数（源代码\ch05\5.11.txt）。

```
#include <iostream>
using namespace std;
int main()
{
    int m,n,r,t;
    int m1,n1;
    cout<<"请输入第 1 个数:"<<endl;
    cin>>m;                /*由用户输入第 1 个数*/
    cout<<"请输入第 2 个数:" <<endl;
    cin>>n;                /*由用户输入第 2 个数*/
    m1=m;n1=n;             /*保存原始数据供输出使用*/
    if(m<n)
    {t=m;m=n;n=t;}         /*m 和 n 交换值，m 存放大值，n 存放小值*/
    do                     /*使用辗转相除法求得最大公约数*/
    {
        r=m%n;
        m=n;
        n=r;
    }while(r!=0);
    cout<<m1<<"和"<<n1<<"的最大公约数是"<<m<<endl;
}
```

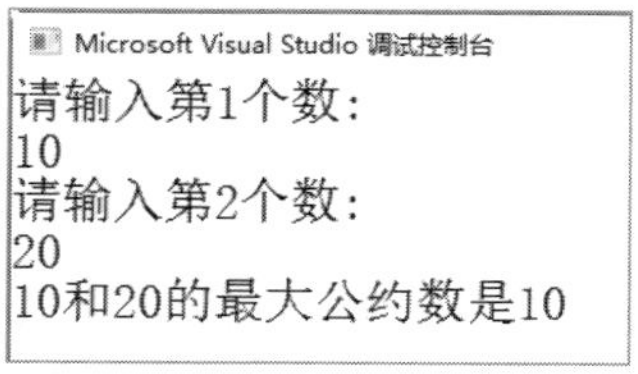

图 5-21　例 5.10 的程序运行结果

图 5-22　例 5.11 的程序运行结果

保存并运行程序，从键盘上输入任意两个数，按 Enter 键，
即可计算它们的最大公约数。程序运行结果如图 5-22 所示。

在本实例中，求两个数最大公约数的具体方法如下。

（1）比较两数，并使 m 大于 n。

（2）将 m 作为被除数，n 作为除数，两数相除后，余数为 r。

（3）将 m←n，n←r。

（4）若 r=0，则 m 为最大公约数，结束循环。若 r≠0，执行步骤（2）和步骤（3）。

由于在求解过程中 m 和 n 已经发生了变化，因此要将它们保存在另外两个变量 m1 和 n1
中，以便输出时可以显示这两个原始数据。

如果要求两个数的最小公倍数，只需要将两个数相乘再除以最大公约数，即 m1×n1/m 即可。

3. for 循环

for 循环和 while 循环、do…while 循环一样，可以循环重复执行一个语句块，直到指定的循
环条件返回值为假。for 循环的语法格式如下：

```
for(表达式 1;表达式 2;表达式 3)
```

```
{
    语句块;
}
```

其主要参数说明如下。

（1）表达式 1 为赋值语句，如果有多个赋值语句可以用逗号隔开，形成逗号表达式。此为循环四要素中的循环变量初始化。

（2）表达式 2 返回一个布尔值，用于检测循环条件是否成立。此为循环四要素中的循环条件。

（3）表达式 3 为赋值表达式，用来更新循环控制变量，以保证循环能正常终止，循环四要素中的改变循环变量的值。

for 循环的执行过程如下。

（1）计算表达式 1，为循环变量赋初值。

（2）计算表达式 2，检查循环控制条件，若表达式 2 的值为 true，则执行一次循环体语句；若为 false，终止循环。

（3）执行完一次循环体语句后，计算表达式 3，对循环变量进行增量或减量操作，再重复第 2 步操作，进行判断是否要继续循环。

使用 for 循环语句应注意以下几点。

（1）表达式 1 先被执行，且只会执行一次。这一步允许用户声明并初始化任何循环控制变量。用户也可以不在这里写任何语句，只要有一个分号出现即可。

（2）判断表达式 2。如果为真，则执行循环主体。如果为假，则不执行循环主体，且控制流会跳转到紧接着 for 循环的下一条语句。

（3）在执行完 for 循环主体后，控制流会跳回表达式 3 语句。该语句允许用户更新循环控制变量，可以留空，只要在条件后有一个分号出现即可。

（4）最后条件再次被判断。如果为真，则执行循环，这个过程（循环主体，然后增加步值，再重新判断条件）会不断重复。在条件变为假时，for 循环终止。

for 循环语句的执行流程图如图 5-23 所示。

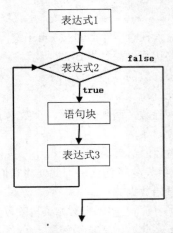

图 5-23　for 循环的语句的执行流程图

☆大牛提醒☆

C++语言不允许省略 for 语句中的 3 个表达式，否则会出现死循环现象。

【实例 5.12】编写程序，实现 100 以内自然数的求和，并输出结果（源代码\ch05\5.12.txt）。

```cpp
#include <iostream>
using namespace std;
int main()
{
    /* 定义变量 */
    int i,sum=0;
    cout<<"100 以内自然数求和: "<<endl;
    /* for 循环语句 */
    for(i=1;i<=100;i++)
    {
        sum+=i;
    }
    cout<<"1+2+3+…+100="<<sum<<endl;
}
```

程序运行结果如图 5-24 所示。

```
▓ Microsoft Visual Studio 调试控制台
100以内自然数求和:
1+2+3+ … +100=5050

C:\Users\Administrator\source\
若要在调试停止时自动关闭控制台
按任意键关闭此窗口...
```

图 5-24　例 5.12 的程序运行结果

☆**大牛提醒**☆

通过上述实例可以发现，while 循环、do…while 循环和 for 循环有很多相似之处，这三种循环都可以互换。

如果条件永远不为假，则循环将变成无限循环。for 循环在传统意义上可用于实现无限循环。若构成 for 循环的三个表达式中任何一个都不是必需的，用户可以将某些条件表达式留空来构成一个无限循环。例如，下面一段代码。

```cpp
#include <iostream>
using namespace std;
int main()
{
    for( ; ; )
    {
        cout<<"该循环会永远执行下去! ";
    }
}
```

当条件表达式不存在时，它被假设为真。用户也可以设置一个初始值和增量表达式，但是一般情况下，C++程序员偏向于使用 for(; ;)结构来表示一个无限循环。

☆**大牛提醒**☆

按 Ctrl+C 键可以终止一个无限循环。

4. 嵌套循环

在一个循环体内又包含另一个循环结构，称为嵌套循环。如果内嵌的循环中还包含循环语句，这种称为多层循环。while 循环、do…while 循环和 for 循环语句之间可以相互嵌套。

1）嵌套 for 循环

在 C++语言中，嵌套 for 循环的语法格式如下：

```
for (表达式 1;表达式 2;表达式 3)
{
    语句块;
    for (表达式 1;表达式 2;表达式 3)
    {
        语句块;
        …
    }
    …
}
```

嵌套 for 循环语句的执行流程图如图 5-25 所示。

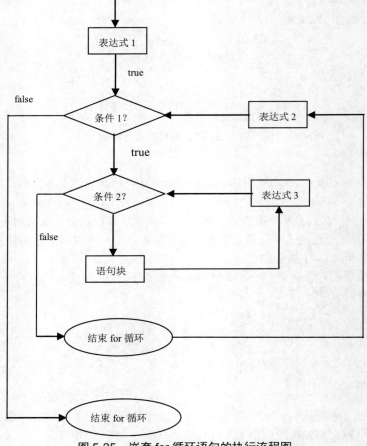

图 5-25　嵌套 for 循环语句的执行流程图

【实例 5.13】编写程序，在屏幕上输出九九乘法表（源代码\ch05\5.13.txt）。

```cpp
#include <iostream>
#include <iomanip>
using namespace std;
int main()
{
```

```
    int i, j;
    /* 外层循环，每循环 1 次，输出一行 */
    for(i = 1; i <= 9; i++)
    {
        /* 内层循环，循环次数取决于 i*/
        for(j = 1; j <= i;j++)
        {
            cout << setw(2) << j << "*" << i << "=" <<setw(2) << i * j ;
        }
        cout << endl;
    }
}
```

程序运行结果如图 5-26 所示。

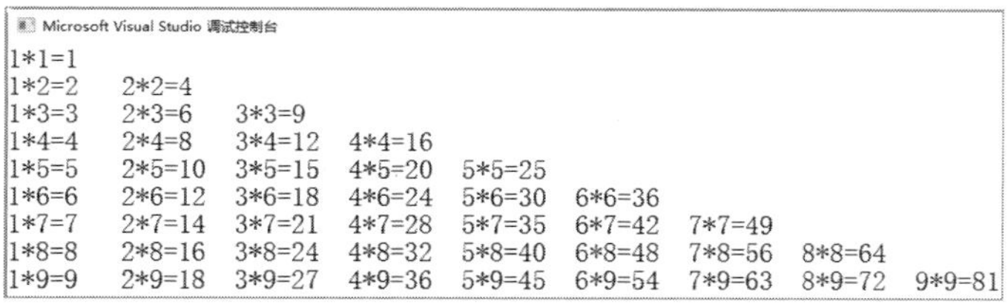

图 5-26　例 5.13 的程序运行结果

2）嵌套 while 循环

在 C++语言中，嵌套 while 循环的语法格式如下：

```
while(条件 1)
{
    语句块；
    while;(条件 2)
    {
        语句块；
        …
    }
    …
}
```

嵌套 while 循环语句的执行流程图如图 5-27 所示。

【实例 5.14】编写程序，在屏幕上输出由*组成的形状（源代码\ch05\5.14.txt）。

```
#include <iostream>
using namespace std;
int main()
{
    int i = 1, j;
    while (i <= 5)
    {
        j = 1;
        while (j <= i)
        {
            cout <<"*" ;
            j++;
        }
        cout << endl;
        i++;
    }
}
```

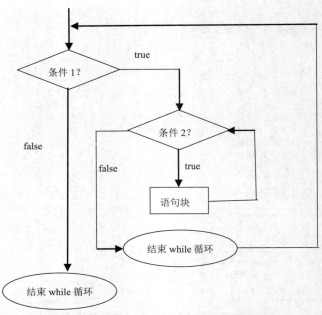

图 5-27 嵌套 while 循环语句的执行流程图

程序运行结果如图 5-28 所示。

3）嵌套 do…while 循环

在 C++语言中，嵌套 do…while 循环的语法格式如下：

```
do
{
    语句块;
    do
    {
        语句块;
        …
    }while (条件 2);
    …
}while (条件 1);
```

图 5-28 例 5.14 的程序运行结果

嵌套 do…while 循环语句的执行流程图如图 5-29 所示。

【实例 5.15】编写程序，在屏幕上输出由*组成的形状（源代码\ch05\5.15.txt）。

```cpp
#include <iostream>
using namespace std;
int main()
{
    int i=1,j;
    do
    {
        j=1;
        do
        {
            cout<<"*";
            j++;
        }while(j <= i);
```

```
            i++;
            cout <<endl;
        }while(i <= 5);
}
```

程序运行结果如图 5-30 所示。

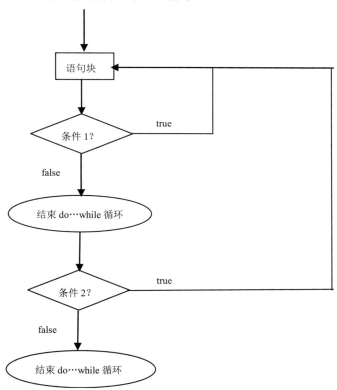

图 5-29　嵌套 do…while 循环语句的执行流程图

图 5-30　例 5.15 的程序运行结果

5.3.2　循环控制语句

循环控制语句可以改变代码的执行顺序，编程时利用这些语句可以实现代码的跳转。C++语言提供的循环控制语句有 break 语句、continue 语句和 goto 语句等，如表 5-3 所示。

表 5-3　C++语言中的循环控制语句

控制语句	描述
break 语句	终止循环或 switch 语句，程序流将继续执行紧接着循环或 switch 的下一条语句
continue 语句	告知循环体立刻停止本次循环迭代，重新开始下次循环迭代
goto 语句	将控制转移到被标记的语句。但是不建议在程序中使用 goto 语句

1. break 语句

break 语句只能应用在 switch 语句和循环语句中，如果出现在其他位置会引起编译错误。C++语言中 break 语句有以下两种用法。

（1）当 break 语句出现在一个循环内时，循环会立即终止，且程序流将继续执行紧接着循环的下一条语句。

（2）break 语句可用于终止 switch 语句中的一个 case。

☆**大牛提醒**☆

如果用户使用的是嵌套循环（即一个循环内嵌套另一个循环），break 语句会停止执行最内层的循环，然后开始执行该语句块后的下一行代码。

C++语言中 break 语句的语法结构如下：

```
break;
```

break 语句在程序中的应用流程图如图 5-31 所示。

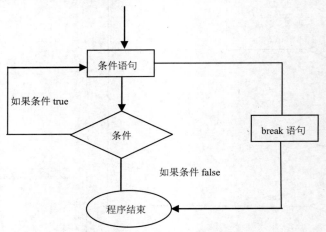

图 5-31　break 语句应用流程图

break 语句用在循环语句循环体内的作用是终止当前的循环语句。例如：

（1）无 break 语句

```
int sum=0, number;
cin>>number;
while (number !=0){
    sum+=number;
    cin>>number;
}
```

（2）有 break 语句

```
int sum=0, number;
while (1) {
    cin>>number;
    if(number==0)
        break;
    sum+=number;
}
```

以上这两段程序产生的效果是一样的。需要注意的是，break 语句只是跳出当前的循环语句。对于嵌套的循环语句，break 语句的功能是从内层循环跳到外层循环。例如：

```
int i=0, j, sum=0;
while(i<10) {
    for( j=0; j<10; j++) {
        sum+=i+j;
```

```
        if(j==i) break;
      }
      i++;
  }
```

本例中的 break 语句执行后，程序立即终止 for 循环语句，并转向 for 循环语句的下一个语句（即 while 循环体中的 i++语句），继续执行 while 循环语句。

【实例 5.16】编写程序，使用 while 循环输出 10～20 的整数变量 a。注意在内循环中，当输出到 15 时，使用 break 语句跳出循环（源代码\ch05\5.16.txt）。

```
#include <iostream>
using namespace std;
int main()
{
    /*局部变量定义*/
    int a =10;
    /*while 循环执行*/
    while(a<20)
    {
        cout<<"a 的值: "<<a<<endl;
        a++;
        if(a>15)
        {
            /*使用 break 语句终止循环*/
            break;
        }
    }
}
```

程序运行结果如图 5-32 所示。

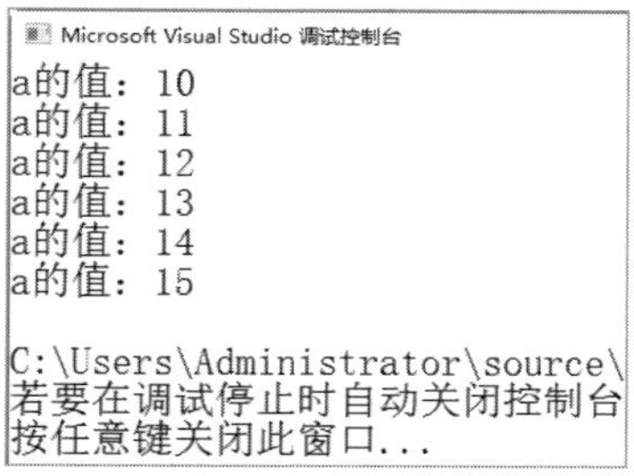

☆大牛提醒☆

在嵌套循环中，break 语句只能跳出离自己最近的那一层循环。

图 5-32　例 5.16 的程序运行结果

2. continue 语句

C++语言中的 continue 语句有点像 break 语句。但它不是强制终止，continue 会跳过当前循环中的代码，强迫开始下一次循环。对于 for 循环，continue 语句执行后自增语句仍然会执行。对于 while 循环和 do…while 循环，continue 语句重新执行条件判断语句。

C++语言中 continue 语句的语法结构如下：

```
continue;
```

continue 语句在程序中的应用流程图如图 5-33 所示。

通常情况下，continue 语句总是与 if 语句联系在一起，用来加速循环。假设 continue 语句用于 while 循环语句，要求在某个条件下跳出本次循环，一般形式如下：

```
while(表达式 1) {
    ...
    if(表达式 2) {
        continue;
    }
    ...
}
```

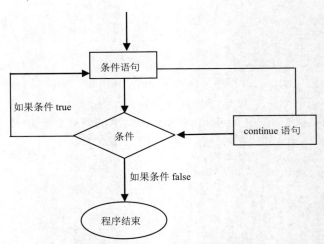

图 5-33　continue 语句应用流程图

这种形式和前面介绍的 break 语句用于循环的形式十分相似，两者的区别是：continue 只终止本次循环，继续执行下一次循环，而不是终止整个循环；break 语句则是终止整个循环过程，不会再去判断循环条件是否还满足。在循环体中，continue 语句被执行后，其后面的语句均不再执行。

【实例 5.17】编写程序，输出 100～120 所有不能被 3 和 7 同时整除的整数（源代码\ch05\5.17.txt）。

```cpp
#include <iostream>
using namespace std;
int main()
{    int i,n=0;                        /*n 计数*/
     for(i=100;i<=120;i++)
     {
         if(i%3==0&&i%7==0)            /*如果能同时整除 3 和 7，不打印*/
         {
             continue;                 /*结束本次循环未执行的语句，继续下次判断*/
         }
         cout <<"\t" << i;
         n++;
         if(n%5==0)                    /*5 个数输出一行*/
         cout <<endl;
     }
}
```

程序运行结果如图 5-34 所示。可以看出，输出的这些数值不能同时被 3 和 7 整除，并且每 5 个数输出一行。

在本实例中，只有当 i 的值能同时被 3 和 7 整除时，才执行 continue 语句，跳过后面的语句，直接判断循环条件 i<=120，再进行下一次循环；只有当 i 的值不能同时被 3 和 7 整除时，才执行后面的语句。

Microsoft Visual Studio 调试控制台				
100	101	102	103	104
106	107	108	109	110
111	112	113	114	115
116	117	118	119	120

图 5-34　例 5.17 的程序运行结果

一般来说，它的功能可以用单个的 if 语句代替。如本例可改为：

```cpp
if(i%3==0&&i%7==0)          /*如果能同时整除 3 和 7，不打印*/
{
```

```
        printf("%d\t",i);
    }
```

这样编写比用 continue 语句更清晰，又不用增加嵌套深度。因此，如果能用 if 语句，就尽量不要用 continue 语句。

3. goto 语句

C++语言中的 goto 语句允许程序无条件地转移到同一函数体内被标记的语句。goto 是"跳转到"的意思，也就是说，使用它可以跳转到另一个加上指定标签的语句。goto 语句的语法结构如下：

```
goto [标签];
...
[标签]:语句块;
```

在这里，标签可以是任何除 C++关键字以外的纯文本，可以设置在程序中 goto 语句的前面或者后面。例如，使用 goto 语句实现跳转到指定语句的代码如下。

```
int i = 0;
goto a;
i = 1;
a : printf("%d",i);
```

以上代码的含义是，第一行定义变量 i，第二行跳转到标签为 a 的语句，接下来就输出 i 的结果。可以看出，第三行是无意义的，因为没有被执行，跳过去了，所以输出的值是 0，而不是 1。

goto 语句在程序中的应用流程图如图 5-35 所示。

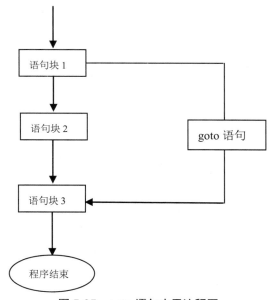

图 5-35　goto 语句应用流程图

☆**大牛提醒**☆

goto 语句并不是一定要跳转到后面的语句，也就是说，goto 语句还可以跳到前面去执行。

【**实例 5.18**】编写程序，实现 100 以内自然数的求和，即 1+2+3+···+100，最后输出计算结果（源代码\ch05\5.18.txt）。

```cpp
#include <iostream>
using namespace std;
int main()
{
    int i,sum=0;
    i=1;
    loop: if(i<=100)   /*标记 loop 标签*/
    {
        sum=sum+i;
        i++;
        goto loop;      /*如果 i 的值不大于100，则转到 loop 标签处开始执行程序*/
    }
    cout<<"1+2+3+…+100="<<sum<<endl;
}
```

程序运行结果如图 5-36 所示，即可显示 1～100 整数之和。

Microsoft Visual Studio 调试控制台
100以内自然数求和：
1+2+3+ … +100=5050

C:\Users\Administrator\source\
若要在调试停止时自动关闭控制台
按任意键关闭此窗口...

图 5-36　例 5.18 的程序运行结果

☆大牛提醒☆

在任何编程语言中，都不建议使用 goto 语句。因为它会使程序的控制流难以跟踪，使程序难以理解和难以修改，所以原使用 goto 语句的程序尽量改写成不需要使用 goto 语句的方式。

5.4　新手疑难问题解答

问题 1：试述 continue 语句和 break 语句的区别。

解答：continue 语句只结束本次循环，而不是终止整个循环的执行；break 语句则是结束整个循环过程，不再判断执行循环的条件是否成立。另外，break 语句可以用在循环语句和 switch 语句中，在循环语句中用来结束内部循环，在 switch 语句中用来跳出 switch 语句。

问题 2：C++语言中 while、do…while、for 这 3 种循环语句有什么区别？

解答：在 C++中，同一个问题往往既可以用 while 语句解决，也可以用 do…while 或者 for 语句来解决。但在实际应用中，应根据具体情况来选用不同的循环语句。选用的一般原则如下。

（1）如果循环次数在执行循环体前就已确定，一般用 for 语句。如果循环次数是由循环体的执行情况确定的，一般用 while 语句或者 do…while 语句。

（2）当循环体至少执行一次时，用 do…while 语句。反之，如果循环体可能一次也不执行，则选用 while 语句。

（3）在循环语句中，for 语句使用频率最高，while 语句其次，do 语句很少用。

这 3 种循环语句（for、while、do…while）可以互相嵌套自由组合。但需要注意的是，各循环必须完整，相互之间绝不允许交叉。

5.5　实战训练

实战训练

实战 1：制作一个简易计算器。

编写程序，完成一个简易计算器小程序，要求实现加法、减法、乘法、除法 4 种运算功能。程序运行结果如图 5-37 所示。

```
Microsoft Visual Studio 调试控制台
请输入两个要进行运算的数字：10  20
1->加法运算
2->减法运算
3->乘法运算
4->除法运算
请输入：3
乘法运算
200
请按任意键继续...
```

图 5-37　简单的计算器

实战 2：输出指定月份的日历信息。

编写程序，通过输入年份和月份，输出该月的日历情况。程序运行结果如图 5-38 所示。

实战 3：输出 10 之内的质数信息。

编写程序，通过输入起始数与结尾数，输出除 1 以外指定整数范围内的质数。程序运行结果如图 5-39 所示。

```
Microsoft Visual Studio 调试控制台
输入年月:2020  4

日  一  二  三  四  五  六
               1   2   3   4
 5   6   7   8   9  10  11
12  13  14  15  16  17  18
19  20  21  22  23  24  25
26  27  28  29  30
```

图 5-38　显示日历信息

```
Microsoft Visual Studio 调试控制台
请输入起始数：
1
请输入结尾数：
10
2  是质数
3  是质数
5  是质数
7  是质数
```

图 5-39　统计出质数信息

第6章

函数与函数调用

⏱ **本章内容提要**

　　函数是一组一起执行一个任务的语句。每个 C++程序都至少有一个函数，即主函数 main()。所有 C++程序都可以定义其他除主函数以外的函数，用户还可以根据每个函数执行的特定任务来把程序代码划分到不同的函数中。本章介绍函数与函数的调用，主要内容包括函数概述、函数参数及返回值、函数调用等。

微视频

6.1　函数的概述

　　C++语言不仅为用户提供了极为丰富的库函数，还允许用户自定义函数。例如，用户可以把自定义算法编成一个相对独立的函数模块，然后用调用的方法来使用这个函数模块，进而实现特定的功能。

6.1.1　函数的概念

　　C++语言也被称为函数式语言，这是因为 C++程序的全部工作都是由各式各样的函数完成的。例如，模块的功能是通过函数来实现的。一个 C++程序可由一个主函数和若干个其他函数构成，由主函数调用其他函数，其他函数可以相互调用。而同一个函数可以被一个或多个函数调用任意次。

　　在 C++语言程序设计中，要善于利用函数，这样可以减少程序员重复编写代码段的工作量，同时方便实现模块化的设计程序。

6.1.2　函数的定义

　　如果一个程序段能够完成一定功能且需要反复被调用，就可以将其设计成一个自定义函数。这样既可以方便问题的解决，又可以提升程序的可读性，从而提高程序的设计效率。可见，C++程序设计的核心正是函数设计。函数就是功能，每一个函数用来实现一个特定的功能。

　　在 C++语言程序设计中，用户所使用函数的主要来源有库函数和用户自定义函数。

1. 库函数

库函数由 C++系统提供，用户无须定义，也不必在程序中进行类型说明，只需在程序前包

含该函数原型的头文件即可在程序中直接调用。例如,前面学习和使用的基本输入/输出函数 cin()
和 cout()都是 C++语言定义的库函数。

2. 自定义函数

使用自定义函数应遵循"先定义,后使用"的基本原则。自定义函数的一般形式如下:

```
类型标识符 函数名(形式参数列表)
{
    变量的声明
    实现语句;
    ...
}
```

其主要参数说明如下。

(1)类型标识符:用来标识函数的返回值类型,用户可以根据函数的返回值判断函数的执
行情况,也可以通过返回值获取想要的数据。类型标识符可以是整型、字符型、指针型、对象
的数据类型等。

(2)形式参数列表:即由各种类型变量组成的列表,各参数之间用逗号间隔。在进行函数
调用时,主调函数对变量进行赋值。

关于函数定义的一些说明如下。

(1)形式参数列表可以为空,这样就定义了一个不需要参数的函数。例如:

```
int showMessage()
{
    int i=0;
    cout<<i<<endl;
    return 0;
}
```

函数 showMessage()通过 cout 流输出变量 i 的值。

(2)函数后面的大括号表示函数体,在函数体内可以进行变量的声明和添加实现语句。

【实例 6.1】编写程序,使用键盘输入圆的半径,运用自定义函数计算圆的面积(源代码\
ch06\6.1.txt)。

```
#include <iostream>
using namespace std;
double circle(float r)        /*自定义函数 circle(),形参 r 表示半径*/
{
    double s;
    s = 3.14 * r * r;
    return s;                 /*返回圆的面积*/
}
int main()
{
    float t;
    double area;
    cout<<"请输入圆的半径:r="<<endl;
    cin>>t;
    area = circle(t);         /*调用自定义函数 circle(),传递实参 t*/
    cout<<"圆的面积="<<area<<endl;
}
```

保存并运行程序,这里输入圆的半径值为 10,输出的结果为"圆的面积=314",如图 6-1

所示。本实例定义函数 circle()，其功能是计算一个圆的面积，并将计算结果返回给主调函数。

图 6-1　例 6.1 的程序运行结果

6.1.3　函数的声明

在 C++语言中，除了需要对函数进行定义外，有时还需要对函数进行声明，即通过函数原型声明告知编译系统此函数的相关信息，如函数类型、形式参数类型及个数，最终保证程序能够正确运行。函数原型声明遵循如下基本原则。

（1）如果函数定义在先、调用在后，调用前可以不必进行原型声明；但如果函数定义在后、调用在先，调用前必须声明。

（2）在程序设计中，为使程序的逻辑结构清晰，一般应将主要的函数原型声明放在程序的起始位置，起到列函数目录的作用，而将函数的定义放在主调函数后。

函数原型声明的一般语法格式如下：

```
函数类型 函数名(形式参数列表);
```

例如，定义函数 max()，可以使用以下方式进行声明。

```
int max(int num1, int num2);
```

另外，在函数声明中参数的名称并不重要，只有参数的类型是必需的，因此下面也是有效的声明。

```
int max(int, int);
```

不过，在遇到如下 3 种情况时，可以省去对被调用函数的说明。

（1）当被调用函数的函数定义出现在调用函数前时，可以省去被调函数的说明。因为在调用前，编译系统已经知道了被调用函数的函数类型、参数个数、类型和顺序，所以在主调函数中可以不对被调函数再进行说明而直接调用。

（2）如果在所有函数定义前，在函数外部（如文件开始处）预先对各个函数进行了说明，则在调用函数中可默认对被调用函数的说明。例如：

```
char str(int a);
float f(float b);
main()
{
    ...
}
char str(int a)
{
    ...
}
float f(float b)
{
    ...
}
```

在这个例子中，开始处的两行对函数 str(int a)和函数 f(float b)预先进行了说明。因此，在以后各函数中无须对函数 str(int a)和 f(float b)函数再进行说明，就可直接调用。

（3）对库函数的调用不需要再进行说明，但必须把该函数的头文件用#include 命令包含在源文件前部。

☆**大牛提醒**☆

如果一个函数没有声明就被调用，编译程序并不认为出错，而将此函数默认为整型（int）函数。因此，当一个函数返回其他类型，又没有事先说明，编译时将会出错。

【**实例 6.2**】编写程序，使用键盘输入球体的半径，运用函数声明计算球体的体积（源代码\ch06\6.2.txt）。

```cpp
#include <iostream>
using namespace std;
double volume(double);        /*函数的声明*/
int main()
{
  double r,v;
  cout<<"请输入半径: ";
  cin>>r;
  v=volume(r);
  cout<<"体积为: "<<v<<endl;
}
double volume(double x)
{
  double y;
  y=4.0/3*3.14*x*x*x;
  return y;
}
```

保存并运行程序，这里输入球体的半径值为 10，输出结果如图 6-2 所示。本实例中，需要在调用函数 volume（double x）前给出函数的声明。声明的格式只需要在函数定义的首行末尾处加上分号，且声明中的形参列表只需给出参数的类型即可；参数名称可写可不写，如果有多个参数则用逗号隔开。

```
Microsoft Visual Studio 调试控制台
请输入半径: 10
体积为: 4186.67
```

图 6-2　例 6.2 的程序运行结果

☆**大牛提醒**☆

当用户在一个源文件中定义函数且在另一个文件中调用函数时，函数声明是必需的。在这种情况下，用户应该在调用函数的文件顶部声明函数。

6.2　函数参数及返回值

微视频

在主调函数中调用某函数前应对该被调函数进行声明，这与使用变量前，要先进行变量声明是一样的。在主调函数中对被调函数进行声明的目的是告知编译系统被调函数返回值的类型，以便在主调函数中按照该类型对返回值进行相应的处理。

6.2.1　空函数

没有参数和返回值、函数的作用域为空的函数就是空函数。例如：

```
void setworkSpace(){ }
```

调用以上函数时，什么工作也不做，没有任何实际意义。在主函数 main()中调用 setworkSpace()
函数时，这个函数没有起到任何作用。例如：

```
void setworkSpace(){ }
void main()
{
    void setworkSpace();
}
```

空函数存在的意义是：在程序设计中，往往根据需要设计若干模块，分别由一些函数来实现。而在程序设计的第一阶段往往只设计最基本的模块，其他一些次要功能则在以后需要时陆续补上。因此，在编写程序的开始阶段，可以在将来准备扩充功能的位置添上一个空函数，先占上一个位置，以后再用编好的函数代替它。这样做，程序的结构清晰、可读性好。

6.2.2　形参与实参

定义函数时，如果参数列表为空，则说明这个函数为无参函数；如果参数列表不为空，就称为带参数函数。带参数函数中的参数在函数声明和定义时被称为"形式参数"，简称"形参"。在函数被调用时被赋予具体值，具体的值被称为"实际参数"，简称"实参"。

```
int my_max(int x, int y)    //这里函数的参数为形参
{
    if(x>y) return x;
    else return y;
}
int main()
{
    my_max(3,4);    //这里函数的参数为实参
}
```

形参与实参的个数应相等，类型应一致。实参与形参按顺序对应，函数被调用时会一一传递数据。

形参与实参的区别如下。

（1）定义函数中指定的形参在未出现函数调用时，它们并不占用内存中的存储单元。只有在发生函数调用时，函数的形参才被分配内存单元；在调用结束后，形参所占的内存单元被释放。

（2）实参应该是确定的值。在调用函数时将实参的值赋予形参，如果形参是指针类别，就将地址值传递给形参。

（3）实参与形参的类型应相同。

（4）实参与形参之间是单向传递，只能将实参传递给形参，而不能将形参传递给实参。

（5）实参与形参之间存在一个分配空间和参数值传递的过程，这个过程是在函数调用时发生的。

6.2.3　函数的默认参数

C++语言中允许在函数定义时采用一个或者多个默认参数值。在调用该函数时，如果给出实参，则采用实参值；如果没有给定实参值，则调用默认参数值。

☆**大牛提醒**☆

默认参数只可在函数声明中设定一次。而且只有在没有函数声明时，才可以在函数定义中设定。函数默认参数的特点是，在调用时可以不提供或提供部分实参。

【实例 6.3】编写程序，定义函数 add()，该函数的功能是将两个参数相加的结果返回（源代码\ch06\6.3.txt）。

```cpp
#include <iostream>
using namespace std;
int add(int x=5, int y=6)
{
    return x+y;
}
int main()
{
    int i;
    i=add(10,20);//10+20
    cout<<"i="<<i<<endl;
    i=add();        //5+6
    cout<<"i="<<i<<endl;
    i=add(10);      //10+6
    cout<<"i="<<i<<endl;
}
```

程序运行结果如图 6-3 所示。在本实例中，首先定义了一个函数 add()，在定义函数时使用了默认参数，默认 x 的值为 5，y 的值为 6。如果没有输入参数，则调用默认函数。在函数 main() 中，首先定义了变量 i，调用函数 add(10,20)，参数分别是 10 和 20，将函数 add(10,20)的调用结果赋给 i，并将 i 输出；接着调用函数 add()，此处没有参数，则采用默认参数 5 和 6，将函数 add()的调用结果赋给 i，并将 i 输出；调用函数 add(10)，此处只有一个参数 10，将函数 add(10) 结果赋给 i，并将 i 输出。

```
Microsoft Visual Studio 调试控制台
i=30
i=11
i=16
```

图 6-3　例 6.3 的程序运行结果

从运行结果来看，当输入参数为 10 和 20 时，函数 add()就按照输入参数计算，结果为 30；第二次调用函数 add()时，没有输入参数，就按照默认参数 5 和 6 计算，那么结果为 11；第三次调用函数 add(10)时，输入一个参数 10，第二个参数就取默认参数 6，最后结果为 16。

6.2.4　参数的传递方式

在 C++中，参数的传递方式有两种：一种是值传递，另一种是地址传递。

1. 值传递

所谓的值传递，是指当一个函数被调用时，C++根据形参的类型、数量等特征将实参一一对应地传递给函数，在函数中调用。在值传递的过程中，形参只在函数被调用时才分配存储单元，调用结束即被释放。实参可以是常量、变量、表达式、函数（名）等，但它们必须要有确定的值，以便把这些值传送给形参。实参和形参在数量、类型、顺序上应保持严格一致。

☆**大牛提醒**☆

函数并不对传递的实参进行操作。即使形参的值发生了变化，实参的值也不会随着形参的改变而改变。

【**实例 6.4**】编写程序，定义函数 swap()，使用值传递方式交互 a 和 b 的值，然后输出 a 和 b 的值（源代码\ch06\6.4.txt）。

```
#include <iostream>
using namespace std;
void swap(int, int);
int main()
{
    int a = 30, b = 40;
    cout << "a=" << a << ",b=" << b << endl;
    swap(a, b);
    cout << "a=" << a << ",b=" << b << endl;
}
void swap(int x, int y)
{
    int t = x;
    x = y;
    y = t;
}
```

程序运行结果如图 6-4 所示。在本实例中，首先声明了函数 swap(int, int)，又定义了变量 a 和 b，分别赋值为 30 和 40，输出 a 和 b，然后调用函数 swap(a,b)交换 a 和 b 的值，再输出 a 和 b 的结果。在程序的最后，定义了函数 swap(int x, int y)，该函数将两个参数的值对调。

Microsoft Visual Studio 调试控制台
a=30, b=40
a=30, b=40

图 6-4　例 6.4 的程序运行结果

从运行结果来看，在函数调用前后 a 和 b 的值都没有改变。首先，给对应的形参变量分配一个存储空间，该空间的大小等于 int 类型的长度，然后把 a 和 b 的值一一存入到为 x 和 y 分配的存储空间中，成为变量 x 和 y 的初值，供被调用函数执行时使用。这种方式中被调用函数本身不对实参进行操作，也就是说，即使形参的值在函数中发生了变化，实参的值也完全不会受到影响，仍为调用前的值。所以本例中调用函数前后，a 和 b 的值没有改变。

2. 地址传递

地址传递是指将函数的参数定义为指针类型，在调用该函数时必须传递一个地址参数给函数。地址传递的作用就是在改变形参值的同时改变实参的值，这里需要用到符号"&"。

【**实例 6.5**】编写程序，定义函数 swap()，使用地址传递方式交互 a 和 b 的值，然后输出 a 和 b 的值（源代码\ch06\6.5.txt）。

```
#include <iostream>
using namespace std;
void swap(int &,int &);
int main()
{
    int a=30,b=40;
    cout<<"a="<<a<<",b="<<b<<endl;
    swap(a,b);
    cout<<"a="<<a<<",b="<<b <<endl;
}
void swap(int &x,int &y)
{
```

```
        int t=x;
        x=y;
        y=t;
    }
```

程序运行结果如图 6-5 所示。在本实例中，首先声明了一个函数 swap(int&,int&)，该函数传递的是两个变量的地址，然后在主程序中定义了变量 a 和 b，分别赋值为 30 和 40，输出 a 和 b 的结果，再调用函数 swap(a,b)交换 a 和 b 的值，输出 a 和 b 的结果。在程序的最后，定义了函数 swap(int &x,int &y)，该函数将两个参数的值对调。

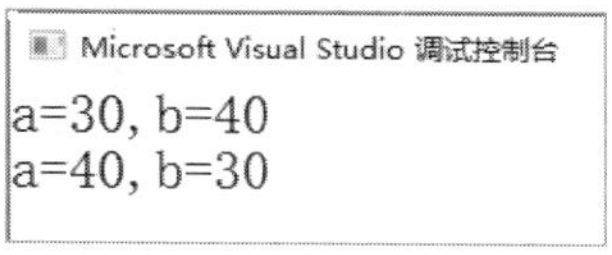

图 6-5　例 6.5 的程序运行结果

从运行结果可以看出，a 和 b 在调用函数 swap(a, b)后值已经互换了。使用地址传递方式，既可以使得对形参的任何操作都能改变相应实参的值，又使函数调用显得方便和自然。

6.2.5　声明返回值类型

在定义函数时，必须指明函数的返回值类型，而且 return 语句中表达式的类型应该与函数定义时的函数类型是一致的。如果二者类型不一致，则以函数定义时的函数类型为准。

【实例 6.6】编写程序，使用键盘输入一个数，然后计算该数值的立方值（源代码\ch06\6.6.txt）。

```
#include <iostream>
using namespace std;
int cube(float x)       /*定义函数，返回类型为 int*/
{
    float z;            /*定义返回值为 z，类型为 float*/
    z = x * x * x;
    return z;           /*通过 return 返回所求结果*/
}
int main()
{
    float a;
    int b;
    cout << "请输入一个数:"<<endl;
    cin >> a;
    b = cube(a);
    cout << a << "的立方值为: " << b << endl;
}
```

保存并运行程序，这里输入的数值为 10，输出的结果为 1000，省略了小数部分，如图 6-6 所示。

在本实例中，函数 cube(float x)被定义为整型，而 return 语句中的 z 为实型，二者类型不一致。按照规定，若用户输入的数值为小数，则先将 z 的值转换为整型（即去掉小数部分），然后 cube(x)带一个整型值到主调函数 main()，

图 6-6　例 6.6 的程序运行结果

因此最终的结果为 1000，所以初学者应该做到函数类型与 return 语句返回值的类型一致。

另外，如果一个函数不需要返回值，则将该函数指定为 void 类型，此时函数体内不必使用 return 语句（在调用该函数时，执行到函数末尾就会自动返回主调函数中）。

【实例 6.7】编写程序，这里定义一个函数 printdiamond()，输出如图 6-7 所示的图形（源代码\ch06\6.7.txt）。

```cpp
#include <iostream>
using namespace std;
void printdiamond()    /*定义一个无返回值的函数，返回类型应为 void*/
{
    cout<<"**********"<<endl;
    cout<<" **********"<<endl;
    cout<<"  **********"<<endl;
}
int main()
{
    printdiamond();    /*调用函数 printdiamond()*/
}
```

程序运行结果如图 6-8 所示。本实例中函数 printdiamond()功能只是输出一个图形，不需要返回任何的值，所以不需要 return 语句。

```
**********
 **********
  **********
```

图 6-7　输出图形

Microsoft Visual Studio 调试控制台
```
**********
 **********
  **********
```

图 6-8　例 6.7 的程序运行结果

☆大牛提醒☆

无返回值的函数通常用于完成某项特定的处理任务，如打印图形或输入/输出、排序等。

一个函数中可以有一个以上的 return 语句，但不论执行到哪个 return，都将结束函数的调用返回主调函数，即带返回值的函数只能返回一个值。

【实例 6.8】编写程序，在键盘上输入两个数值，求出两个数的最大值，然后输出（源代码\ch06\6.8.txt）。

```cpp
#include <iostream>
using namespace std;
int max(int a,int b)        /*定义函数*/
{
    if(a>b)                 /*如果 a>b，返回 a*/
        return a;
        return b;           /*否则返回 b*/
}
int main()
{
    int x,y;
    cout<<"请输入两个整数："<<endl;
    cin>>x>>y;
    cout<< x<<"和"<<y<<"的最大值为："<<max(x,y)<<endl;
}
```

保存并运行程序，这里输入的数值为 15 和 12，输出的结果为"15 和 12 的最大值为：15"，如图 6-9 所示。

Microsoft Visual Studio 调试控制台
请输入两个整数：
15　12
15和12的最大值为：15

图 6-9　例 6.8 的程序运行结果

本实例中使用了两个 return 语句，同样可以求出最大值。在调用函数 max(x, y)时，把主调函数中的实参分别传递给形参 a 和 b 后，执行子函数。在子函数中，执行语句"if（a>b）return a; return b;"，其功能是当条件"a>b"成立时执行语句"return a;"返回 a 的值；当条件不满足时就执行语句"return b;"，也就是返回 b。

☆**大牛提醒**☆

这里虽然有两个 return，但不管执行到哪个 return，都将只返回一个值。如果要将多个值返回主调函数中，使用 return 语句是无法实现的。

6.2.6 函数的返回值

函数的返回值是通过函数中的 return 语句实现的。return 语句会将被调用函数中的一个确定值带回主调函数中。return 语句的语法格式如下：

```
return 表达式;
```

或

```
return (表达式);
```

若函数不向主函数返回函数值，可定义为：

```
void s(int n)
{ …
}
```

一旦函数被定义为空类型，就不能在主调函数中使用被调函数的函数值了。因此，在定义函数为空类型后，在主函数中编写如下语句：

```
sum=s(n);
```

就是错误的。为了使程序有良好的可读性并减少出错，凡不要求返回值的函数都应定义为空类型。

☆**大牛提醒**☆

return 语句中表达式的值是函数的返回值。当表达式值的类型与函数类型不一致时，以函数类型为准，由系统自动转换。

程序执行完 return 语句后，退出该函数，返回到主调函数的相应位置并返回函数值。一个自定义函数内可以有一个或多个 return 语句，但只能有一个 return 语句被执行，若 return 语句后面没有表达式，return 语句可以省略不写。

【**实例 6.9**】编写程序，实现在键盘上输入一个数值，调用函数 cube()，计算该数值的平方值（源代码\ch06\6.9.txt）。

```
#include <iostream>
using namespace std;
long cube(long x)                    /*定义函数 ，返回类型为 long*/
{
    long z;
    z=x*x;
    return z;                        /*通过 return 返回所求结果，结果类型也应为 long*/
}
int main()
{
    long a,b;
    cout<<"请输入一个整数:"<<endl;
    cin>>a;
```

```
    b=cube(a);
    cout<<a<<"的平方值为: "<<b<<endl;
}
```

保存并运行程序，这里输入的数值为 5，输出的结果为"5 的平方值为：25"，如图 6-10 所示。

return 语句后面的值也可以是表达式，如本实例中的函数 cube(long x)可以改写为：

图 6-10　例 6.9 的程序运行结果

```
long cube(long x)
{
    return x*x;
}
```

以上该实例中只有一条 return 语句，后面的表达式已经实现了求 x^2 的功能。故该语句的含义是先求解后面表达式 x*x 的值，然后返回。

根据 return 语句的两种格式可知，以上实例中的 return 语句还可以写成：

```
return (z);
```

它的执行过程是，首先计算表达式的值，然后将计算结果返回给主调函数。

【实例 6.10】编写程序，分析当 return 语句中表达式的类型与函数定义的类型不一致时，会出现什么结果（源代码\ch06\6.10.txt）。

```
#include <iostream>
using namespace std;
int cube(float x)                  /*定义函数，返回类型为 int*/
{
    float z;                       /*定义返回值为 z，类型为 float*/
    z=x*x;
    return z;                      /*通过 return 返回所求结果*/
}
int main()
{
    float a;
    int b;
    cout<<"请输入一个整数:"<<endl;
    cin>>a;
    b=cube(a);
    cout<<a<<"的平方值为: "<<b<<endl;
}
```

保存并运行程序，这里输入的数值为 5.4，输出的结果为"5.4 的平方值为：29"，如图 6-11 所示。同时，在程序的下方会给出警告信息，原因是 return 语句后面表达式"z"的数据类型和函数 cube(float x)的类型不一致。

按上述规定，若用户输入的数为 5.4，则先将 z 的值转换为整型 29（即去掉小数部分），然后 cube(x)带回一个整型值 29 到主调函数 main()。

图 6-11　例 6.10 的程序运行结果

6.3　函数的调用

函数定义后，可以被其他函数调用，既可以在主函数 main()中调用，也可以在其他自定义函数中调用，而且可以被多次调用。

6.3.1　函数调用的形式

在 C++语言中，除了主函数 main()由系统自动调用外，其他函数都由主函数直接或间接调用。调用自定义函数的方法如同调用库函数，语法格式如下：

```
函数名([实际参数表])
```

其中，"[]"中的内容可以省略，说明是对无参函数的调用。实际参数表中的参数可以是常数、变量或其他构造类型数据及表达式，各实参之间用逗号分隔。

函数调用的执行过程可以分为三步，即参数传递、执行函数体和返回。具体过程说明如下。

（1）计算每一个实际参数表达式的值，并把此值传给所对应的形式参数。

（2）执行函数体中的语句。

（3）函数体执行结束后，返回到主调函数，继续执行主调函数的后续语句。

6.3.2　函数调用的方式

在 C++语言中，可以用以下几种方式调用函数。

1. 以表达式的一个运算对象形式调用

函数作为表达式中的一项出现在表达式中，以函数返回值参与表达式的运算。这种方式要求函数是有返回值的。例如：

```
z=max(x,y)
```

就是一个赋值表达式，把函数 max(x, y)的返回值赋予变量 z。

2. 以函数调用语句形式调用

C++语言中的函数可以只进行某些操作而不返回函数值，这时的函数调用可为一条独立的语句，即函数调用的一般形式加上分号构成的函数语句。

函数调用作为一个独立的语句，适用于返回值类型为 void 的函数。例如：

```
printf ("%d",a);
scanf_s("%d",&b);
```

都是以函数语句的方式调用函数的。

【实例 6.11】编写程序，在屏幕上输出"Welcome you!"（源代码\ch06\6.11.txt）。

```cpp
#include <iostream>
using namespace std;
void fun(void)
{
    cout<<"Welcome you!"<<endl;
}
int main()
{
    fun();    /*调用函数 fun()*/
}
```

程序运行结果如图 6-12 所示。

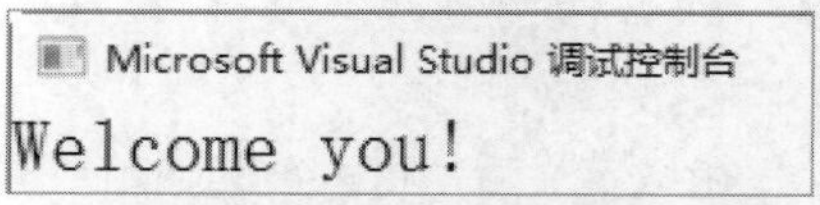

3. 函数调用作为另一个函数的实参

函数作为另一个函数调用的实际参数出现，这种情况是把该函数的返回值作为实参进行传送，因此要求该函数必须是有返回值的。例如：

```
s=max(a, max(x,y));
```

上述语句中，max(x,y)作为下一次调用函数 max()的实际参数。

总的来说，对于 void 类型的函数，调用时应采用函数语句的形式，因为 void 类型没有返回值；对于其他类型的函数，调用时一般采用函数表达式的形式。

【**实例 6.12**】编写程序，在键盘上输入两个数值，求任意两个整数的最小公倍数（源代码 \ch06\6.12.txt）。

```
#include <iostream>
using namespace std;
int sct(int m,int n)          /*定义函数，求最小公倍数*/
{
  int temp,a,b;
  if(m<n)                     /*如果m<n，交换m、n的值，使m中存放较大的值*/
    {
      temp=m;
      m=n;
      n=temp;
    }
  a=m;  b=n;                  /*保存m、n原来的数值*/
  while(b!=0)                 /*使用"辗转相除"法求两个数的最大公约数*/
    {
      temp=a%b;
      a=b;
      b=temp;
    }
  return(m*n/a);              /*返回两个数的最小公倍数，即两数相乘的积除以最大公约数*/
}
int main()
{
  int x,y,g;
  cout<<"请输入两个整数: ";
  cin>>x>>y;
  g=sct(x,y);                                /*调用函数*/
  cout<<"最小公倍数为: "<<g<<endl;           /*输出最小公倍数*/
}
```

程序运行结果如图 6-13 所示。本实例调用了函数 sct(int m, int n)，该函数有两个参数，因此在调用时实参列表也有两个参数，且这两个参数的个数、类型、位置是一一对应的。函数 sct(x,y) 有返回值，因此在主调函数中，函数的调用是参与一定运算的，这里参与了赋值运算，将函数的返回值赋给了变量 g。

图 6-12 例 6.11 的程序运行结果

图 6-13 例 6.12 的程序运行结果

☆**大牛提醒**☆

实参的个数、类型和顺序都应该与被调用函数所要求的参数个数、类型和顺序一致，才能正确地进行数据传递。

6.3.3　函数的传值调用

向函数传递参数的传值调用方法是把参数的实际值复制给函数的形式参数。在这种情况下，修改函数内的形式参数不会影响实际参数。默认情况下，C++使用传值调用方法来传递参数。一般来说，这意味着函数内的代码不会改变用于调用函数的实际参数。

【**实例 6.13**】编写程序，使用函数的传值调用方式交换两数，然后输出（源代码\ch06\6.13.txt）。

```cpp
#include <iostream>
using namespace std;
//函数声明
void swap(int x, int y)
{
    int temp;
    temp = x;           /* 保存 x 的值 */
    x = y;              /* 把 y 值赋给 x*/
    y = temp;           /* 把 x 值赋给 y*/
    return;
}
int main()
{
    //局部变量声明
    int a = 200;
    int b = 300;
    cout << "交换前, a 的值: " << a << endl;
    cout << "交换前, b 的值: " << b << endl;
    //调用函数来交换值
    swap(a, b);
    cout << "交换后, a 的值: " << a << endl;
    cout << "交换后, b 的值: " << b << endl;
    return 0;
}
```

程序运行结果如图 6-14 所示。从运行结果可以看出，虽然在函数内改变了 a 和 b 的值，但是实际上 a 和 b 的值没有发生变化。

```
■ Microsoft Visual Studio 调试控制台
交换前, a 的值: 200
交换前, b 的值: 300
交换后, a 的值: 200
交换后, b 的值: 300
```

图 6-14　例 6.13 的程序运行结果

6.3.4　函数的嵌套调用

在 C++语言中，函数之间的关系是平行的、独立的，也就是说在函数定义时不能嵌套定义，即一个函数定义的函数体内不能包含另一个函数的完整定义。但是，C++语言允许在一个函数的定义中出现对另一个函数的调用，这样就出现了函数的嵌套调用。也就是说，在调用一个函数的过程中可以调用另外一个函数。

【**实例 6.14**】利用函数的嵌套调用，编写程序，计算 $s=2^2!+3^2!$ 的值（源代码\ch06\6.14.txt）。

```
#include <iostream>
using namespace std;
long f1(int p)
{
    int k;
    long r;
    long f2(int);
    k=p*p;
    r=f2(k);                          /*在函数 f1(int p)内调用函数 f2(int q) */
    return r;
}
long f2(int q)
{
    long c=1;
    int i;
    for(i=1;i<=q;i++)
        c=c*i;
    return c;
}
int main()
{
    int i;
    long s=0;
    for (i=2;i<=3;i++)
        s=s+f1(i);                    /*调用函数 f1(int p) */
    cout<<"s="<<s<<endl;
}
```

程序运行结果如图 6-15 所示。本实例编写了两个函数，一个是用来计算平方值的函数 f1，另一个是用来计算阶乘值的函数 f2。主函数先调用 f1 计算出平方值，再在 f1 中以平方值为实参，调用 f2 计算其阶乘值，然后返回 f1，再返回主函数，在循环程序中计算累加和。

另外，由于函数 f1 和 f2 均为长整型，都在主函数前面的定义，所以不必在主函数中对 f1 和 f2 加以说明。在主函数 main()中，执行循环程序依次把 i 值作为实参调用函数 f1 求 i^2 值。在 f1 中又发生对函数 f2 的调用，这时是把 i^2 的值作为实参去调 f2，在 f2 中完成求 $i^2!$ 的计算。f2 执行完毕，把 c 值（即 $i^2!$）返回给 f1，再由 f1 返回主函数实现累加。至此，由函数的嵌套调用实现了题目的要求。由于数值很大，因此函数和一些变量的类型都声明为长整型，否则会造成溢出而导致计算错误。

上面这个例子是两层嵌套的情况，其程序的执行顺序可以用图 6-16 描述。

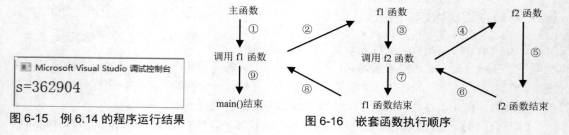

图 6-15　例 6.14 的程序运行结果　　　　图 6-16　嵌套函数执行顺序

程序的执行过程如下：

（1）执行主函数 main( )的函数体部分。

（2）遇到函数调用语句，程序转去执行 f1 函数。

（3）执行 f1 函数的函数体部分。

（4）遇到函数调用 f2 函数，转去执行 f2 函数的函数体。

（5）执行 f2 函数体部分，直到结束。

（6）返回 f1 函数调用 f2 处。

（7）继续执行 f1 函数尚未执行的部分，直到 f1 函数结束。

（8）返回主函数调用 f1 处。

（9）继续执行主函数的剩余部分，直到结束。

6.3.5　函数的递归调用

如果在调用一个函数的过程中又直接或间接地调用了该函数本身，这种形式称为函数的递归调用，而这个函数就称为递归函数。递归函数分为直接递归和间接递归两种。C++语言的特点之一就在于，允许函数的递归调用。在递归调用中，主调函数又是被调函数。执行递归函数将反复调用其自身，每调用一次就进入新的一层。

直接递归就是函数在处理过程中又直接调用了其自身。例如：

```cpp
int func(int a)
{
  int b,c;
  …
  c=func(b);
  …
}
```

其执行过程如图 6-17 所示。

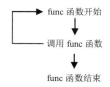

图 6-17　直接递归函数执行过程

如果函数 func1()调用函数 func2()，而函数 func2()反过来又调用函数 func1()，就称为间接递归。例如：

```cpp
int func1(int a)              int func2(int x)
{                            {
    int b,c;                      int y,z;
    …                            …
    c=func2(b);                   z=func1(y);
    …                            …
}                            }
```

其执行过程如图 6-18 所示。

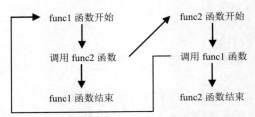

图 6-18　间接递归函数执行过程

以上函数都是递归函数。但是运行这些函数都将无休止地调用其自身，这当然是不正确的。为了防止递归调用无终止地进行，必须在函数内有终止递归调用的方法。常用的方法是加条件判断，满足某种条件后就不再进行递归调用，然后逐层返回。例如，可以用 if 语句来控制只有在某一条件成立时才继续执行递归调用，否则不再继续。下面举例来说明递归调用的执行过程。

【实例 6.15】利用函数的递归调用，编写程序，计算 n!（n>0）的值（源代码\ch06\6.15.txt）。

```cpp
#include <iostream>
using namespace std;
long fac(int n)                    /*定义求阶乘的函数 fac(int n)*/
{
  long m;
  if(n==1)
    m=1;
  else
    m=fac(n-1)* n;                 /*在函数的定义中又调用了自身*/
  return m;
}
int main()
{   int n; float y;
    cout<<"请输入一个整数:";
    cin>>n;
    cout<<n<<"!="<<fac(n);         /*输出 n!*/
}
```

本实例采用递归法求解阶乘，即 5!=4!*5，4!=3!*4，……，1!=1，可以用下面的递归公式表示：

$$n!=1 \qquad\qquad (n=0,1)$$
$$n!=n\times(n-1)! \qquad\qquad (n>1)$$

可以看出，当 n>1 时，求 n 的阶乘公式是一样的，因此可以用一个函数来表示上述关系，即 fac 函数。程序运行结果如图 6-19 所示。

```
Microsoft Visual Studio 调试控制台
请输入一个整数:8
8!=40320
```

图 6-19　例 6.15 的程序运行结果

函数 main()中只调用了一次 fac 函数，整个问题全靠函数 fac(n)调用来解决。如果 n 的值为 5，整个函数的调用过程如图 6-20 所示。

从图 6-20 可以看出，fac 函数共被调用了 5 次，即 fac(5)、fac(4)、fac(3)、fac(2)、fac(1)。其中，fac(5)是由函数 main()调用的，其余 4 次是在 fac 函数中进行的递归调用。在某一次 fac 函数的调用中，并不会立刻得到 fac(n)的值，而是一次次地进行递归调用，直到 fac(1)时才得到一个确定的值，然后递推出 fac(2)、fac(3)、fac(4)、fac(5)。

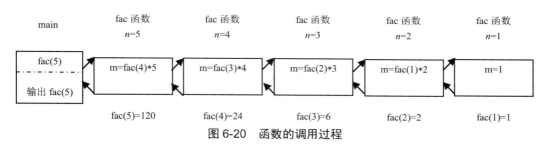

图 6-20　函数的调用过程

在许多情况下，采用递归调用形式可以使程序变得简洁，增加可读性。C++语言中很多问题既可以用递归算法解决，也可以用迭代算法或其他算法解决。但后者往往计算的效率更高，更容易理解。

【实例 6.16】利用递推法，编写程序，计算 *n*!（*n*>0）的值，即从 1 开始乘以 2，再乘以 3，……直到 *n* 来实现（源代码\ch06\6.16.txt）。

```
#include <iostream>
using namespace std;
long fac(int n)
{    int i;long m=1;
for(i=1;i<=n;i++)
{
    m=m*i;
}
    return m;
}
int main()
{    int n;
    float y;
    cout<<"请输入一个整数:"<<endl;
    cin>>n;
    cout<< n <<"!="<<fac(n)<<endl;
}
```

程序运行结果如图 6-21 所示。

图 6-21　例 6.16 的程序运行结果

递归作为一种算法，在程序设计语言中被广泛应用。它通常把一个大型复杂的问题转换为一个与原问题相似的、规模较小的问题来求解。递归策略只需少量的程序就可以描述出解题过程所需要的多次重复计算，大大地减少程序的代码量，而且用递归思想写出来的程序往往十分简洁。

☆**大牛提醒**☆

递归也有缺点，递归算法解题的运行效率较低；在递归调用的过程中，系统为每一层的返回点、局部量等开辟了栈来存储，系统开销较大；递归次数过多，容易造成栈溢出等问题。总之，在程序中递归能不用就不用，能少用就少用。

6.4　变量的作用域

存储类定义 C++程序中变量或函数的范围（可见性）和生命周期，这些说明符放置在它们所修饰的类型前。在 C++程序中，可以通过存储类修饰符来告知编译器要处理什么样的类型变量，常用的有以下 4 种：自动（auto）变量、静态（static）局部变量、外部（extern）变量和寄存器（register）变量。

6.4.1　自动变量

局部变量是指限制在某一范围内使用的变量。局部变量经常被称为自动变量，是因为它在进入作用域时自动生成，采用堆栈方式分配内存空间，离开作用域时释放内存空间，值也自动消失。关键字 auto 可以显式地说明这个问题，但是局部变量默认为 auto，所以没有必要声明为 auto。

【实例 6.17】　使用自动变量，多次调用函数运行结果（源代码\ch06\6.17.txt）。

```cpp
#include <iostream>
using namespace std;
void t1();
int main()
{
    t1();
    t1();
}
void t1()
{
    int y = 1;
    y++;
    cout<<"y is "<<y<<endl;
}
```

程序运行结果如图 6-22 所示。在本实例中，首先声明了函数 t1()，接着在主程序中两次调用了 t1()，然后定义了子函数 t1()。在该函数中，先定义 int 型变量 y，赋值为 1，然后 y 自加 1，最后将 y 的结果输出。

从运行结果来看，两次输出 y 的结果是一致的。由于 y 是局部变量，因此第一次调用后值变为 2，y 被销毁；当第二次调用时，y 再次被初始化为 1，然后值变为 2。

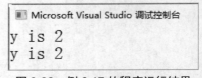

图 6-22　例 6.17 的程序运行结果

6.4.2　静态局部变量

static 存储类指示编译器在程序的生命周期内保持局部变量的存在，而不需要在每次它进入和离开作用域时进行创建和销毁。因此，使用 static 修饰局部变量可以在函数调用之间保持局部变量的值。static 修饰符也可以应用于全局变量。当 static 修饰全局变量时，会使变量的作用域限制在声明它的文件内。全局声明的一个 static 变量或方法可以被任何函数或方法调用，只要这些方法跟 static 变量或方法在同一个文件中。

【实例 6.18】使用 static 变量，多次调用函数运行结果（源代码\ch06\6.18.txt）。

```cpp
#include <iostream>
using namespace std;
void t1();
int main()
{
    t1();
    t1();
}
void t1()
{
    static int y = 1;//声明一个局部变量
    y++;
    cout << "y is " << y << endl;
}
```

程序运行结果如图 6-23 所示。在本实例中，首先声明了函数 t1()，然后在主程序中两次调用了 t1()，最后定义了子函数 t1()。在该子函数中，定义了 int 型静态局部变量 y 并赋值为 1，y 自加 1，将 y 的结果输出。

从运行结果来看，两次输出 y 的结果分别是 2 和 3，第一次调用函数 t1()后 x 变为 2；第二次调用函数 t1()时，y 在内存中保存的值就是 2，y 自加 1 后变为 3，即再次调用静态局部变量时，会跳过原来初始化的操作。

图 6-23　例 6.18 的程序运行结果

6.4.3　外部变量

extern 存储类用于提供一个全局变量的引用，全局变量对所有的程序文件都是可见的。当用户使用 extern 时，对于无法初始化的变量，会把变量名指向一个以前定义过的存储位置。extern 修饰符通常用于当有两个或多个文件共享相同的全局变量或函数时。

【实例 6.19】使用外部变量，多次调用函数运行结果，输出两个数中的最大值（源代码\ch06\6.19.txt）。

```cpp
#include <iostream>
using namespace std;
int max(int, int);                      //函数声明
int main()
{
    extern int a, b;                    //对全局变量a,b进行提前引用声明
    cout << max(a, b) << endl;
}
int a = 15, b = 10;                     //定义全局变量a,b
int max(int x, int y)
{
    int z;
    z = x > y ? x : y;
    return z;
}
```

程序运行结果如图 6-24 所示。在本实例中，首先声明了函数 max(int, int)，接着在主程序中声明了全局变量 a 和 b，调用 max(a, b)将 a 和 b 中较大的输出，然后定义全局变量 a 和 b，分别

赋值为 15 和 10，最后定义函数 max(int x, int y)，求得最大值。

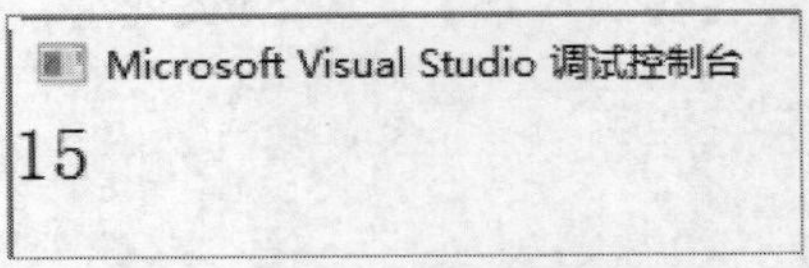

从整个实例来看，输出结果为 15。在函数 main() 后面定义了全局变量 a 和 b，但由于全局变量定义的位置在函数 main() 后，因此如果没有程序的第 6 行，在函数 main() 中是不能引用全局变量 a 和 b 的。现在函数 main() 第 6 行用 extern 对 a 和 b 进行了提前引用声明，表示 a 和 b 是将在后面定义的变量，这样在函数 main() 中就可以合法地使用全局变量 a 和 b 了。如果不进行 extern 声明，编译时会出错，系统认为 a 和 b 未经定义。一般都把全局变量的定义放在引用它的所有函数前，这样可以避免在函数中多加一个 extern 声明。

图 6-24　例 6.19 的程序运行结果

6.4.4　寄存器变量

register 存储类用于定义存储在寄存器中而不是 RAM 中的局部变量。这意味着变量的最大空间等于寄存器的大小，且不能对它应用一元&运算符，因为它没有内存位置，这样可以提高程序的运行速度。其语法格式如下：

```
{
    register int miles;
}
```

☆大牛提醒☆

寄存器只用于需要快速访问的变量，例如计数器。另外，定义 "register" 并不意味着变量将被存储在寄存器中，而是意味着变量可能存储在寄存器中，这取决于硬件和实现的限制。

【实例 6.20】使用 register 变量修饰整型变量（源代码\ch06\6.20.txt）。

```cpp
#include <iostream>
using namespace std;
int main()
{
    register int add ;      /*定义整型寄存器变量*/
    add = 100;
    cout<<add<<endl;        /*显示结果*/
    return 0;               /*程序结束*/
}
```

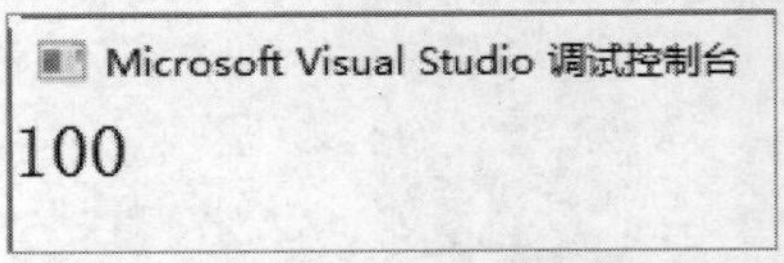

程序运行结果如图 6-25 所示。这里输出的变量值为整型寄存器变量 add 的值，该值为 100。

图 6-25　例 6.20 的程序运行结果

微视频

6.5　内联函数

函数的引入可以减少程序的代码数量，实现程序代码的共享。但是，函数调用也需要一些时间和空间方面的开销。这是因为调用函数实际上将程序执行流程转移到被调函数中，被调函数的程序代码执行完后，再返回到调用的位置。这种调用操作要求调用前保护现场并记忆执行的地址，返回后恢复现场，并按原来保存的地址继续执行。对于较长的函数，这种开销可以忽略不计；但是对于一些函数体代码很短，但又被频繁地调用的函数，就不能忽视这种开销了。

引入内联函数正是为了解决这个问题，提高程序的运行效率。

在程序编译时，编译器将程序中出现的内联函数调用表达式用内联函数的函数体来进行替换。由于在编译时将函数体中的代码替换到程序中，因此会增加目标程序代码量，进而增加空间开销，而在时间开销上不像函数调用时那么大。可见，它是以目标代码的增加为代价来换取时间节省的。

☆**大牛提醒**☆

在内联函数内不允许用循环语句和开关语句；内联函数的定义必须出现在内联函数第一次被调用前。

【**实例 6.21**】使用内联函数，判断 1～10 数值的奇偶性（源代码\ch06\6.21.txt）。

```cpp
#include <iostream>
#include <string>
using namespace std;
inline string dbtest(int a);          /*函数原型声明为 inline，即内联函数*/
int main()
{
    for (int i=1;i<=10;i++)
    {
        cout << i << ":" << dbtest(i) << endl;
    }
    cin.get();
}
string dbtest(int a)                   /*这里不用再次 inline,当然加上 inline 也是不会出错的*/
{
    return (a%2>0)?"奇":"偶";
}
```

程序运行结果如图 6-26 所示。在本实例中，首先使用 inline 声明了一个内联函数 dbtest(int a)，用来判断参数为奇数还是偶数，然后在主程序中，使用 for 循环输出 1～10，分别调用函数 dbtest(i)求结果并将结果输出，最后定义函数 dbtest(int a)，如果 a 模 2 大于 0，则为奇数，否则为偶数。

图 6-26　例 6.21 的程序运行结果

从运行结果来看，将 1～10 的奇偶性都输出。在编译时，主程序调用函数 dbtest(int a)，将其内容整个都复制到调用位置，不需要每次都调用函数，然后返回。这样虽然浪费了空间开销，却节省了大量的时间开销。

6.6　新手疑难问题解答

问题 1：用数组名做函数参数与用数组元素做实参有什么区别？

解答：用数组元素做实参时，只要数组类型和函数形参变量的类型一致，那么作为下标变量的数组元素类型也和函数形参变量的类型是一致的。因此，并不要求函数的形参也是下标变量。换句话说，对数组元素的处理是按普通变量对待的。用数组名做函数参数时，则要求形参和相对应的实参都必须是类型相同的数组，都必须有明确的数组说明。当形参和实参二者类型不一致时，即会发生错误。

问题 2：怎样把数组作为参数传递给函数呢？

解答：在把数组作为参数传递给函数时，有值传递和地址传递两种方式。在值传递方式中，说明和定义函数时，要在数组参数的尾部加上一对中括号“[]”，调用函数时只需将数组的地址（即数组名）传递给函数。

6.7 实战训练

实战训练

实战 1：利用自定义函数计算 s=1!+2!+3!+…+*n*!的值。

编写程序，自定义 fact()和 sum_fact()两个函数，其中，fact()函数的功能是完成一个整数阶乘的计算，sum_fact()函数的功能是将 1 到 *n* 之间每一个整数的阶乘值累加求和，最后输出求和的结果。程序运行结果如图 6-27 所示。

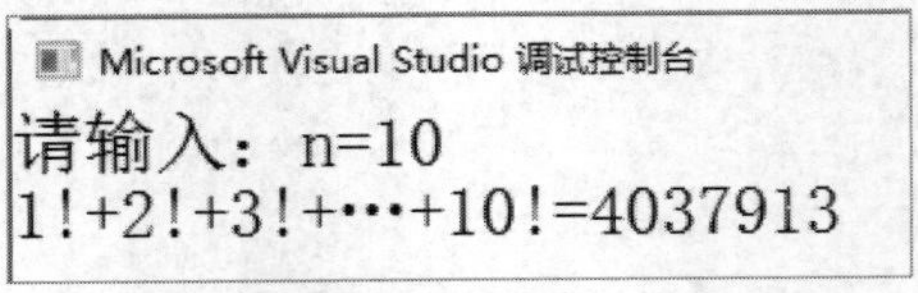

Microsoft Visual Studio 调试控制台
请输入：n=10
1!+2!+3!+…+10!=4037913

图 6-27　实战 1 的程序运行结果

实战 2：设计一个计分程序，输入选题答案，计算每名考生的成绩并输出。

编写程序，设计一个计分程序，首先输入所有题目的参考答案，然后输入考生的单选题及多选题答案来自动计算考生答题对错，计算出每名考生的成绩并输出。程序运行结果如图 6-28 所示。

实战 3：使用静态局部变量，实现两数求乘积的运算。

编写程序，定义一个函数 f()，在该函数中使用静态局部变量实现两数求乘积的运算，返回运算结果，然后在函数 main()中使用 for 循环调用函数 f()计算 1～10 的阶乘，并将每次计算的结果输出。程序运行结果如图 6-29 所示。

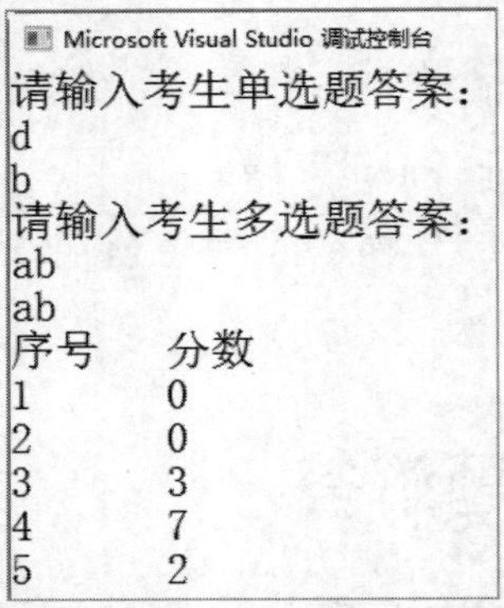

Microsoft Visual Studio 调试控制台
请输入考生单选题答案:
d
b
请输入考生多选题答案:
ab
ab
序号　分数
1　0
2　0
3　3
4　7
5　2

图 6-28　实战 2 的程序运行结果

Microsoft Visual Studio 调试控制台
计算1-10的阶乘:
1!=1
2!=2
3!=6
4!=24
5!=120
6!=720
7!=5040
8!=40320
9!=362880

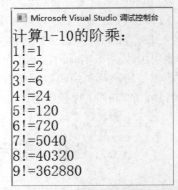

图 6-29　实战 3 的程序运行结果

第7章

数值数组与字符数组

本章内容提要

C++语言中所有的数组都是由连续的内存位置组成的，最低的地址对应第一个元素。最高的地址对应最后一个元素，本章介绍数值数组及字符数组的应用。

7.1 数组概述

微视频

C++语言支持数组数据结构，使用它可以存储一个大小固定、类型相同元素的顺序集合。简单地讲，数组是有序数据的集合，在数组中的每一个元素都属于同一个数据类型。

7.1.1 认识数组

在现实中，经常会对批量数据进行处理。例如，输入一个班级 45 名学生"C++语言程序设计"课程的成绩，将这 45 名学生的分数由大到小输出。这个问题首先是一个排序文件问题，因为要把这 45 个成绩从大到小排序，必须把这 45 个成绩都记录下来，然后在这 45 个数值中找到最大值、次大值、……、最小值进行排序。这里先不讨论排序文件，初学者存储这 45 个数据就是问题。或许会想到先定义 45 个整型变量，代码如下：

```
int a1,a2,a3,…,a45;
```

然后给这 45 个变量赋值，代码如下：

```
cin>>a1;
cin>>a2;
…
cin>>a45;
…
```

最后就是使用 if 语句对这 45 个成绩排序。可想而知，对 45 个数值进行排序是很烦琐的。为此，C++语言提出了数组这一概念，使用数组可以把具有相同类型的若干变量按一定顺序组织起来，这些按照顺序排列的同类数据元素的集合就被称为"数组"。

数组中的变量可以通过索引进行访问，数组中的变量也称为数组的元素，数组能够容纳元素的数量称为数组的长度。数组中的每个元素都具有唯一的索引（或称为下标）与其相对应，在 C++语言中数组的索引从 0 开始。

数组中的变量可以使用 numbers[0], numbers[1],…, numbers[n]的形式来表示，这里的数据代表一个个单独的变量。所有的数组都是由连续的内存位置组成，最低的地址对应第一个元素，最高的地址对应最后一个元素，具体的结构形式如图 7-1 所示。

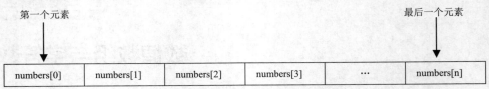

图 7-1　数据结构形式示意图

7.1.2　数组的特点

数据中的成员称为数据元素，数组元素下标的个数称为数组的维数。根据数据的维数可以将数组分为一维数组、二维数组和多维数组等。数组具有以下特点。

（1）数据中的元素具有相同类型，每个元素具有相同的名称和不同的下标。

（2）数据中的元素被存储在内存中一个连续的区域内。

（3）数组中的元素具有一定的顺序关系，每个元素都可以通过下标进行访问。

7.2　一维数组

微视频

一维数组通常是指只有一个下标的数组元素组成的数组，是 C++语言程序设计中经常使用的一类数组。一维数组中的所有数组元素用一个相同的数组名来标识，用不同的下标来指示其在数据中的位置，系统默认下标从 0 开始。

7.2.1　定义一维数组

在 C++语言中，要使用数组必须先进行定义。一维数组的定义格式如下：

```
数据类型 数组名 [常量表达式];
```

其主要参数说明如下。

（1）数据类型：是任一种基本数据类型或构造数据类型。

（2）数组名：是用户定义的数组标识符。

（3）常量表达式：表示数据元素的个数，也称为数组的长度，但是下标是从 0 开始计算的。

例如：

```
int a[10];          /*说明整型数组 a 有 10 个元素*/
float b[10],c[20];  /*说明实型数组 b 有 10 个元素，实型数组 c 有 20 个元素*/
char ch[10];        /*说明字符数组 ch 有 10 个元素*/
```

定义数组时，应该注意以下几点：

（1）数组中的类型实际上是指数据元素的取值类型。对于同一个数组，其所有元素的数据类型都是相同的。

（2）数据名的命名规则和变量名相同，遵循标识符命名规则，但不能与其他变量重名。

例如：

```
int a;
float a[10];
```

以上这种命名方式是错误的。

（3）常量表达式可以是整型常量或整型表达式，但不允许常量表达式为变量。例如，下面的定义方式是合法的。

```
#define N 5;
int a[N];
char b[5+6] ;
```

而下面的数组定义是不合法的。

```
int n=5;
int a[n];
```

（4）系统默认数组元素的下标从 0 开始，如 a[5]表示数组 a 有 5 个元素，依次为 a[0]、a[1]、a[2]、a[3]、a[4]。

（5）定义数组时，允许在同一个类型说明中说明多个数组和多个变量，数组和变量之间用逗号分隔。例如：

```
int a,b,c,d,n1[10],n2[20];
```

以上这条语句定义了数组 n1[10]和 n2[10]，还定义了整型变量 a、b、c、d。

（6）数组使用的是中括号"[ ]"，不要误写成小括号"( )"，而且数组一旦定义，数组的长度是不能改变的。

7.2.2　初始化一维数组

数组元素是一种变量，与单个变量的用法一样。除了可以使用赋值语句为数组元素逐个赋值外，还可以采用初始化赋值和动态赋值的方法。数组初始化赋值是指在定义数组时给数组元素赋予初值，一维数组的初始化通常可以采用以下 3 种方式。

（1）为数组的全部元素赋初值。将数组元素全部初始化就是按照定义的数组大小，给各个元素赋初始值，这是初始化一维数组常用的方法。其一般格式如下：

```
数据类型 数组名[常量表达式]={初始值表};
```

其中，初始值表中的数据与数组元素依次对应，初始值用一对大括号中的数据序列表示，数据之间用逗号","分隔。例如：

```
int a[5]={0,-3,4,8,7};
```

上述语句的含义是 a[0]=0;a[1]=-3;a[2]=4;a[3]=8;a[4]=7，从而数组 a[5]的 5 个元素依次取得初始值。

☆大牛提醒☆

使用这种方法初始化一维数组时，需要注意的是，即使数组中的每个元素值都相等，也必须逐个写出来。例如，整型数组 a[5]中的 5 个元素都是 3，初始化应该写成如下形式。

```
int a[5]={3,3,3,3,3};
```

而不能写成：

```
int a[5]=3;
```

（2）为数组的部分元素赋值。当初始值表中值的个数小于元素个数时，只给前面部分元素赋初值，其余元素自动赋值为 0。例如：

```
int a[5]={3,8,9};
```

上述语句的含义是 a[0]=3;a[1]=8;a[2]=9;,而后面两个数组元素的值均为 0，即 a[3]=0;a[4]=0。

（3）为数组不指定元素的长度。当为数组的全部元素赋初值，而又不指定元素的长度时，系统会根据初始值表中值的个数来自定义数组的长度。例如：

```
int a[ ]={3,8,9,-2,0};
```

等价于

```
int a[5]={3,8,9,-2,0};
```

【实例 7.1】编写程序，实现从键盘上输入 5 个整数，最后输出其中的最小值（源代码\ch07\7.1.txt）。

```
#include <iostream>
using namespace std;
int main()
{
    int a[5],i,min;          /*定义一维整型数组 a[5]及整型变量 i 和 min，数组 a[5]有 5 个元素*/
    cout<<"请依次输入 5 个数据: ";
    for(i=0;i<5;i++)
    {                        /*循环输入数组 a[5]的 5 个元素*/
    cin>>a[i];
    min=a[0];}               /*设 a[0]元素为最小值 min 的初值*/
    for(i=1;i<5;i++)
    {                        /*逐个数组元素与 min 比较，找出最小值*/
    if(min>a[i])
        min=a[i];}
    cout<<"MIN="<<min<<endl;   /*输出找到的最小值 min*/
}
```

程序运行结果如图 7-2 所示。本实例中 int a[5]定义了一个含 5 个元素的整型数组，数组的 5 个元素分别为 a[0]、a[1]、a[2]、a[3]、a[4]。

下面是用于输入数据的语句。

```
for(i=0;i<5;i++)
cin>>a[i];
```

图 7-2   例 7.1 的程序运行结果

通过上面的语句完成数组元素赋值，即将输入数据赋给 5 个元素 a[0]～a[4]。

再如：

```
min=a[0];
```

以上这条语句的功能是假设 a[0]元素为最小元素，将其值赋给记录最小值的变量 min。

又如：

```
for(i=1;i<5; i++)
{
    if(min>a[i])
    min=a[i];
}
```

通过上面的语句完成从 a[1]～a[5]逐个元素与 min 比较，并将较小的元素值赋给 min。循环结束后，min 存储的是最小元素的值，最后将其输出。

【实例 7.2】编写程序，应用一维数组，实现从键盘输入 5 个整数，计算这 5 个元素的和及平均值（源代码\ch07\7.2.txt）。

```cpp
#include <iostream>
#include <iomanip>
using namespace std;
#define MAX 5                           /*数组元素总数*/
int main()
{
    int code[MAX];                      /*定义数组*/
    int i,total=0;
    for (i=0;i<MAX;i++)                 /*输入数组元素*/
    {
        cout<<"输入一个数据: ";
        cin>>code[i];
    }
    for (i=0;i<MAX;i++)
    {
        cout<<code[i];                  /*输出数组元素*/
        total+=code[i];                 /*累加数组元素*/
    }
    cout<<"和是"<< total<<endl;         /*输出和*/
    cout<<"平均值是"<< total/MAX <<endl; /*输出平均值*/
```

保存并运行程序，然后根据提示依次输入 5 个数，按 Enter 键，即可在命令行中输出结果如图 7-3 所示。本实例定义的数组特点是使用同一个变量名，不同的下标。因此，可以使用循环控制数组下标的值，进而访问不同的数组元素。

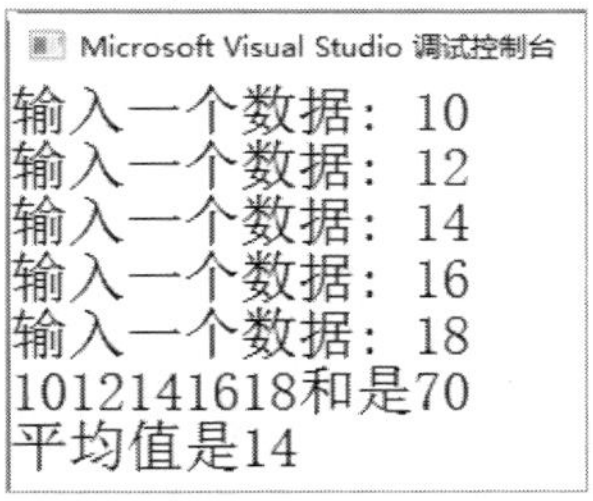

Microsoft Visual Studio 调试控制台
输入一个数据：10
输入一个数据：12
输入一个数据：14
输入一个数据：16
输入一个数据：18
1012141618和是70
平均值是14

图 7-3　例 7.2 的程序运行结果

7.2.3　一维数组的应用

数组元素是组成数组的基本单元，是一种变量，因此必须遵循变量的"先定义，后赋值，再使用"的规则。一个数组一旦定义，即可使用该数组及其数组元素。数组元素的一般格式如下：

```
数组名[下标]
```

其中，下标只能为整型常量或整型表达式，若为非整数，系统自动取整。例如：

```
a[10],a[i*j],a[i+j];
```

都是合法的数组元素。

数组元素通常也称为下标变量，必须先定义数组，才能使用下标变量。在 C++语言中只能逐个地使用下标变量，而不能一次引用整个数组。例如，输出有 10 个元素的数组必须使用循环语句逐个输出各下标变量。

```cpp
for(i=0; i<10; i++)
    cin>>a[i];
```

而不能用一条语句输出整个数组。例如，下面的写法就是错误的。

```cpp
cout>>a;
```

☆**大牛提醒**☆

在一维数组应用过程中，要防止下标越界问题。例如"int a[10]；"定义的数组中不包括 a[10] 元素，下标为 10 已经越界。对于数组下标越界问题，C++语言编译系统不进行检测，即不进行错误报告，只是会造成程序运行结果的错误。

【实例 7.3】编写程序，应用一维数组，依次输出 9～0 的数值，注意使数值按照降序方式显示（源代码\ch07\7.3.txt）。

```cpp
#include <iostream>
using namespace std;
int main()
{
    int i,a[10];
    for(i=0;i<10;)
        a[i++]=i;
    for(i=9;i>=0;i--)
        cout<<a[i]<<endl;
}
```

图 7-4 例 7.3 的程序运行结果

程序运行结果如图 7-4 所示。本实例使用了对数组元素动态赋值的方法，当执行程序中的 for 语句时，将逐个输出 10 个数值到数组 a[10]中，这 10 个数值就是 0～9。

【实例 7.4】编写程序，实现从键盘输入 10 个整数，然后按照升序方式输出这 10 个整数（源代码\ch07\7.4.txt）。

```cpp
#include <iostream>
#include <iomanip>
using namespace std;
#define N 10
int main()
{
    int i, j, a[N], temp;
    cout << "请输入10个数字: " << endl;
    for (i=0;i<N;i++)
        cin >> a[i];
    for (i=0;i<N-1;i++)
    {
        int min=i;
        for (j=i+1;j<N;j++)
            if(a[min] > a[j]) min=j;
        if(min!=i)
        {
            temp=a[min];
            a[min]=a[i];
            a[i]=temp;
        }
    }
    cout << "排序结果是:" << endl;
    for (i=0;i<N;i++)
        cout <<setw(3)<< a[i]<<endl;
}
```

程序运行结果如图 7-5 所示。本实例利用了选择法，即从后 9 个数值比较过程中，选择一个最小的与第一个元素交换。依此类推，用第二个元素与后 8 个进行比较并进行交换。

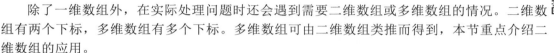

图 7-5　例 7.4 的程序运行结果

7.3　二维数组

微视频

除了一维数组外，在实际处理问题时还会遇到需要二维数组或多维数组的情况。二维数组有两个下标，多维数组有多个下标。多维数组可由二维数组类推而得到，本节重点介绍二维数组的应用。

7.3.1　定义二维数组

二维数组是最简单的多维数组，以一维数组为基类型，即它的每一个元素又都是一个一维数组，这些一维数组的类型和长度相同。二维数组元素有两个下标，以标识它在数组中的位置，所以也称为多下标变量。二维数组定义的一般格式如下：

```
数据类型 数组名[常量表达式 1][常量表达式 2]
```

其主要参数说明如下。

（1）数据类型：是指数据的数据类型，即每个元素的类型。

（2）常量表达式 1：为第 1 维（也被称为行）下标的长度。

（3）常量表达式 2：为第 2 维（也被称为列）下标的长度。

二维数组中的第 1 个下标表示该数组具有的行数，第 2 个下标表示该数组具有的列数，两个下标的乘积为该数组具有的数组元素个数。例如：

```
int a[2][3];
```

说明这是一个 2 行 3 列的数组，数组名为 a，其下标变量的类型为整型。实际上，我们还可以把二维数组看成一种特殊的一维数组，即它的每个元素又是一个一维数组。例如，可以把数组 a 看作一个一维数组，它有两个元素，分别是 a[0]和 a[1]，每个元素又是一个包含 3 个元素的一维数组，因此可以把 a[0]和 a[1]看作两个一维数组的名称。那么定义的二维数组 int a[2][3]就可以理解为定义了两个一维数组，即相当于以下语句：

```
int a[0][3], a[1][3];
```

在 C++语言中，二维数组的下标和一维数组的下标一样，都是从 0 开始的。语句"int a[2][3];"描述的就是一个 2 行 3 列的矩阵，二维数组中的两个下标自然地形成了矩阵中的对应关系。因此 a[2][3]数组元素的个数共有 2×3 个，即：

```
a[0][0],a[0][1],a[0][2]
a[1][0],a[1][1],a[1][2]
```

二维数组被定义后，编译系统将为该数组在内存中分配一个连续的存储空间，按行的顺序连续存储数组中的各个元素，即先顺序存储第一行元素 a[0][0]到 a[0][2]，再存储第二行的元素 a[1][0]到 a[1][2]。数组名 a 代表的是数组的起始地址。数组 a[2][3]在内存中的存放顺序如图 7-6 所示。

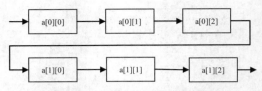

图 7-6　数组在内存中的存放顺序

由图 7-6 可知，二维数组是按照 Z 形存储的。把它展开，等效于图 7-7 所示的线状形式，并且从左至右地址逐渐递增，每个单元格占 4 个字节（数组 a 为 int 类型）。

a[0][0]	a[0][1]	...	a[1][1]	a[1][2]

图 7-7 二维数组的存储方式

那么，已知 a[0][0]在内存中的地址，a[1][2]的地址是多少呢？计算方法如下：

a[1][2]的地址= a[0][0]地址+24 字节

24 字节=（1 行×4×列+2 列）×4 字节

注意：数组 a[2][3]元素下标的变化范围，行号范围是 0～1，列号范围是 0～2。

7.3.2　初始化二维数组

二维数组的初始化与一维数组类似，一般有如下 3 种方式。

1. 按照行为二维数组初始化

例如：

```
int a[5][3]= {{1,2,3},{5,6,7},{8,9,1},{9,5,6},{7,0,2}};
```

这种赋值方式是将第 1 个大括号的数据赋给第 1 行的元素，第 2 个大括号的数据赋给第 2 行的元素……第 5 个大括号的数据赋给第 5 行的元素，即按行赋值。

另外，二维数组赋初值可以省略第一维（行下标）的大小。例如：

```
int a[ ][3]= {{1,2,3},{5,6,7},{8,9,1},{9,5,6},{7,0,2}};
```

也是正确的书写方式。因为根据初值的具体输入情况可以确定第一维的大小。但应该注意，定义二维数组不可以省略第二维（列下标）或者同时省略两个维的大小。例如，以下形式是错误的。

```
int a[ ][ ]= {{1,2,3},{5,6,7},{8,9,1},{9,5,6},{7,0,2}};
int a[5][ ]= {{1,2,3},{5,6,7},{8,9,1},{9,5,6},{7,0,2}};
```

2. 按照数据元素的顺序为各元素赋初值

例如：

```
int a[5][3]= {1,2,3,5,6,7,8,9,1,9,5,6,7,0,2};
```

或者

```
int a[ ][3]= {1,2,3,5,6,7,8,9,1,9,5,6,7,0,2};
```

这里提供的 15 个数据，按照行依次给各行各列元素赋初值。

3. 部分赋数值，其余元素自动取"0"

例如：

```
int a[5][3]= {{1,2},{5,},{8,9,1},{9,5},{7,0,2}};
```

这里仅提供了 11 个数据，数组有 5 行，最终各元素的取值如下。

```
1 2 0
5 0 0
8 9 1
9 5 0
7 0 2
```

【实例 7.5】编写程序，应用二维数组，计算一个学习小组 5 名学生，三门课程的总平均成绩，再定义一个一维数组，计算全组分科的平均成绩。每名学生各科成绩如表 7-1 所示。

表 7-1　学生成绩表

姓名 学科	张林	王小明	李木子	赵艳	周方
数学	98	65	79	85	76
英语	75	69	80	87	97
语文	92	95	87	92	85

根据要求，这里可以设一个二维数组 a[5][3]存放 5 名学生三门课程的成绩，再设一个一维数组 v[3]存放所求得各分科平均成绩，设变量 average 为全组各科总平均成绩（源代码 \ch07\7.5.txt）。

```cpp
#include <iostream>
using namespace std;
int main()
{
    int i, j, s=0, average, v[3];
    int a[5][3]={ {98,75,92},{65,69,95},{79,80,87},{85,87,92},{76,97,85} };
    for (i=0;i<3;i++)
    {
        for (j=0;j<5;j++)
            s=s+a[j][i];
        v[i]=s/5;
        s=0;
    }
    average=(v[0]+v[1]+v[2])/3;
    cout << "数学平均分: " << v[0] << endl;
    cout << "英语平均分: " << v[1] << endl;
    cout << "语文平均分: " << v[2] << endl;
    cout << "总平均成绩: " << average << endl;
}
```

程序运行结果如图 7-8 所示。本实例定义了一个循环体，共循环 3 次，分别求出三门课各自的平均成绩并存放在数组 v[3]中，然后把 v[0]、v[1]、v[2]相加除以 3 即得到各科总平均成绩，最后按要求输出各项成绩。

图 7-8　例 7.5 的程序运行结果

7.3.3　二维数组的应用

二维数组的应用与一维数组一样，遵循"先定义，后赋值"的规则。其一般表示方法如下：

```
数组名[下标][下标]
```

其中下标应为整型常量或整型表达式，当下标为小数时，计算机会自动取整。例如：

```
a[2][3]
```

表示数组 a 具有 2 行×3 列个数组元素。数组的下标变量和数组说明在形式中有些相似，但这两者具有完全不同的含义。数组说明的方括号中给出的是某一维的长度，即可取下标的最大值；而数组元素中的下标是该元素在数组中的位置标识。前者只能是常量，后者可以是常量、变量或表达式。

☆大牛提醒☆

如果定义了一个二维数组 a[m][n]，则该二维数组元素行下标的取值范围为[0,m-1]，列下标的取值范围为[0,n-1]。

【实例 7.6】编写程序，定义一个二维数组，然后将该数组的行与列互换，再存放到另一个二维数组中（源代码\ch07\7.6.txt）。

```cpp
#include <iostream>
#include <iomanip>
using namespace std;
int main()
{
    int a[2][3]={ {5,6,7},{7,9,8} };       /*数组a*/
    int b[3][2], i, j;
    cout<<"数组a:"<<endl;
    for (i=0;i<=1;i++)
    {
        for (j=0;j<=2;j++)
        {
            cout<<setw(5)<<a[i][j];        /*输出数组a*/
            b[j][i]=a[i][j];               /*行列互换后存储到数组b*/
        }
        cout<<"\n";
    }
    cout<<"数组b:"<<endl;
    for (i=0;i<=2;i++)                     /*输出数组b*/
    {
        for (j=0;j<=1;j++)
            cout<<setw(5)<<b[i][j];
        cout<<"\n";
    }
    return 0;
}
```

编译、连接、运行以上程序后，即可在命令行中输出结果，如图 7-9 所示。从运行结果可以看出，两个数组进行了行与列的转换。本实例中行列互换的关键是对下标的控制，如果没有找到正确的方法，那么数组将被弄得一团糟。在本实例中，为了实现行列互换后数组元素装得下，定义数组 a 为 a[2][3]，是 2 行×3 列的矩阵，定义数组 b 为 b[3][2]，是 3 行×2 列的矩阵，这样行列互换刚刚好能装下。代码中实现行列互换的语句如下：

图 7-9　例 7.6 的程序运行结果

```cpp
b[j][i]=a[i][j];
```

可见，巧妙地使用行号和列号的转换，就可以达到要求。

7.4 多维数组

微视频

通过二维数组的学习，可以很容易推广到多维数组的情况。多维数组的通用定义格式如下：

```
类型说明符 数组名[常量表达式 1][常量表达式 2] …[常量表达式 n];
```

C++语言中允许定义任意维数的数组，比较常见的多维数组是三维数组。可形象地理解三维数组中的每一个对象就是三维空间中的一个点，它的坐标分别由 x、y 和 z 这 3 个数据构成，其中 x、y、z 分别表示一个维度。例如，定义以下一个三维数组。

```
int point[2][3][4];
```

以上定义的三维数组 point 由 $2 \times 3 \times 4 = 24$ 个元素组成，其中多维数组靠左边维数变化的速度最慢，靠右边维数变化的速度最快，从左至右逐渐增加。数组 point[2][3][4]在内存中仍然是按照线性结构占据连续的存储单元，地址从低到高的数组元素存放顺序如下所示。

```
→point[0][0][0]→point[0][0][1]→point[0][0][2]→point[0][0][3]→
 point[0][1][0]→point[0][1][1]→point[0][1][2]→point[0][1][3]→
 point[0][2][0]→point[0][2][1]→point[0][2][2]→point[0][2][3]→
 point[1][0][0]→point[1][0][1]→point[1][0][2]→point[1][0][3]→
 point[1][1][0]→point[1][1][1]→point[1][1][2]→point[1][1][3]→
 point[1][2][0]→point[1][2][1]→point[1][2][2]→point[1][2][3]
```

遍历三维数组通常使用三重循环实现，这里就以数组 point[2][3][4]为例进行说明。

```
int i,j,k;                 /*定义循环变量*/
int pointf[2][3][4];       /*定义数组*/
for(i=0;i<2;i++)           /*循环遍历数组*/
for(j=0;j<3;j++)
for(k=0;k<4;k++)
cout<<setw(2)<<point[i][j][k];
```

此外，还有更多维数组的情况，如 4 维、5 维、6 维等。有兴趣的读者可以自行编写一些简单的程序来了解多维数组，这里就不再赘述了。

7.5 字符数组

微视频

C++语言中没有提供字符串变量，对字符串的处理常常采用字符数组来实现，因此也可将字符数组看成字符串变量。字符串（字符串常量）是指用双引号括起来的若干有效字符序列，可以包含字符、数字、符号、转义字符等。

7.5.1 字符数组的定义

字符数组是用来存放字符的数组，是数组的一种特殊类型。字符数组的每个元素存放一个字符。字符数组的定义和应用方式与前面介绍的数组形式相同，只是定义的数据类型为字符型。字符数组既可以是一维数组，也可以是多维数组。

一维字符数组的定义格式如下：

```
char 数组名[常量表达式];
```

例如：

```
char a[5];          /*定义了一个含5个元素的一维字符数组a*/
```

二维字符数组的定义格式如下：

```
char 数组名[常量表达式1][常量表达式2];
```

例如：

```
char a[2][3];       /*定义了一个2行3列的二维字符数组a*/
```

7.5.2 初始化字符数组

字符数组可以以字符常量的形式来初始化，具体可分为两种形式，分别是全部元素初始化和部分元素初始化。

1. 全部元素初始化

一维字符数组的初始化可以逐个地将字符赋给数组中的每个元素。例如：

```
char str[10]={'A','B','C','D','E','F','G','H','I','J'};
```

该语句执行后，有 str[0]='A'、str[1]='B'、str[2]='C'、str[3]='D'、str[4]='E'、str[5]='F'、str[6]='G'、str[7]='H'、str[8]='I'、str[9]='J'。字符数组全部元素的初始化如图7-10所示。

str[0]	str[1]	str[2]	str[3]	str[4]	str[5]	str[6]	str[7]	str[8]	str[9]
A	B	C	D	E	F	G	H	I	J

图 7-10 对全部元素初始化

当对全体元素赋初值时也可以省去长度说明，系统会自动根据初值个数确定数组长度。例如：

```
char str[ ]={'A','B','C','D','E','F','G','H','I','J'};
```

这时数组 str[]的长度自动定为10。

二维字符数组初始化也可以逐个地将字符赋给数组中的每个元素。例如：

```
char c[2][3]={{ 'a','b','c'},{'d','e','f'}};
```

这时字符数组 c[2][3]各元素的初值如下所示。

```
'a''b''c'
'd''e''f'
```

2. 部分元素初始化

在为一维字符数组赋初值时，若初值的个数大于数组长度，则提示语法错误；若初值的个数小于数组长度，则只将这些字符赋给数组中位于前面的那些元素，其余的元素自动初始化为空字符（即"\0"）。例如：

```
char str[10]={'A','B',' ','D','E','F',' ','H','I','J'};
```

该语句执行后，有 str[0]='A'、str[1]='B'、str[2]=' '、str[3]='D'、str[4]='E'、str[5]='F'、str[6]=' '、str[7]='H'、str[8]='I'、str[9]='J'。字符数组部分元素的初始化如图7-11所示。

str[0]	str[1]	str[2]	str[3]	str[4]	str[5]	str[6]	str[7]	str[8]	str[9]
A	B		D	E	F		H	I	J

图 7-11 对部分元素初始化

3. 以字符串常量初始化数组

C++语言是用字符数组来处理字符串的，字符串是由一对双引号括起来的一个或多个字符。把一个字符串存入一个数组时，也把结束符'\0'存入数组，并以此作为该字符串是否结束的标志。有了'\0'标志后，就不必再用字符数组的长度来判断字符串的长度了。

用字符串常量初始化一维字符数组，例如：

```
char str[12]={"How are you"};
```

也可写成：

```
char str[ ]="How are you";
```

相当于：

```
char str[ ]={'H','o','w',' ','a','r','e',' ','y','o','u','\0'}
```

对于用双引号括起来的字符串常量，C++语言编译系统会自动在后面加上一个字符串结束标志'\0'。因此，数组 str[]在内存中的实际长度是 12，存储状态如图 7-12 所示。

str[0]	str[1]	str[2]	str[3]	str[4]	str[5]	str[6]	str[7]	str[8]	str[9]	str[10]	str[11]
H	o	w		a	r	e		y	o	u	\0

图 7-12　用字符串常量初始化

二维数组初始化时，也可以使用字符串进行初始化。例如：

```
char c[ ][ 8]={ "white","black"};
```

☆大牛提醒☆

字符数组并不要求它的最后一个字符为'\0'，但当为字符数组赋字符串常量时，系统会自动加一个'\0'。

【实例 7.7】编写程序，应用字符数组，在屏幕上输出整个字符数组（源代码\ch07\7.7.txt）。

```
#include <iostream>
using namespace std;
void main()
{char c[ ]="How are you!";          /*定义一维数组 c 有 13 元素*/
int i;
for(i=0;i<13;i++)                    /*通过循环控制输出数组的每个元素*/
    cout<<c[i];
cout<<"\n";
}
```

程序运行结果如图 7-13 所示，这里输出的字符串为"How are you!"。

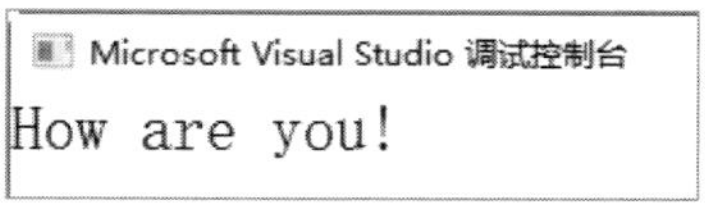

图 7-13　例 7.7 的程序运行结果

7.5.3　字符数组的应用

字符数组的应用是通过对数组逐个元素的访问来实现的，访问数组的元素可以得到一个字符。一维字符数组的应用格式如下：

```
数组名[下标]
```

例如：

```
str[2], str[2*2]
```

【实例 7.8】编写程序，应用字符数组，在屏幕上输出定义的二维字符数组（源代码\ch07\

7.8.txt）。

```cpp
#include <iostream>
using namespace std;
void main()
{
    int i, j;
    char a[][5]={ {'B','A','S','I','C',},{'W','O','R','L','D'} };
    for (i=0;i <= 1;i++)
    {
        for (j=0;j<=4;j++)
            cout<<a[i][j];
        cout << "\n";
    }
}
```

程序运行结果如图 7-14 所示。本实例中二维字符数组由于在初始化时全部元素都赋以初值，因此对一维下标的长度可以不加以说明。

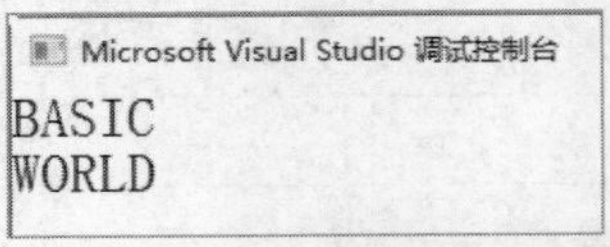

图 7-14　例 7.8 的程序运行结果

7.5.4　字符数组的输出

字符数组实际上是由字符串构成的，所以输出字符数组也就是输出字符串。在 C++语言中，输出字符数组可以使用 printf()函数、puts()函数和 cout()函数。

1. printf()

使用函数 printf()可将字符串通过格式控制符%s 输出到屏幕，或将字符元素通过格式控制符%c 单个输出。

【实例 7.9】使用函数 printf()输出字符数组。编写程序，定义一个字符数组 a 并初始化，然后使用函数 printf()的两种格式控制符将数组 a 输出（源代码\ch07\7.9.txt）。

```cpp
#include <iostream>
using namespace std;
int main()
{
    /* 定义字符数组 a 并初始化 */
    char a[]="Hello World!";
    int i;
    /* 格式控制符%s */
    printf("使用格式控制符%%s 输出\n");
    printf("%s\n",a);
    /* 格式控制符%c */
    printf("使用格式控制符%%c 输出\n");
    for(i=0;i<13;i++)
    {
        printf("%c",a[i]);
    }
    printf("\n");
    return 0;
}
```

程序运行结果如图 7-15 所示。

☆**大牛提醒**☆

使用函数 printf()的格式控制符%s 输出时，变量列表只需给出数组名即可，例如上例中的 "a"，而不用写成 "a[]"。在输出的时候，遇到字符数组中第一个 "\0" 则结束输出。

图 7-15　例 7.9 的程序运行结果

2. puts()

使用函数 puts()可以直接将字符数组中存储的字符串输出，并且该函数只能输出字符串的形式。

【**实例 7.10**】使用函数 puts()输出字符数组。编写程序，定义一个字符数组 a 并初始化，然后使用函数 puts()直接将字符数组中存储的字符串输出（源代码\ch07\7.10.txt）。

```cpp
#include <iostream>
using namespace std;
int main()
{
    /* 定义字符数组 a 并初始化 */
    char a[]="Hello World!";
    /* 使用函数 puts()输出字符数组 */
    puts(a);
    puts("Hello World!");
    return 0;
}
```

程序运行结果如图 7-16 所示。

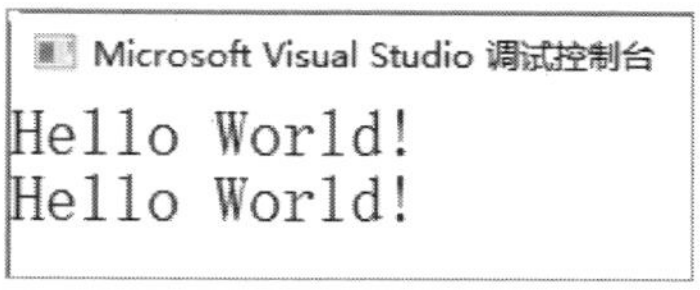

3. cout()

使用函数 cout()也可以直接将字符数组中存储的字符串输出。

【**实例 7.11**】使用 cout 输出字符数组。编写程序，定义一个字符数组 a 并初始化，然后使用 cout 直接将字符数组中存储的字符串输出（源代码\ch07\7.11.txt）。

图 7-16　例 7.10 的程序运行结果

```cpp
#include <iostream>
using namespace std;
int main()
{
    /* 定义字符数组 a 并初始化 */
    char a[]="Hello World!";
    /* 使用 cout 输出字符数组 */
    cout<<a<<endl;
}
```

程序运行结果如图 7-17 所示。

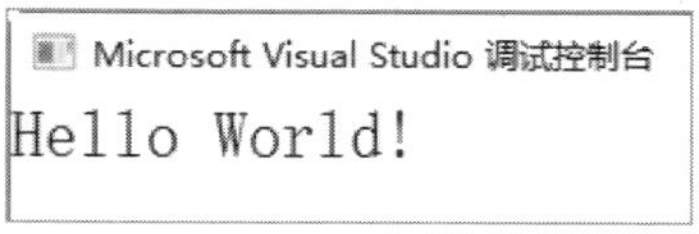

图 7-17　例 7.11 的程序运行结果

7.5.5　字符数组的输入

对字符数组进行输入操作，实际上就是在对字符串操作。在 C++语言中，输入字符串可以使用 cin 和 gets_s()。

1. cin

使用 cin 可以将用户输入的字符串进行读取，直到遇到空格符或其他结束标志为止，并且在读取时需要给出字符数组的长度；输入时不能大于该长度，且需要留有"\0"结束标志的存储空间。

【实例 7.12】 使用 cin 输入字符数组。编写程序，定义 3 个字符数组 a、b 及 c，长度都为 15，然后使用 cin 通过输入端输入字符串并存入数组中，最后输出它们（源代码\ ch07\7.12.txt）。

```cpp
#include <iostream>
using namespace std;
int main()
{
    /* 定义字符数组 */
    char a[15], b[15], c[15];
    /* 使用 cin 输入字符串 */
    cout<<"请输入数组 a 字符元素: "<<endl;
    cin>>a;
    fflush(stdin);
    cout<<"请再次输入字符元素存于数组 b 以及数组 c: "<<endl;
    cin>>b;
    cin>>c;
    cout<<"字符数组 a 为: "<<a<<endl;
    cout<<"完整字符串为: "<<c<<b <<endl;
    return 0;
}
```

程序运行结果如图 7-18 所示。在运行结果中可以发现，通过输入端存入的字符串遇到空格符就结束了。这是由于 cin 读取到空格时就会结束读取。

图 7-18　例 7.12 的程序运行结果

为弥补 cin 的这一点不足，本例中又设置了两个字符数组 b 和 c，第二次输入的字符串就是通过这两个字符数组分别保存的，且保存时也省略了空格符，所以完整字符串的输出就是"HelloWorld！"，这里没有空格符。

那么，为什么空格符后续的字符串不经输入会自动保存到下一个字符数组中呢？这是因为第二次输入时，cin 读取到空格结束读取，后续的字符串被存于缓冲区中，而下一个 cin 直接从缓冲区中读取了后续字符串，所以将"Hello"读取到数组 b 中，而"World!"被读取到数组 c 中。至于第一次输入后添加的"fflush(stdin)"语句，其作用是刷新读入流的缓冲区，将第一次输入时因结束标志而留于缓冲区的字符串清除掉，以免影响下一次输入。

☆**大牛提醒**☆

在 C++语言中，由于数组是一个连续的内存单元，数组名代表该数组的地址，因此在使用输入函数时不用在变量前加"&"符号。

2. gets_s()

使用函数 gets_s() 可以将输入端输入的字符串存于字符数组中。

【实例 7.13】使用函数 gets_s() 输入字符数组。编写程序，定义 1 个字符数组 a，长度为 15，然后使用函数 gets_s() 通过输入端输入一个字符串并存于数组 a 中，最后输出数组 a（源代码\ch07\7.13.txt）。

```cpp
#include <iostream>
#include <cstdio>
using namespace std;
int main()
{
    /* 定义字符数组 a */
    char a[15];
    /* 使用函数 gets_s()输入字符串 */
    cout<<"输入一个字符串并存于数组 a 中: "<<endl;
    gets_s(a);
    cout<<"该字符串为: "<<a<<endl;
    return 0;
}
```

程序运行结果如图 7-19 所示。在运行结果中可以发现，函数 gets_s() 是将该字符串完整输出的。与 cin 读入的字符串不同，函数 gets_s() 可将空格符一并读入。

> ▨ Microsoft Visual Studio 调试控制台
> 输入一个字符串并存于数组a中:
> Hello World!
> 该字符串为: Hello World!

图 7-19　例 7.13 的程序运行结果

☆大牛提醒☆

若读入的字符串不包含空格，则使用 cin；若读入的字符串包含空格，则使用函数 gets_s() 更为适合。

7.6　新手疑难问题解答

问题 1：C++语言的字符数组和字符串的区别是什么？

解答：字符数组是一个存储字符的数组，而字符串是一个用双括号括起来以'\0'结束的字符序列。虽然字符串是存储在字符数组中的，但是一定要注意字符串的结束标志为'\0'。

问题 2：对数组进行初始化时，需要注意哪些事项？

解答：

（1）可以只给部分元素赋值。当"{ }"中值的个数少于元素个数时，只给前面部分元素赋值。例如：

```cpp
int a[10]={12, 19, 22 , 993, 344};
```

表示只给 a[0]～a[4] 5 个元素赋值，而后面 5 个元素自动初始化为 0。

当赋值的元素少于数组总体元素的时候，不同类型剩余元素自动初始化值的说明如下。

- 对于 short 型、int 型、long 型，自动化初始化值就是整数 0。
- 对于 char 型，自动化初始化值就是字符'\0'。
- 对于 float 型、double 型，自动化初始化值就是小数 0.0。

也可以通过下面的形式将数组的所有元素初始化为 0。

```cpp
int nums[10] = {0};
```

```
char str[10] = {0};
float scores[10] = {0.0};
```

由于剩余的元素会自动初始化为 0，所以只需要给第 0 个元素赋值为 0 即可。

（2）只能给元素逐个赋值，不能给数组整体赋值。例如给 10 个元素全部赋值为 1，只能写作：

```
int a[10] = {1, 1, 1, 1, 1, 1, 1, 1, 1, 1};
```

而不能写成：

```
int a[10] = 1;
```

7.7 实战训练

实战训练

实战 1：将一个新的数值按照原排序方式插入原始数组中。

编写程序，在程序中原始数组的元素个数为 5，再添加一个数值，新的数组元素个数为 6，并进行排序。程序运行效果如图 7-20 所示。

实战 2：编写程序，输入一个 3×3 矩阵的二维数组，并求该矩阵对角线元素之和。

编写程序，实现输入 3×3 个二维数组元素，再求对角元素之和。程序运行效果如图 7-21 所示。

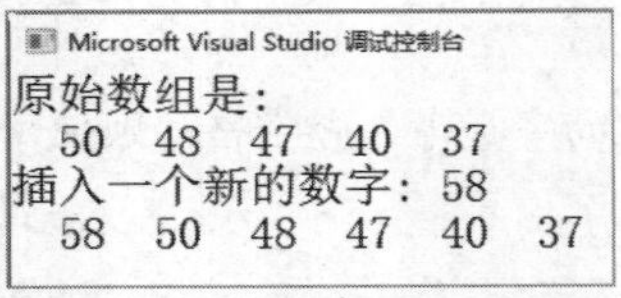

图 7-20　实战 1 的程序运行效果　　　　图 7-21　实战 2 的程序运行效果

实战 3：编写程序，在二维数组 a 中选出各行最大的元素，组成一个一维数组 b。

编写程序，在程序中定义二维数组 a，然后挑出各行最大的数值组成一个一维数组 b，并输出到屏幕。程序运行效果如图 7-22 所示。

实战 4：输入 5 个英文人名，要求按字母顺序排列输出。

编写程序，5 个英文人名由一个二维字符数组来处理，然后用字符串比较函数比较英文名字的大小并排序，最后输出结果。程序运行效果如图 7-23 所示。

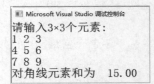

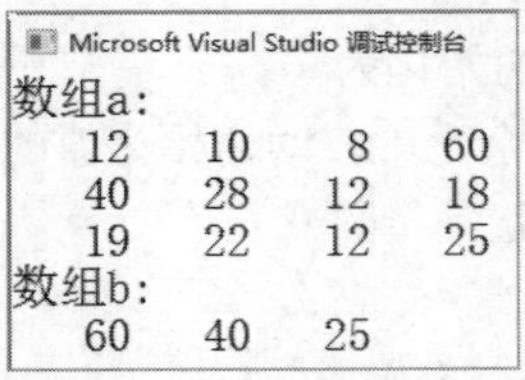

图 7-22　实战 3 的程序运行效果 　　　　图 7-23　实战 4 的程序运行效果

第8章

C++中的指针和引用

本章内容提要

指针是 C++语言中的一个重要概念，使用它可以操作内存数据的变量；引用是变量的别名。数组的首地址可以看作是指针，通过指针可以操作数组，指针和引用在函数的参数传递时可以相互替代。本章介绍 C++语言中的指针和引用，主要内容包括指针概述、指针与数组、指针的运算及 C++中的引用等。

8.1　指针与变量

微视频

计算机数据和程序都是在内存中存储和运行的。计算机的内存是以字节为基本单位的连续存储空间，为了能正确地访问数据，C++语言引入了指针的概念。

8.1.1　指针变量的定义

指针变量是指用来存放地址的变量。指针变量的定义语法格式如下：

```
数据类型 *指针变量名;
```

其主要参数介绍如下。

（1）数据类型是指针所指对象的类型，如 int 型、float 型、double 型、char 型等。

（2）指针变量名必须遵循标识符的命名规则。

（3）*表示该变量为指针变量，以区别于简单变量。

例如：

```
int *p;
float *q;
char *name;
```

定义 p、q 和 name 为指针变量，这时必须带"*"。而给 p、q 和 name 赋值时，因为已知道它们是指针变量，就没必要多此一举再带上"*"，后边可以像使用普通变量一样来使用指针变量。

另外，指针变量也可以连续定义。例如：

```
int *a, *b, *c;
```

如果写成下面的形式：

```
int *a, b, c;
```

该语句中定义的变量只有 a 是指针变量，b、c 都是类型为 int 的普通变量。

注意：定义指针变量时必须带"*"，给指针变量赋值时不能带"*"。

8.1.2　指针变量的初始化

和其他变量一样，指针变量在定义的同时可以进行初始化，以保证指针变量中的指针有明确的指向。指针变量初始化的基本语法格式如下：

```
数据类型标识符 *指针变量名 1=地址值 1,*指针变量名 2=地址值 2,…,*指针变量名 n=地址值 n;
```

或者先声明，再初始化，基本语法格式如下：

```
数据类型标识符 *指针变量名;
指针变量名=地址值;
```

地址值的表示形式有多种，如&变量名、数组名、另外的指针变量等。例如：

```
int a=15;
int *p=&a;
int *p;p=&a;
```

再如：

```
int a,*p;
a=100;
p=&a;
```

将变量 a 的地址存放到指针变量 p 中，a 现在就是 p 所指向的对象（见图 8-1），一般可用取地址运算符（&）获取该变量的地址（如 &a）。值得注意的是，作为 p 需要的一个地址，a 前面必须要加取地址符&，否则是不对的。

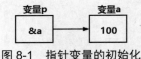

图 8-1　指针变量的初始化

在对指针变量进行赋值时，需要注意以下几点。

（1）和普通变量一样，指针变量也可以被多次写入，并且随时都能够改变指针变量的值。例如：

```
//定义普通变量
float a =10.5,b =5.7;
char c ='@',d ='#';
//定义指针变量
float *p1 = &a;
char *p2 = &c;
//修改指针变量的值
p1 = &b;
p2 = &d;
```

☆大牛提醒☆

① 指针变量名可以是 p1,p2，不可以是*p1,*p2。

② 指针变量只能指向定义时所规定类型的变量。

③ 指针变量定义后，变量值不确定，应用前必须先赋值。

（2）在定义指针变量时必须指定其数据类型。通过指针来访问指针所指向的内存区时，指针所指向的类型决定了编译器把哪段内存区中的内容当成什么类型来看。例如：

```
int *a;        //指针所指向的类型是 int
```

```
char *b;        //指针所指向的类型是char
float *c;       //指针所指向的类型是float
```

例如，下面为错误的赋值方式。

```
float a;
int *p;
p=&a;
```

其中变量 a 为 float 型，而指针变量 p 为 int 型，所以不能进行赋值操作。

（3）指针变量存放的是变量的地址（指针），不能将常数等赋给一个指针变量。例如，下面为错误的赋值方式。

```
*p=5;
```

其中*p 为指针，而 5 为一个常数，这样赋值不合法。

（4）指针变量必须先赋值，再使用。若指针变量没有进行赋值操作就会指向不明。例如，下面为错误的用法。

```
int main()
{
    int i=10;
    int *p;
    *p=i;
    printf("%d",*p);
    return 0;
}
```

正确的用法为：

```
int main()
{
    int i=10,k;
    int *p;
    p=&k;
    *p=i;
    printf("%d\n",*p);
    return 0;
}
```

（5）赋值操作时指针变量的地址不能是任意类型，而只能是与指针变量的数据类型相同的变量地址。

【实例 8.1】编写程序，定义一个整型变量 a 和一个指针变量 p，把 a 的地址放到指针变量 p中，再给整型变量 a 赋值，然后输出相应的结果（源代码\ch08\8.1.txt）。

```
#include <iostream>
using namespace std;
int main()
{
    int a,*p;                      //定义一个整型变量a和一个指针变量p
    p=&a;                          //把a的地址放到指针变量p中
    a=20;                          //给整型变量a赋值
    cout<<"a: "<<a<<endl;          //输出变量a的值
    cout<<"*p:"<<*p<<endl;         //指针变量中存放的是a的地址，*p表示取出地址中的值
    cout<<"&a:"<<&a<<endl;         //输出a的地址
    cout<<"p:"<<p<<endl;           //输出指针变量
    cout<<"&p:"<<&p<<endl;         //输出指针
```

```
        return 0;
}
```

程序运行结果如图 8-2 所示。

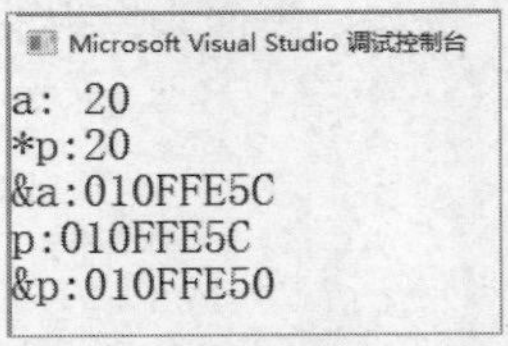

图 8-2 中显示内容：
```
■ Microsoft Visual Studio 调试控制台
a: 20
*p:20
&a:010FFE5C
p:010FFE5C
&p:010FFE50
```
图 8-2 例 8.1 的程序运行结果

8.1.3 指针变量的引用

定义指针变量后，必须与某个变量的地址建立关联才能引用，对指针变量进行引用属于对变量的一种间接访问形式。在 C++语言中，对指针变量的引用有两种方式，下面分别进行介绍。

1. 指针运算符 "*"

在定义指针变量时，符号 "*" 为指针运算符，也可以称为间接访问运算符。该运算符属于单目运算符，作用是返回指定地址内所存储的变量值。引用指针变量的语法格式如下：

```
*指针表达式
```

表示引用指针变量所指向的值。例如：

```
int *p = &a;
*p = 100;
```

以上第 1 行代码中 "*" 用来指明 p 是一个指针变量，第 2 行代码中 "*" 用来获取指针指向的数据。需要注意的是，给指针变量本身赋值时不能加 "*"。修改上面的语句，可得：

```
int *p;
p = &a;             //指针变量赋值时前面不能带*
*p = 100;           //*是用来获取指针所指向的变量值
```

在使用指针运算符*时需要注意以下几点。

（1）如上例中的 p 与*p，它们的含义是不同的，其中 p 是指针变量，p 的值为指向变量 a 的地址；而*p 表示 p 所指向变量 a 的存储数据。

（2）在对指针变量进行引用时的 "*" 与定义指针变量时的 "*" 不同。定义变量时的 "*" 仅仅表示其后所跟的变量为指针变量。

☆大牛提醒☆

指针变量中只能存放地址，也就是指针。指针变量在定义时必须进行初始化，否则就赋值为 0，表示空指针。

指针变量也可以出现在普通变量能出现的任何表达式中。例如：

```
int a, b, *pa = &a, *pb = &b;
b = *pa + 5;        //表示把 a 的内容加 5 并赋给 b，*pa+5 相当于(*pa)+5
b = ++*pa;          //pa 的内容加上 1 后赋给 b，++*pa 相当于++(*pa)
b = *pa++;          //相当于 b=(*pa)++
pb = pa;            //把一个指针的值赋给另一个指针
```

【实例 8.2】编写程序，使用指针获取内存中的数据，并且对内存中的数据进行修改（源代码\ch08\8.2.txt）。

```
#include <iostream>
using namespace std;
int main()
{
    int a=10, b=20, c=30;
    int *p = &a; //定义指针变量
```

```
    *p = b;                 //通过指针变量修改内存中的数据
    c = *p;                 //通过指针变量获取内存中的数据
    printf("输出修改后的值: \n");
    printf("a=%d,b=%d,c=%d,*p=%d\n", a, b, c, *p);
    return 0;
}
```

程序运行结果如图 8-3 所示。

2. 指针运算符 "&"

指针运算符 "&" 用来获取存储单元的首地址，故又称为取地址运算符，该运算符属于单目运算符。例如：

图 8-3　例 8.2 的程序运行结果

```
int a=5;
int *p;
p = &a;
```

以上代码中&a 的结果是一个指针。

【实例 8.3】编写程序，使用指针运算符实现两个数据的交换（源代码\ch08\8.3.txt）。

```
#include <iostream>
using namespace std ;
int main()
{
    int a =8, b =9,temp;
    int *pa = &a, *pb = &b;
    cout<<"a="<<a<<","<<"b="<<b<<endl;
    temp = *pa;              //将 a 的值先保存起来
    *pa = *pb;               //将 b 的值赋给 a
    *pb = temp;              //再将保存起来的 a 值赋给 b
    cout<<"a="<<a<<","<<"b="<<b<<endl;
    return 0;
}
```

程序运行结果如图 8-4 所示。

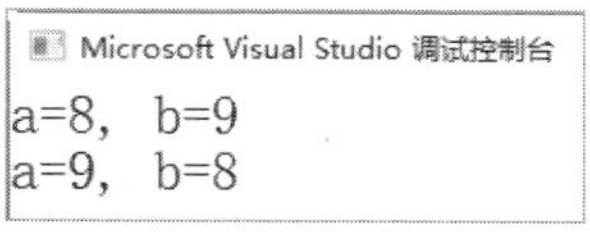

☆大牛提醒☆

运算符&和*互为逆运算。例如：

图 8-4　例 8.3 的程序运行结果

```
int a=2,*p;
p=&a;
```

其中可以衍生出 "&a" ⟺ "p" ⟺ "&*p"。"&*p" 运算可以自右向左进行结合，首先 "*p" 表示变量 a 的值，而 "&a" 就等价于变量 a 的地址。接着又有 "*&a" ⟺ "*p" ⟺ "a"。"*&a" 同样为自右向左进行结合，首先 "&a" 表示变量 a 的地址，而 "*p" 就等价于变量 a。

8.1.4　指针变量的运算

指针变量可以进行某些运算，指针的运算本身就是地址的运算，其运算的种类是有限的。除了可以对指针赋值外，指针的运算还包括移动指针、两个指针相减、指针与指针或指针与地址之间进行比较等。

1. 指针变量的算术运算

对于指向数组的指针变量，可以加或减一个整数 n。如果 pa 是指向数组 a 的指针变量，则 pa+n、pa−n、pa++、++pa、pa−−、−−pa 运算都是合法的。指针变量加或减一个整数 n 的意义是把指针指向的当前位置（指向某数组元素）向前或向后移动 n 个位置。

☆**大牛提醒**☆

数组指针变量向前或向后移动一个位置和地址加 1 或减 1 在概念上是不同的。因为数组可以有不同的类型，各种类型的数组元素所占的字节长度是不同的。指针变量加 1，即向后移动 1 个位置，表示指针变量指向下一个数据元素的首地址，而不是在原地址基础上加 1。例如：

```
int a[5],*pa;
pa=a;        /*pa 指向数组 a，也是指向 a[0]*/
pa=pa+2;     /*pa 指向 a[2]，即 pa 的值为&pa[2]*/
```

要特别注意的是，指针变量的加减运算只能对数组指针变量进行，对指向其他类型变量的指针变量做加减运算是毫无意义的。

【**实例 8.4**】编写程序，定义指针变量，并对指针变量自身进行运算（源代码\ch08\8.4.txt）。

```
#include <iostream>
using namespace std;
int main()
{
    int a=2, b=8;
    int*p1, *p2;
    p1 = &a;                                                    /*指针赋值*/
    p2 = &b;
    cout<<"p1 地址是:" <<p1<<","<<"p1 存储的值是:"<<*p1<<endl;    /*输出*/
    cout<<"p2 地址是:" <<p2<<","<<"p2 存储的值是:"<<*p2<< endl;   /*输出*/
    cout<<"p1-1 地址存储的值是:"<<*(p1-1)<<endl;                 /*地址-1 后存储的值*/
    cout<<"p1 地址中的值-1 后的值是:"<< *p1-1<<endl;             /*值-1 后的值*/
    cout<<"*(p1-1)的值和*p1-1 的值不同"<<endl;
    return 0;
}
```

程序运行结果如图 8-5 所示。

【**实例 8.5**】编写程序，定义指针变量，计算两个数的和与乘积（源代码\ch08\8.5.txt）。

```
#include <iostream>
using namespace std;
int main()
{
    int a=10,b=20,s,t,*pa,*pb;    /*说明 pa、pb 为整型指针变量*/
    pa=&a;                        /*给指针变量 pa 赋值，pa 指向变量 a*/
    pb=&b;                        /*给指针变量 pb 赋值，pb 指向变量 b*/
    s=*pa+*pb;                    /*求 a+b 之和(*pa 就是 a, *pb 就是 b)*/
    t=*pa**pb;                    /*求 a*b 之积*/
    cout<<"a="<<a<<endl;
    cout<<"b="<<b<<endl;
    cout<<"a+b="<<a+b<<endl;
    cout<<"a*b="<<a*b<<endl;
    cout<<"s="<<s<<endl;
    cout<<"t="<<t<<endl;
}
```

程序运行结果如图 8-6 所示。

```
■ Microsoft Visual Studio 调试控制台
p1地址是:0053F908,p1存储的值是:2
p2地址是:0053F8FC,p2存储的值是:8
p1-1地址存储的值是:-858993460
p1地址中的值-1后的值是:1
*(p1-1)的值和*p1-1的值不同
```

图 8-5　例 8.4 的程序运行结果

```
■ Microsoft Visual Studio 调试控制台
a=10
b=20
a+b=30
a*b=200
s=30
t=200
```

图 8-6　例 8.5 的程序运行结果

2. 两指针变量进行关系运算

指向同一数组的两指针变量进行关系运算可表示它们所指数组元素之间的关系，如 pf1==pf2 表示 pf1 和 pf2 指向同一数组元素；pf1>pf2 表示 pf1 处于高地址位置；pf1<pf2 表示 pf2 处于低地址位置。

另外，指针变量还可以与 0 比较。设 p 为指针变量，则 p==0 表示 p 是空指针，不指向任 何变量；p!=0 表示 p 不是空指针。

```
#define NULL 0
int *p=NULL;
```

对指针变量赋 0 值和不赋值是不同的。指针变量未赋值时，可以是任意值，是不能使用的；否则，将造成意外错误。而指针变量赋 0 值后，则可以使用，只是它不指向具体的变量而已。

【实例 8.6】编写程序，定义指针变量，输入 3 个不同的整数，找出最大的和最小的数并输 出（源代码\ch08\8.6.txt）。

```cpp
#include <iostream>
using namespace std;
int main()
{
    int a,b,c,*pmax,*pmin;              /*pmax、pmin 为整型指针变量*/
    cout<<"请输入三个数值:"<<endl;       /*输入提示*/
    cin>>a>>b>>c;                        /*输入 3 个数字*/
    if(a>b)
    {                                    /*如果第一个数字大于第二个数字*/
        pmax=&a;                         /*指针变量赋值*/
        pmin=&b;                         /*指针变量赋值*/
    }
    else{
        pmax=&b;                         /*指针变量赋值*/
        pmin=&a;                         /*指针变量赋值*/
    }
    if(c>*pmax) pmax=&c;                 /*判断并赋值*/
    if(c<*pmin) pmin=&c;                 /*判断并赋值*/
    cout<<"max="<<*pmax<<endl;           /*输出结果*/
    cout<<"min="<<*pmin<<endl;           /*输出结果*/
}
```

程序运行结果如图 8-7 所示。

```
■ Microsoft Visual Studio 调试控制台
请输入三个数值:
10  52  36
max=52
min=10
```

图 8-7 例 8.6 的程序运行结果

8.2 指针与函数

微视频

由于函数名也可表示函数在内存中的首地址，因此指针也可以指向函数。函数指针就是指向函 数的指针变量。因而"函数指针"本身首先应是指针变量，只不过该指针变量指向函数。C++语言 程序在编译时，每一个函数都有一个入口地址，该入口地址就是函数指针所指向的地址。

8.2.1 指针传送到函数中

函数的指针变量作为参数传递到其他函数中，是函数指针的重要用途之一。指针变量可以 作为函数的参数而存在。也就是说，在定义一个函数时，可以定义该函数的参数为一个指针变量。在调用该函数时，将变量地址作为实参传递到该函数中，变量的类型必须与形参指针指向的类型一致。在函数执行过程中，实参的值也会随形参的改变而改变。

【实例 8.7】编写程序，定义一个函数 swap()，使用指针变量作为函数 swap()的参数进行传递，用于将两数进行交换，然后输出两数交换结果（源代码\ch08\8.7.txt）。

```cpp
#include <string>
#include <iostream>
using namespace std ;
void swap(int *p1,int *p2)
{
        //形参为整型指针变量
        int temp;
        temp=*p1;
        *p1=*p2;
        *p2=temp;
}
int main()
{
        void swap(int*,int*);   //参数为整型指针变量
        int i=20,j=40;
        cout<<"i="<<i<<",j="<<j<<endl;
        swap(&i,&j);            //变量地址
        cout<<"i="<<i<<",j="<<j<<endl;
        return 0;
}
```

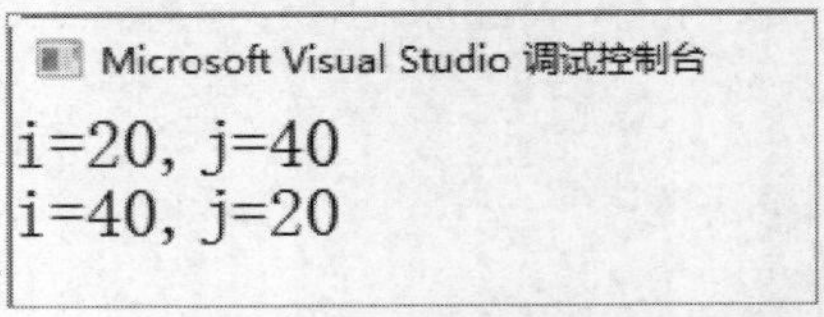

程序运行结果如图 8-8 所示。在本实例中，首先定义了函数 swap(int *p1, int *p2)，该函数的参数是两个 int 型指针，在该函数中将两个 int 型指针变量互相对调，然后在主函数中定义两个 int 型变量 i 和 j，分别给 i 和 j 赋值为 20 和 40，将 i 和 j 输出，接下来调用函数 swap(int *p1, int *p2)，将 i 和 j 的地址作为参数传入，将 i 和 j 的值互换，输出 i 和 j 的结果。

Microsoft Visual Studio 调试控制台
i=20, j=40
i=40, j=20

图 8-8　例 8.7 的程序运行结果

从运行结果来看，调用函数 swap(int *p1, int *p2)时把变量 i 和 j 的地址传送给形参 p1 和 p2，因此*p1 和 i 为同一内存单元，*p2 和 j 为同一内存单元。这种方式还是"值传递"，只不过实参的值是变量的地址而已。在函数中改变的不是实参的值，而是实参地址所指向变量的值。

8.2.2　返回值为指针的函数

指针变量作为一种数据类型，也可以用作函数的返回值类型。在 C++语言中，把返回值是指针的函数称为指针函数。定义指针型函数的一般语法格式如下：

数据类型 *函数名(参数表)

其中，数据类型是函数返回的指针所指向数据的类型；*函数名声明了一个指针型的函数；参数表是函数的形参列表。

【实例 8.8】编写程序，定义一个指针型函数*max()，输入两个字符串，然后使用字符串比较函数 strcmp()比较两个字符串的大小，并输出较大的字符串（源代码\ch08\8.8.txt）。

```cpp
#include <iostream>
```

```
#include <string>
using namespace std;
char *max(char *x,char *y)
{
    if(strcmp(x,y)>0)
    {
        return x;
    }
    else
        return y;
}
void main()
{
    char c1[10],c2[10];
    char *s1=c1,*s2=c2;
    cout<<"请输入字符串:"<<endl;
    cin>>c1;
    cout<<"请输入字符串:"<<endl;
    cin>>c2;
    cout<<"两个字符串中较大的是:"<<endl;
    cout<<max(s1,s2)<<endl;
}
```

程序运行结果如图 8-9 所示。在本实例中，定义了函数
*max，该函数的输入参数是两个 char 类型的指针，输出类型
也是一个 char 类型的指针。在该函数中，将两个 char 类型的
指针，也就是两个字符串用函数 strcmp(x,y)进行对比，将其
中较大的返回。在主程序中，首先定义了两个字符数组 c1[10]
和 c2[10]，接下来又定义了两个字符类型的指针 s1 和 s2，分
别指向了两个字符数组的首地址；通过屏幕输入字符串 c1
和字符串 c2，调用函数*max(char *x, char *y)将 c1 和 c2 进行
对比，将两个中较大的输出。

```
■ Microsoft Visual Studio 调试控制台
请输入字符串：
Hee
请输入字符串：
Tom
两个字符串中较大的是：
Tom
```

图 8-9　例 8.8 的程序运行结果

从整个实例来看，以上代码中将字符数组 c1 和 c2 的首地址分别赋给 s1 和 s2，然后将 s1
和 s2 传递给 x 和 y，此时 x 和 y 分别指向字符数组 c1 和 c2 的地址。

8.2.3　指向函数的指针

在 C++语言中，可以通过定义一个指针变量来指向函数的入口地址，然后通过这个指针变
量就能够调用该函数。这个指针变量被称为指向函数的指针变量。

指向函数的指针变量定义语法格式如下：

```
数据类型 (*指针变量名) (形参列表);
```

其参数说明如下：

（1）数据类型为指针变量所指向函数的返回值类型。

（2）形参列表为指针变量所指向函数的形参。

注意：(*指针变量名)中的括号“()”不可省略。

例如：

```
int sum(int x,int y)
```

```
{
    ...
}
    int main()
{
    int (*p)(int int);
    ...
    return 0;
}
```

若是想通过指向某函数的指针变量来调用该函数，语法格式如下：

```
(*指针变量名)(实参列表);
```

例如：

```
int a,b,c;
c=(*p)(a,b);
```

【实例8.9】编写程序，定义一个函数 fun()，输出该函数的地址，然后使用指向函数的指针输出函数指针 fp()的值（源代码\ch08\8.9.txt）。

```
#include <iostream>
using namespace std;
int fun(int a)
{
    return a;
}
int main()
{
    cout<<fun<<endl;
    int(*fp)(int a);
    fp=fun;
    cout<<fp(100)<<endl;
    cout<<(*fp)(200)<<endl;
    //Sleep(1000);
    return 0;
}
```

程序运行结果如图 8-10 所示。在本实例中，首先定义了一个函数 fun(int a)，其返回值为 int 型，参数也为 int 型；在主程序中，首先把函数 fun(int a)的地址输出；接下来定义了一个函数指针 fp(int a)，它的返回值是 int 型，参数也是 int 型。将函数 fun(int a)赋值给 fp，对 fp(int a)输入参数 100，然后将结果输出；对*fp(int a)输入参数 200，将该函数结果输出。从运行结果来看，调用 fp(100)和*fp(200)的结果都是调用了指定函数本身。

```
▓ Microsoft Visual Studio 调试控制台
00B3172B
100
200
```

图 8-10　例 8.9 的程序运行结果

8.3　指针与数组

微视频

一个变量有一个地址，而一个数组包含若干个元素，每个数组元素都在内存中占用存储单元，它们都有相应的地址。所谓数组指针，是指数组的起始地址。数组元素的指针是数组元素的地址。

8.3.1　数组元素的指针

在 C++语言中，变量在内存中都分配有内存单元，用于存储变量的数据，而数组包含若干的元素，每个元素就相当于一个变量，它们在内存中占用存储单元，也就是说都有各自的内存地址。那么指针变量既然可以指向变量，必然也可以用来指向数组中的元素。同变量一样，数组元素是将某个元素的地址赋予指针变量，所以数组元素的指针就是指数组元素的地址。

数组指针定义的一般语法格式如下：

```
存储类型 数据类型(*指针变量名)[元素个数]
```

其中，数据类型表示所指数组的类型。从以上一般语法格式可以看出，指向数组的指针变量和指向普通变量指针变量说明是相同的。例如，在程序中定义如下一个数组指针：

```
int (*p)[4];
```

以上这条语句表明指针 p 指向的数组指针 p 用来指向一个含有 4 个元素的一维整型数组，p 的值就是该一维数组的首地址。在使用数组指针时，有如下两点一定要注意。

（1）*p 两侧的括号一定不要漏掉。如果写成*p[4]的形式，由于[]的运算级别高，因此 p 先和[4]结合构成数组，再与前面的"*"结合，*p[4]是指针数组。

（2）p 是一个行指针，它只能指向一个包含 *n* 个元素的一维数组，不能指向一维数组中的元素。

【实例 8.10】编写程序，使用数组指针输出二维数组中的元素（源代码\ch08\8.10.txt）。

```cpp
#include <iostream>
using namespace std;
int main()
{
  int array[2][3]={1,2,3,4,5,6};        /*定义一个二维数组*/
  int i,j;
  int (*p)[3];                          /*定义一个数组指针*/
  p=array;                              /*p 指向 array 下标为 0 那一行的首地址*/
  for(i=0;i<2;i++)
  {
  for(j=0;j<3;j++)
    printf("array[%d][%d]=%d\n",i,j,p[i][j]);
  }
  return 0;
}
```

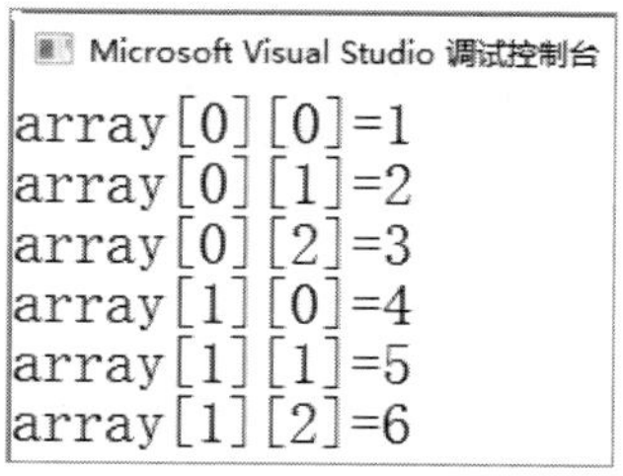

程序运行结果如图 8-11 所示。本程序中使用 p[i][j]实现了输出，可以改写成*(p[i]+j)，还可以改写成*(*(p+i)q+j)或*(p+i)[j]。

图 8-11　例 8.10 的程序运行结果

8.3.2　通过指针引用数组元素

引用一个数组元素可以使用 3 种方法，分别是下标法、通过数组名计算数组元素的地址法及使用指针变量表示法。

1. 下标法

下标法是指采用 array[i]形式直接访问数组元素。

【实例 8.11】编写程序，定义一个数组 a，使用下标法输出数组中的全部元素（源代码\ ch08\

8.11.txt）。

```
#include <iostream>
using namespace std;
int main()
{
    int a[5];
    int i;
    cout << "为数组 a 元素逐一赋值: " << endl;
    for (i = 0;i < 5;i++)
    {
        cin >> a[i];
    }
    cout << "数组 a 中的元素为: " << endl;
    /* 下标法输出数组元素 */
    for (i = 0;i < 5;i++)
    {
        cout << a[i] << endl;
    }
    return 0;
}
```

保存并运行程序，这里依次输入数组 a 元素的值，然后输出数组 a 中的元素，运行结果如图 8-12 所示。在本实例中，首先定义 int 型数组 a[5]及变量 i，然后通过 for 循环语句对数组 a[5]中的元素进行逐一赋值，接着再次使用 for 循环语句利用下标法将数组 a[5]中的元素循环输出。

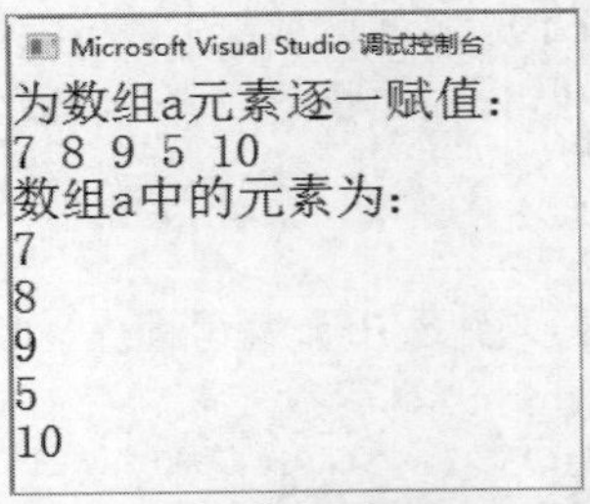

图 8-12 例 8.11 的程序运行结果

2. 通过数组名计算数组元素的地址法

通过数组名计算数组元素的地址法是指采用*(array+i)或*(pointer+i)形式，用间接访问的方法来访问数组元素。其中，array 为数组名，pointer 为指向数组的指针变量，初值 pointer=array。

【实例 8.12】编写程序，定义一个数组 a，使用数组名计算数组元素的地址，并使用运算符"*"输出数组中的元素（源代码\ch08\8.12.txt）。

```
#include <iostream>
using namespace std;
int main()
{
    int a[5];
    int i;
    cout << "为数组 a 元素逐一赋值: " << endl;
    for(i=0;i<5;i++)
    {
        cin>>a[i];
    }
    cout << "数组 a 中的元素为: " << endl;
    /* 使用数组名计算数组元素地址 */
    for(i=0;i<5;i++)
    {
        cout<<*(a+i)<<endl;
    }
    return 0;
}
```

保存并运行程序，这里依次输入数组 a 元素的值，然后输出数组 a 中的元素，运行结果如图 8-13 所示。

3. 使用指针变量表示法

使用指针变量表示法是指通过使用指针变量来表示数组元素的地址，再通过指针变量引用数组元素。

【实例 8.13】编写程序，定义一个数组 a 和一个指针变量，通过指针变量输出数组 a 中的元素（源代码\ch08\8.13.txt）。

图 8-13　例 8.12 的程序运行结果

```cpp
#include <iostream>
using namespace std;
int main()
{
    int a[5];
    int *p,i;
    cout<<"为数组 a 元素逐一赋值: "<<endl;
    for(i=0;i<5;i++)
    {
        cin>>a[i];
    }
    cout<<"数组 a 中的元素为: "<<endl;
    /* 使用指针变量表示数组元素地址 */
    for(p=a;p<(a+5);p++)
    {
        cout<<*p<<endl;
    }
    return 0;
}
```

保存并运行程序，这里依次输入数组 a 元素的值，然后输出数组 a 中的元素，运行结果如图 8-14 所示。

图 8-14　例 8.13 的程序运行结果

通过指针变量引用数组元素需注意以下几个问题。

（1）指针变量可以实现本身值的改变。例如 p++是合法的，而 a++是错误的。因为 a 是数组名，其值为数组的首地址，为常量。

（2）由于++和*同优先级，结合方向自右而左，因此可知*p++等于于*(p++)。

（3）*(p++)与*(++p)作用不同。若 p 的初值为 a，则*(p++)等价于 a[0]，*(++p)等价于 a[1]。

（4）(*p)++表示 p 所指向的元素值加 1。

（5）如果 p 当前指向数组 a 中的第 i 个元素，则*(p--)等价于 a[i--]，*(++p)等价于 a[++i]，*(--p)等价于 a[--i]。

（6）要注意指针变量的当前值。例如：

```cpp
main()
{
    int *p,i,a[10];
    p=a;
    for(i=0;i<10;i++)
    *p++=i;
        p=a;
        for(i=0;i<10;i++)
```

```
    printf("a[%d]=%d\n",i,*p++);
}
```

从【实例 8.13】可以看出，虽然定义数组时指定数组 a 包含 10 个元素，但指针变量可以指到数组以后的内存单元，系统并不认为非法，比如下面的程序就存在错误。

```
main()
{
    int *p,i,a[10];
    p=a;
    for(i=0;i<10;i++)
    *p++=i;
        for(i=0;i<10;i++)
        printf("a[%d]=%d\n",i,*p++);
}
```

8.3.3 指向数组的指针变量作为函数参数

在 C++语言中，可以使用数组名作为函数的参数进行传递。例如：

```
int main()
{
    int arr[5],a;
    ...
    f(arr,a);
    ...
    return 0;
}
void f(int arr1[],int b)
{
    ...
}
```

其中，函数 f(arr,a)中的 arr 为实参数组名，用来表示数组 arr[5]中首元素的地址；而被调函数 f(int arr1[],int b)中的形参数组名 arr1 用于接收从实参传递来的数组首元素地址。实际上，形参在接收数组名时是按照指针变量进行处理的。所以上例被调函数 f(int arr1[],int b)等价于：

```
f(int *arr1,int b)
{
    ...
}
```

☆大牛提醒☆

在对一个以数组名或指针变量作为参数的函数进行调用时，形参数组和实参数组是共同占用一段内存的。若改变了形参数组的值，那么在函数 main()中作为实参传递的值也会一同发生改变。

使用数组名作为函数参数时，形参与实参有以下对应关系。

（1）实参使用数组名，形参也使用数组名。

【实例 8.14】编写程序，定义一个数组 a，将数组 a 中的 n 个整数按照相反的顺序进行存放，然后输出新的数组 a（源代码\ch08\8.14.txt）。

```
#include <iostream>
using namespace std;
/* 定义函数 */
```

```
void f(int b[],int n)
{
    int temp,i,j,k;
    k=(n-1)/2;
    for (i=0;i<=k;i++)
    {
        j=n-1-i;
        temp=b[i];
        b[i]=b[j];
        b[j]=temp;
    }
}
int main()
{
    int a[6],i;
    printf("请逐一为数组a元素进行赋值: \n");
    for (i=0;i<6;i++)
    {
        cin>>a[i];
    }
    printf("数组a为: \n");
    for (i=0;i<6;i++)
    {
        printf("%-2d",a[i]);
    }
    printf("\n");
    /* 调用函数 */
    f(a,6);
    printf("将数组a进行反转后为: \n");
    for (i=0;i<6;i++)
    {
        printf("%d ",a[i]);
    }
    printf("\n");
    return 0;
}
```

保存并运行程序，这里依次输入数组 a 元素的值，然后输出反转前后数组 a 中的元素，运行结果如图 8-15 所示。

（2）实参使用数组名，形参使用指针变量。

【实例 8.15】编写程序，对【实例 8.14】进行改写，使用指针变量来表示形参，最后输出操作结果（源代码\ch08\8.15.txt）。

```
#include <iostream>
using namespace std;
/* 定义函数 */
void f(int *a,int n)
{
    int temp,k;
    /* 定义指针变量 */
    int *i,*j,*p;
    j=a+n-1;
    k=(n-1)/2;
    p=a+k;
```

图 8-15　例 8.14 的程序运行结果

```
■ Microsoft Visual Studio 调试控制台
请逐一为数组a元素进行赋值：
8 9 7 6 5 4
数组a为：
8 9 7 6 5 4
将数组a进行反转后为：
4 5 6 7 9 8
```

```
        for(i=a;i<=p;i++,j--)
        {
            /* 使用指针变量交换元素 */
            temp=*i;
            *i=*j;
            *j=temp;
        }
}
int main()
{
    int a[6],i;
    printf("请逐一为数组 a 元素进行赋值: \n");
    for(i=0;i<6;i++)
    {
        cin>>a[i];
    }
    printf("数组 a 为: \n");
    for(i=0;i<6;i++)
    {
        printf("%-2d",a[i]);
    }
    printf("\n");
    /* 调用函数 */
    f(a,6);
    printf("将数组 a 进行反转后为: \n");
    for(i=0;i<6;i++)
    {
        printf("%d  ",a[i]);
    }
    return 0;
}
```

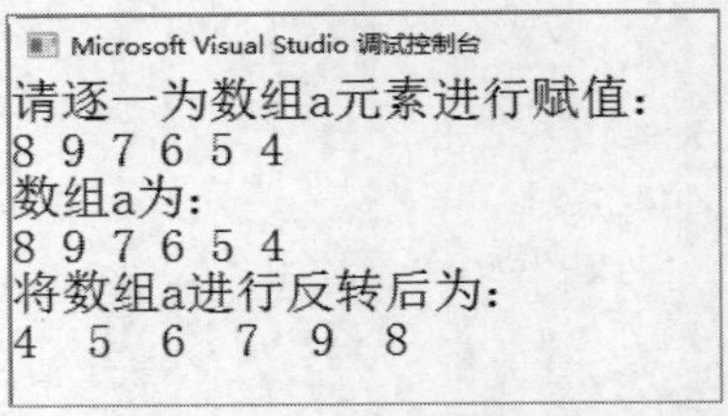

保存并运行程序，这里依次输入数组 a 元素的值，然后输出反转前后数组 a 中的元素，运行结果如图 8-16 所示。

（3）实参使用指针变量，形参使用数组名。

【实例 8.16】编写程序，对【实例 8.14】进行改写，使用指针变量表示实参、使用数组名表示形参，最后输出操作结果（源代码\ch08\8.16.txt）。

图 8-16　例 8.15 的程序运行结果

```
#include <iostream>
using namespace std;
/* 定义函数 */
void f(int b[],int n)
{
    int temp,i,j,k;
    k=(n-1)/2;
    for(i=0;i<=k;i++)
    {
        j=n-1-i;
        temp=b[i];
        b[i]=b[j];
        b[j]=temp;
    }
}
```

```
int main()
{
    /* 定义数组 a 及指针变量 */
    int a[6],*p;
    /* 将数组 a 首地址赋予 p */
    p=a;
    printf("请逐一为数组 a 元素进行赋值: \n");
    for(p=a;p<a+6;p++)
    {
        scanf_s("%d",p);
    }
    printf("数组 a 为: \n");
    for(p=a;p<a+6;p++)
    {
        printf("%-2d",*p);
    }
    printf("\n");
    /* 调用函数 */
    p=a;
    f(p,6);
    printf("将数组 a 进行反转后为: \n");
    for(p=a;p<a+6;p++)
    {
        printf("%d  ",*p);
    }
    printf("\n");
    return 0;
}
```

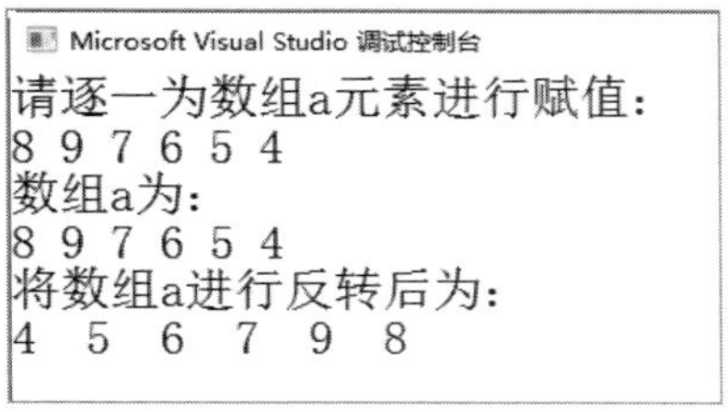

图 8-17　例 8.16 的程序运行结果

保存并运行程序，这里依次输入数组 a 元素的值，然后输出反转前后数组 a 中的元素，运行结果如图 8-17 所示。

（4）实参使用指针变量，形参也使用指针变量。

【实例 8.17】编写程序，对【实例 8.15】进行改写，使用指针变量表示实参与形参，输出最后操作的结果（源代码\ch08\8.17.txt）。

```
#include <iostream>
using namespace std;
/* 定义函数 */
void f(int *a,int n)
{
    int temp,k;
    /* 定义指针变量 */
    int *i,*j,*p;
    j=a+n-1;
    k=(n-1)/2;
    p=a+k;
    for(i=a;i<=p;i++,j--)
    {
        /* 使用指针变量交换元素 */
        temp=*i;
        *i=*j;
        *j=temp;
    }
```

```
}
int main()
{
    /* 定义数组 a 及指针变量 */
    int a[6],*p;
    /* 将数组 a 首地址赋予 p */
    p=a;
    printf("请逐一为数组 a 元素进行赋值: \n");
    for(p=a;p<a+6;p++)
    {
        scanf_s("%d",p);
    }
    printf("数组 a 为: \n");
    for(p=a;p<a+6;p++)
    {
        printf("%-2d",*p);
    }
    printf("\n");
    /* 调用函数 */
    p=a;
    f(p,6);
    printf("将数组 a 进行反转后为: \n");
    for(p=a;p<a+6;p++)
    {
        printf("%d  ",*p);
    }
    printf("\n");
    return 0;
}
```

保存并运行程序，这里依次输入数组 a 元素的值，然后输出反转前后数组 a 中的元素，运行结果如图 8-18 所示。

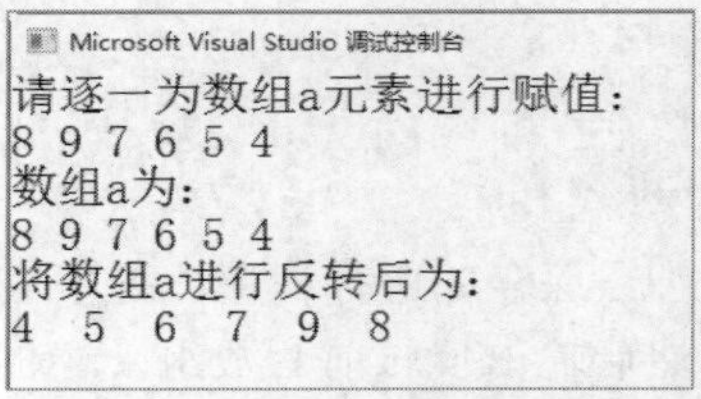

图 8-18　例 8.17 的程序运行结果

8.3.4　通过指针对多维数组进行引用

在 C++语言中，一维数组中的元素可以通过指针变量来表示，同样多维数组的元素等也可以使用指针变量来表示。

1. 多维数组元素的地址

以二维数组为例，二维数组可以看作是由一维数组构成的。例如：

```
int a[2][3]={{1,2,3},{4,5,6}};
```

此二维数组可以看作是由两个一维数组构成的，所以数组 a 有两个元素，分别是一维数组 a[0] 和 a[1]。其中 a[0]包含元素 1、2、3；a[1]包含元素 4、5、6。

那么既然可以将二维数组看作是由一维数组构成的，一维数组的数组名又表示该数组的首地址，所以二维数组 a 的表示如图 8-19 所示。

使用数组名 a 表示二维数组的首地址时，a 为元素 a[0]的地址，a+1 为元素 a[1]的地址，如图 8-20 所示。

使用指针对二维数组进行表示时，*a 为元素 a[0]，*a+1 为元素 a[0]+1，……，*(a+1)+2 为元素 a[1]+2，如图 8-21 所示。

图 8-19　二维数组

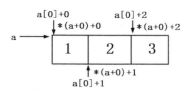

图 8-21　指针表示二维数组元素

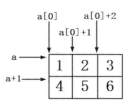

图 8-20　二维数组的地址

因为一维数组中 a[i]等价于*(a+i)，所以在二维数组中 a[i]+j 等价于*(a+i)+j，表示 a[i][j]的地址，而*(a[i]+j)等价于*(*(a+i)+j)，表示二维数组元素 a[i][j]的数据值。

【实例 8.18】编写程序，定义一个二维数组 a，使用数组名表示该数组的首地址，通过不同的形式输出相应的数组 a 中相关值（源代码\ch08\8.18.txt）。

```cpp
#include <iostream>
using namespace std;
int main()
{
    /* 定义二维数组 a */
    int a[3][4],i,j;
    printf("请输入二维数组 a 的元素：\n");
    for(i=0;i<3;i++)
    {
        for(j=0;j<4;j++)
        {
            cin>>a[i][j];
        }
    }
    /* 输出数组相应值 */
    printf("%d,%d\n",a,*a);
    printf("%d,%d\n",a[0],*(a+0));
    printf("%d,%d\n",&a[0],&a[0][0]);
    printf("%d,%d\n",a[1],a+1);
    printf("%d,%d\n",&a[1][0],*(a+1)+0);
    printf("%d,%d\n",a[2],*(a+2));
    printf("%d,%d\n",&a[2],a+2);
    printf("%d,%d\n",a[1][0],*(*(a+1)+0));
    return 0;
}
```

保存并运行程序，这里依次输入二维数组 a 元素的值，然后输出二维数组 a 的相关值，运行结果如图 8-22 所示。

2. 指向多维数组元素的指针变量

【实例 8.19】编写程序，定义一个二维数组 a 及一个指

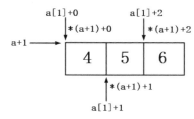

图 8-22　例 8.18 的程序运行结果

针变量 p，将二维数组 a 的首地址赋予指针变量 p，通过指针变量输出数组 a 中的元素（源代码
\ch08\8.19.txt）。

```
#include <iostream>
using namespace std;
int main()
{
    /* 定义二维数组 a */
    int a[3][4],i,j;
    /* 定义指针变量 p */
    int *p;
    printf("请输入二维数组 a 的元素: \n");
    for(i=0;i<3;i++)
    {
        for(j=0;j<4;j++)
        {
            cin>>a[i][j];
        }
    }
    /* 输出数组 a 元素值 */
    for(p=a[0];p<a[0]+12;p++)
    {
        printf("%d ",*p);
    }
    printf("\n");
    return 0;
}
```

保存并运行程序，这里依次输入二维数组 a 元素的值，然后输出二维数组 a 中的元素，运行结果如图 8-23 所示。

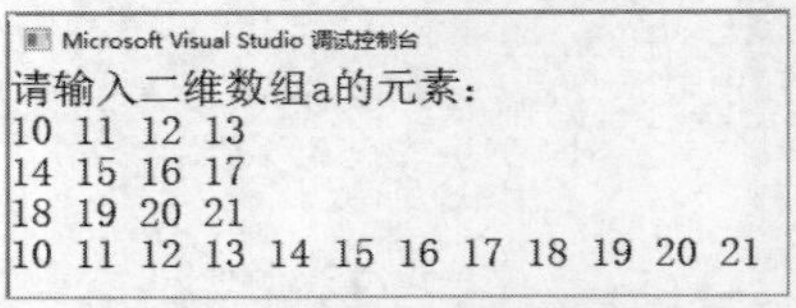

3. 指向多维数组中一维数组的指针变量

在 C++语言中，可以通过定义一个指针变量指向二维数组中包含若干元素的某一行一维数组。其语法格式如下：

图 8-23 例 8.19 的程序运行结果

```
数据类型 (*指针名)[一维数组维数];
```

例如：

```
int a[2][3];
int (*p)[3];
```

其中指针变量 p 指向一个包含 3 个 int 型数据的一维数组首地址，该指针变量为行指针。

【实例 8.20】编写程序，定义一个二维数组 a 和一个指针变量，该指针变量指向二维数组 a 的某一行，并通过指针变量输出数组 a 的元素（源代码\ch08\8.20.txt）。

```
#include <iostream>
using namespace std;
int main()
{
    /* 定义二维数组 a */
    int a[3][4],i,j;
    /* 定义指针变量 */
    int (*p)[4];
```

```
/* 将数组 a 的首地址赋予 p */
p=a;
printf("请输入数组 a 中元素: \n");
for(i=0;i<3;i++)
{
        for(j=0;j<4;j++)
        {
            scanf_s("%d",*(p+i)+j);
        }
}
/* 通过指针变量输出 */
printf("数组 a 中的元素为: \n");
for(i=0;i<3;i++)
{
        for(j=0;j<4;j++)
        {
            printf("%d ",*(*(p+i)+j));
        }
        printf("\n");
}
printf("\n");
return 0;
}
```

保存并运行程序，这里依次输入二维数组 a 元素的值，然后输出二维数组 a 中的元素，运行结果如图 8-24 所示。

图 8-24　例 8.20 的程序运行结果

4. 指向二维数组的指针作为函数参数

【实例 8.21】编写程序，定义一个二维数组 a，用于存放 3 名学生的 4 门功课成绩，然后定义两个函数 f1()和 f2()，分别用于计算平均成绩及所查询第 n 名学生的成绩（源代码\ch08\8.21.txt）。

```
#include <iostream>
using namespace std;
/* 定义函数 */
void f1(float *p,int n)
{
    float *pe;
    float sum,ave;
    sum=0;
    pe=p+n-1;
    for(;p<=pe;p++)
    {
            sum=sum+(*p);
            ave=sum/n;
    }
    printf("平均成绩为: %.2f\n",ave);
}
void f2(float (*p)[4],int n)
{
    int i;
    printf("%d 号学生的成绩为: \n",n);
    for(i=0;i<4;i++)
    {
            printf("%.2f ",*(*(p+n)+i));
    }
    printf("\n");
```

```
}
int main()
{
    /* 定义数组a */
    float a[3][4];
    int i,j,b;
    printf("请录入学生的成绩: \n");
    for(i=0;i<3;i++)
    {
        for(j=0;j<4;j++)
        {
            cin>>a[i][j];
        }
    }
    fflush(stdin);
    /* 调用函数 */
    f1(*a,12);
    printf("请输入需要查找的学生编号: \n");
    cin>>b;
    if(b<1||b>2)
    {
        printf("输入有误! \n");
        return 0;
    }
    else
    {
        f2(a,b);
    }
    return 0;
}
```

保存并运行程序，这里依次输入二维数组 a 元素的值，输出平均成绩为 87.92，然后输入要查询学生编号（0～2），会输出该名学生 4 名功课的成绩，运行结果如图 8-25 所示。

图8-25　例8.21的程序运行结果

8.4　指针与字符串

微视频

在 C++语言中，将字符串可看成字符型数组，就可以用指针来访问该字符串了。本节介绍指针与字符串的相关内容。

8.4.1　指向字符串的指针变量

定义一个指向字符串的指针变量，其语法格式如下：

```
char *指针变量= "字符串内容";
```

例如：

```
char *string;
string= "I love C!";
```

☆**大牛提醒**☆

赋值操作 "string= "I love C!";" 只是将字符串的首地址赋予指针变量 string，并不是将字符串赋予指针变量 string，而且 string 只能存放一个地址，不能用于存储字符串内容。

C++语言输出字符串既可以使用字符数组实现，也可以使用字符指针（即指向字符串的指针变量）实现。

1. 使用字符数组输出

【实例 8.22】编写程序，定义一个字符数组并进行初始化操作，然后输出该字符串（源代码\ch08\8.22.txt）。

```
#include <iostream>
using namespace std;
int main()
{
    /* 定义字符数组并初始化 */
    char string[]="Hello World!";
    printf("%s\n",string);
    return 0;
}
```

保存并运行程序，结果如图 8-26 所示。在本实例中，首先定义一个字符数组 string[]并进行初始化操作，然后通过格式控制符 "%s" 将该字符数组输出。

图 8-26　例 8.22 的程序运行结果

2. 使用字符指针输出

【实例 8.23】编写程序，定义一个字符指针并进行初始化操作，然后使用字符指针输出该字符串（源代码\ch08\8.23.txt）。

```
#include <iostream>
using namespace std;
int main()
{
    /* 定义字符指针 */
    const char *string="Hello World!";
    /* 输出字符串 */
    printf("%s\n",string);
    for( ;*string!='\0';string++)
    {
        printf("%c",*string);
    }
    printf("\n");
    return 0;
}
```

程序运行结果如图 8-27 所示。

图 8-27　例 8.23 的程序运行结果

8.4.2　使用字符指针作为函数参数

在 C++语言中，字符指针也能作为函数的参数进行传递。接下来通过实例演示字符数组与字符指针作为参数传递的方式。

1. 字符数组作为参数

【实例 8.24】编写程序，定义字符数组 a 和字符数组 b 并对它们分别进行初始化操作和输出，再定义一个函数 f(char a1[], char b1[])，该函数用于将字符数组 a 复制到字符数组 b 中，调用该函数完成复制操作，最后输出字符串 a 和字符串 b（源代码\ch08\8.24.txt）。

```cpp
#include <iostream>
using namespace std;
/* 定义函数 */
void f(char a1[],char b1[])
{
    int i;
    for(i=0;a1[i]!='\0';i++)
    {
        b1[i]=a1[i];
    }
    b1[i]='\0';
}
int main()
{
    /* 定义并初始化字符数组 */
    char a[]="orange";
    char b[]="apple";
    printf("字符串 a 为: %s\n",a);
    printf("字符串 b 为: %s\n",b);
    /* 调用函数 */
    f(a,b);
    printf("字符串 a 为: %s\n",a);
    printf("字符串 b 为: %s\n",b);
    return 0;
}
```

程序运行结果如图 8-28 所示。

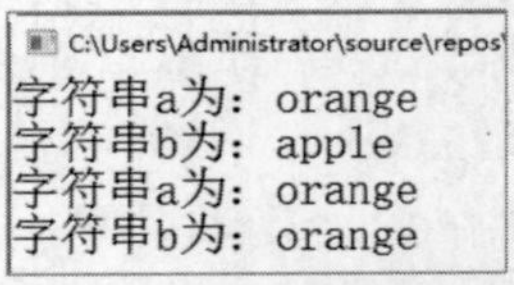

```
C:\Users\Administrator\source\repos
字符串a为: orange
字符串b为: apple
字符串a为: orange
字符串b为: orange
```

图 8-28　例 8.24 的程序运行结果

2. 字符指针作为函数参数

【实例 8.25】编写程序，定义 3 个字符数组 a、b 及 c，然后初始化字符数组 a 和字符数组 b，将字符数组 b 复制到字符数组 c，将字符数组 a 连接到字符数组 c 后面，最后输出字符数组 a、b 及 c（源代码\ch08\8.25.txt）。

```cpp
#include <iostream>
using namespace std;
/* 定义函数 */
void f1(char *b1,char *c1)
{
    for(;*b1!='\0';b1++,c1++)
    {
        *c1=*b1;
    }
    *c1=' ';
}
void f2(char *a1,char *c1)
{
    /* 指向末尾 */
    c1+=6;
```

```
    /* 将字符数组 a 连接到字符数组 c 后面 */
    for(;*a1!='\0';a1++,c1++)
    {
        *c1=*a1;
    }
    *c1='\0';
}
int main()
{
    /* 定义字符数组 */
    char a[]="orange";
    char b[]="apple";
    char c[15];
    /* 定义字符指针 */
    char *p1,*p2,*p;
    /* 将字符数组 a 和字符数组 b 首地址赋予字符指针 */
    p1=a;
    p2=b;
    p=c;
    /* 调用函数 */
    f1(p2,p);
    f2(p1,p);
    printf("字符串 a 为: %s\n",a);
    printf("字符串 b 为: %s\n",b);
    printf("字符串 c 为: %s\n",c);
    return 0;
}
```

程序运行结果如图 8-29 所示。

```
Microsoft Visual Studio 调试控制台
字符串a为: orange
字符串b为: apple
字符串c为: apple orange
```

图 8-29　例 8.25 的程序运行结果

8.5　指针数组和多重指针

微视频

数组中的元素均为指针变量的数组称为指针数组，而指向指针的指针则被称为多重指针。本节介绍指针数组和多重指针的应用。

8.5.1　指针数组

在 C++语言中，若一个数组中的元素均由指针类型的数据所组成，那么这个数组被称为指针数组。指针数组中的每一个元素都是一个指针变量。

以一维数组为例，指针数组的定义语法格式如下：

```
数据类型 *数组名[数组长度];
```

例如：

```
int *p[3];
```

【例 8.26】编写程序，定义一个指针数组，对指针数组进行初始化和赋值操作，最后输出指针数组（源代码\ch08\8.26.txt）。

```
#include <iostream>
using namespace std;
```

```
int main()
{
    /* 定义指针数组 */
    const char *p1[5];
    /* 指针数组初始化 */
    const char *p2[] = { "Hello"," ","World"," ","!" };
    /* 指针数组赋值 */
    int i;
    const char str1[] = "Tom";
    const char str2[] = "Rose";
    const char str3[] = "Sum";
    const char str4[] = "Jake";
    const char str5[] = "Ally";
    p1[0] = str1;
    p1[1] = str2;
    p1[2] = str3;
    p1[3] = str4;
    p1[4] = str5;
    /* 输出指针数组 */
    for (i=0;i<5;i++)
    {
        printf("p1[%d] = %s\n",i,p1[i]);
    }
    printf("\n");
    for (i=0;i<5;i++)
    {
        printf("%s",p2[i]);
    }
    printf("\n");
    return 0;
}
```

程序运行结果如图 8-30 所示。

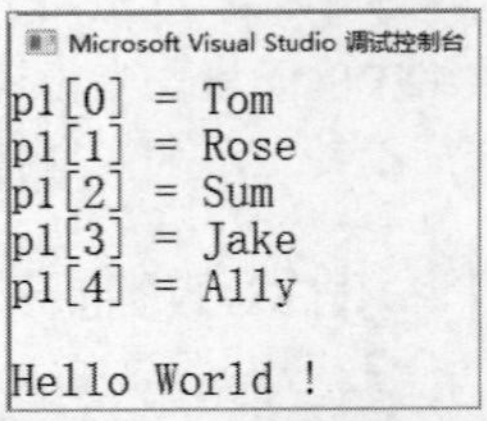

8.5.2 指向指针的指针

指向指针的指针是一种多级间接寻址的形式，或者说是一个指针链。通常，一个指针包含一个变量的地址。当定义一个指向指针的指针时，第一个指针包含第二个指针的地址，第二个指针指向包含实际值的位置。

```
Microsoft Visual Studio 调试控制台
p1[0] = Tom
p1[1] = Rose
p1[2] = Sum
p1[3] = Jake
p1[4] = Ally

Hello World !
```

图 8-30　例 8.26 的程序运行结果

一个指向指针的指针变量必须进行声明，即在变量名前放置两个星号。其语法格式如下：

数据类型 **指针变量；

例如：

int **a;

就是声明了一个指向 int 型指针的指针。为了更清晰地理解多重指针，下面引入一级指针和二级指针的概念。

（1）一级指针是指以前常用的指针变量，在该指针变量中存放了目标变量的地址。例如：

```
int *a;
int b=3;
a=&b;
*a=3;
```

指针变量 a 中存放了变量 b 的地址，*a 的值就是变量 b 的值，a 就属于一级指针，如图 8-31 所示。

（2）二级指针是指指针变量中存放的为一级指针变量的地址，也就是指针的指针。二级指针需要将一级指针作为"桥梁"来间接指向目标变量。例如：

```
int *a;
int **b;
int c=2;
a=&c;
b=&a;
**b=2;
```

其中二级指针 b 指向了一级指针 a，而一级指针中又存放了变量 c 的地址，所以**b 的值即为变量 c 的值，如图 8-32 所示。

图 8-31　一级指针示意图　　　　　　图 8-32　二级指针示意图

注意：二级指针不能使用变量的地址对其进行赋值。

【实例 8.27】编写程序，定义一个整型变量 a 并赋值，然后分别以直接输出的方式和使用一级指针、二级指针输出的方式输出相应的值（源代码\ch08\8.27.txt）。

```cpp
#include <iostream>
using namespace std;
int main ()
{
    int a;
    int *b;
    int **c;
    a=500;
    //获取 a 的地址
    b=&a;
    //使用运算符&获取 b 的地址
    c= &b;
    //使用 c 获取值
    cout << "a 值为 :" << a << endl;
    cout << "*b 值为:" << *b<< endl;
    cout << "**c 值为:" << **c << endl;
    return 0;
}
```

程序运行结果如图 8-33 所示。

```
Microsoft Visual Studio 调试控制台
a值为 :500
*b值为:500
**c值为:500
```

图 8-33　例 8.27 的程序运行结果

8.6 C++中的引用

在 C++ 11 标准中提出了左值引用的概念，如果不加特殊声明，引用一般就是指左值引用。本节介绍 C++语言中引用的相关内容。

8.6.1 认识 C++中的引用

引用实际上是一种隐式指针，它为对象建立一个别名，通过操作符&来实现。符号"&"为取地址操作符。通过它可以获得地址。引用的语法格式如下：

```
数据类型& 表达式;
```

例如：

```
int i=17;
```

可以为 i 声明引用变量，如下所示。

```
int& r =i;
double& s=d;
```

另外，引用很容易与指针混淆，它们之间主要有以下 3 点不同。

（1）不存在空引用，引用必须连接到一段合法的内存。

（2）一旦引用被初始化为一个对象，就不能被指向到另一个对象。指针可以在任何时候指向到另一个对象。

（3）引用必须在创建时被初始化，指针可以在任何时候被初始化。

8.6.2 通过引用传递函数参数

C++语言支持把引用作为参数传给函数，如果函数按引用方式传递，在调用函数中修改了参数的值，其改变会影响到实际参数。

【实例 8.28】编写程序，通过引用交换两个变量的值（源代码\ch08\8.28.txt）。

```cpp
#include <iostream>
using namespace std;
//函数声明
void swap(int &x, int &y);
int main()
{
    //局部变量声明
    int a = 10;
    int b = 20;
    cout << "交换前, a的值: " << a << endl;
    cout << "交换前, b的值: " << b << endl;
    /* 调用函数来交换值 */
    swap(a, b);
    cout << "交换后, a的值: " << a << endl;
    cout << "交换后, b的值: " << b << endl;
    return 0;
}
```

```
//函数定义
void swap(int &x, int &y)
{
    int temp;
    temp=x;   /* 保存地址 x 的值 */
    x=y;      /* 把 y 赋给 x*/
    y=temp;   /* 把 x 赋给 y*/
    return;
}
```

程序运行结果如图 8-34 所示。本程序定义了函数 swap(int &x, int &y)，该函数定义了两个引用参数 x 和 y，实现了变量的交换。

图 8-34　例 8.28 的程序运行结果

8.6.3　把引用作为返回值

以引用来替代指针，会使 C++程序更容易阅读和维护。C++函数可以返回一个引用，其操作方式与返回一个指针类似。当函数返回一个引用时，则返回一个指向返回值的隐式指针。这样，函数就可以放在赋值语句的左边。

【实例 8.29】编写程序，通过把引用作为返回值来改变数组中指定元素的值（源代码\ch08\8.29.txt）。

```
#include <iostream>
using namespace std;
double Array[] = { 3.1, 5.6, 8.9, 24.4, 50.8 };
double & setValues(int i)
{
    return Array[i];            //返回第 i 个元素的引用
}
//要调用上面定义函数的主函数
int main()
{
    cout << " 改变前的值" << endl;
    for (int i=0;i<5;i++)
    {
        cout << " Array[" << i << "] = ";
        cout << Array[i] << endl;
    }
    setValues(1)=10.5;          //改变第 2 个元素
    setValues(3)=8.8;           //改变第 4 个元素
    cout << " 改变后的值" << endl;
    for (int i=0;i<5;i++)
    {
        cout << " Array[" << i << "] = ";
        cout << Array[i] << endl;
    }
    return 0;
}
```

程序运行结果如图 8-35 所示。从运行结果可以看出，改变了数组中第 2 个与第 4 个元素的值。

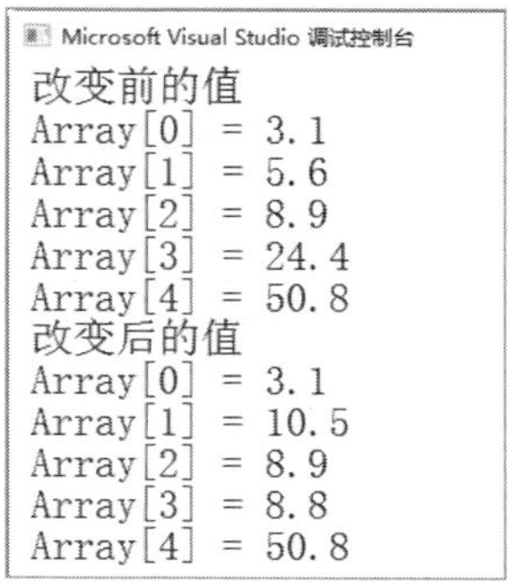

图 8-35　例 8.29 的程序运行结果

☆大牛提醒☆

当返回一个引用时，要注意被引用的对象不能超出作用域，所以返回一个对局部变量的引用是不合法的；但是，可以返回一个对静态变量的引用。例如：

```
int& func() {
    int q;
    //! return q;     //在编译时发生错误
    static int x;
    return x;          //安全，x在函数作用域外依然是有效的
}
```

8.7　新手疑难问题解答

问题1：什么是指向函数的指针？

解答：指向函数的指针是指向函数的指针变量。所以"函数指针"本身首先应是指针变量，只不过该指针变量的指向是函数。这就好比使用指针变量可指向整型变量、字符型数组一样，只不过这里是指向函数。

问题2：指针数组和数组指针有什么区别？

解答：指针数组可以说成是"指针的数组"。首先，它是一个数组；其次，"指针"修饰这个数组，意味着这个数组的所有元素都是指针类型。在32位操作系统中，指针占4个字节。

数组指针表示是一个指向数组的指针，那么该指针变量存储的地址就必须是数组的首地址。对于二维数组来说，应是指向行的地址，如a[2][3]数组中的a和a+1等；不能是具体指向列的地址，如&a[0][1]和&a[1][1]这类地址。

8.8　实战训练

实战训练

实战1：通过二级指针输出数组中的元素。

编写程序，定义一个一维数组a及一个指针数组b，通过输入端为一维数组a的元素进行赋值，然后将数组a中的地址赋予指针数组b中元素指针，接着通过二级指针将数组a中元素输出。程序运行结果如图8-36所示。

实战2：通过定义指针，遍历数组，并输出数组中的元素。

```
■ Microsoft Visual Studio 调试控制台
请输入一维数组a的元素：
15 12 98 85 5
数组a中的元素为：
15 12 98 85 5
```

图8-36　实战1程序运行结果

编写程序，定义一个字符型数组a并进行初始化操作，然后通过多种方式遍历出数组元素。程序运行结果如图8-37所示。

```
■ Microsoft Visual Studio 调试控制台
数组名和下标遍历数组
a[0]    = A,    a[1]    = B,    a[2]    = C,    a[3]    = D,    a[4]    = E,
指针遍历数组
*p      = A     *p      = B     *p      = C     *p      = D     *p      = E
指针与字符变量结合遍历数组
*(p+0)  = A     *(p+1)  = B     *(p+2)  = C     *(p+3)  = D     *(p+4)  = E
指针与下标变量结合遍历数组
p[-4]   = A     p[-3]   = B     p[-2]   = C     p[-1]   = D     p[-0]   = E
```

图8-37　实战2程序运行结果

　　实战 3：定义两个数组，找出数组中第一个相同的元素。

　　编写程序，定义指针函数 fun()，通过对指针的操作，找出数组 str1 和数组 str2 中第一个相同的元素。程序运行结果如图 8-38 所示。

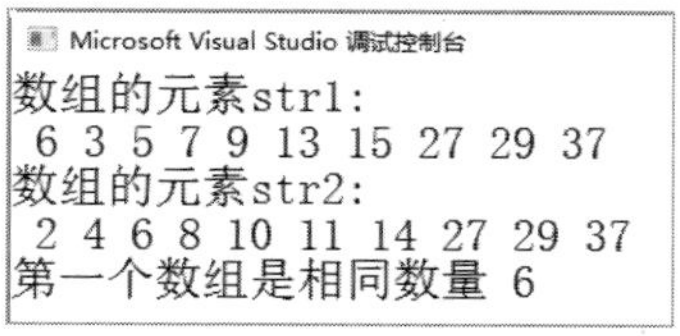

图 8-38　实战 3 程序运行结果

第 9 章

结构体、共用体和枚举

🕐 **本章内容提要**

在对一个复杂程序进行开发时，简单的变量类型有时可能不能满足该程序中各种复杂数据的需求，所以 C++语言专门提供了一种可以由用户进行自定义数据类型，并存储不同类型数据项的构造数据类型，即结构体与共同体。本章介绍结构体、共用体及枚举的应用。

9.1　结构体概述

微视频

在 C++语言中，可以定义结构体类型，将多个相关的变量包装成为一个整体来使用。在结构体中的变量，可以是相同、部分相同或完全不同的数据类型。

9.1.1　结构体的概念

生活中存在的大部分对象具有不同的属性，需要用不同的数据类型描述。例如，一家公司的员工信息包括工号、姓名、性别、年龄、部门、工资等。这些属性间都是有联系的，因为它们属于同一名员工，如表 9-1 所示。

表 9-1　员工信息表

职 工 级 别	基 本 属 性	数 据 类 型
员　　工	工号	整型
	姓名	字符串
	性别	字符串
	年龄	整型
	部门	字符串
	工资	浮点型

为了能够表示同一个对象的多种属性，C++语言提供了一种构造数据类型——结构体。利用结构体能够将不同类型的数据组合在一起，来描述上述具有不同属性的对象，从而解决实际问题。

9.1.2 结构体类型的定义

结构体属于一种构造类型，由若干成员组成，其中的成员可以为基本数据类型，也可以是另一个构造类型。使用结构体前，首先需要对结构体进行定义。定义结构体的语法格式如下：

```
struct 结构体类型名
{
    成员类型 成员名1;
    成员类型 成员名2;
    ...
    成员类型 成员名n;
};
```

其主要参数说明如下。

（1）struct 是定义结构体类型时必须使用的关键字，不能省略。

（2）结构体类型名是对这个结构体的命名，称为结构体名（新的数据类型名）。它可以由用户自行定义，也可以采用默认形式，这样得到的就是无名结构体。

（3）大括号为结构体成员列表限定符，表示位于其中的皆为所定义结构体的成员。结构体中的每个成员必须分别进行定义。

（4）成员名可以与其他已经定义的变量名相同，并且两个结构体中的成员名也可以相同。因为它们属于不同的结构体，相互之间不存在冲突。

（5）大括号后的分号表示结构体定义的结束，不能省略。

（6）结构体类型的位置既可以在函数的内部，也可以在函数的外部。在函数内部定义的结构体类型，只能在函数内部使用；在函数外部定义的结构体类型，其有效范围是从定义处开始的，直到源文件结束。

例如，定义一个与学生相关的结构体，其中包括学号、姓名、性别、年龄、成绩、等级等一系列属性，如表 9-2 所示。

表 9-2 学生信息表（一）

学　号	姓　名	性　别	年　龄	成　绩	等　级
19230102	天青	男	19	92.5	A

以上信息显示结构体类型中每个成员属于基本类型中的一种，它们中间的某些成员还可以是结构体类型。例如，学生信息表中的一个成员"成绩"中可以包含 C++语言成绩、高等数学成绩、英语成绩等，这 3 个量可以放在一个单独的结构体中。例如：

```
struct score
{
    float c++;
    float math;
    float english
}
```

那么学生信息表的结构就会发生改变，如表 9-3 所示。

根据表 9-3 所示的学生信息，可以构建如下的结构体类型。

表 9-3 学生信息表（二）

学　号	姓　名	性　别	年　龄	成　绩	等　级
19230102	天青	男	19	92.5	A
				98	
				89	

```
struct student
{
    char num[11];
    char name[20];
    char sex[4];
    int age;
    struct score score1;
    char grade;
};
```

以上程序段说明 student 是一个结构体类型名，其中包含 6 个成员。它与基本数据类型具有同样的地位和作用。都可以用来定义变量。需要注意的是，结构体类型需要用户根据实际情况自行指定。

☆大牛提醒☆

在定义结构体时，大括号外面要添加 “;”，这不同于一般的语句块。

9.1.3 结构体变量的定义

结构体类型定义好后，就可以像 C++语言中提供的基本数据类型一样使用它。用它定义的变量、数组称为结构体变量或结构体数组，系统会为该变量或数组分配相应的存储空间。

结构体变量的声明有两种方式。

（1）先声明类型再声明变量。一般语法格式如下：

```
struct 结构体名
{
    数据类型 成员 1;
    数据类型 成员 2;
    ...
    数据类型 成员 3;
};
struct 结构体名 变量名 1,变量名 2, ...,变量名 n;
```

例如：

```
struct student              /*定义 student 结构体类型*/
{
    char no[8];
    char name[8];
    float english;
    float math;
};
struct  student s1,s2;       /*将变量 s1 和变量 s2 定义为 student 结构体类型*/
```

以上程序段中 student 为结构体名，s1、s2 为结构体变量名。

（2）在声明类型的同时声明变量。一般语法格式如下：

```
struct 结构体名
{
     数据类型 成员1;
     数据类型 成员2;
     …
     数据类型 成员3;
}变量名表;
```

例如:

```
struct student              /*定义 student 结构体类型*/
{
     char no[8];
     char name[8];
     float english;
     float math;
}s1;                        /*将 s1 定义为 student 结构体类型*/
```

☆**大牛提醒**☆

这种格式与第一种格式相比较，特别要注意最后一个分号的正确位置。

一旦定义了结构体变量，系统会为每个变量分配相应的内存。内存的大小由声明的结构体决定，这也是结构体的大小。结构体所占内存字节数的多少，不仅与所定义的结构体类型有关，还与计算机的系统有关。通常，可以通过前面所学的 sizeof() 运算符测出结构体在内存中所占的字节数。

☆**大牛提醒**☆

结构体类型和结构体类型变量是不同的概念。其中，结构体类型是一种数据类型，系统不为其分配存储空间；结构体类型变量才是实在的变量，系统为其分配存储空间，并可以对其进行赋值、存取或运算等操作。

9.1.4　结构体变量的初始化

与初始化数组的操作相似，结构体变量的初始化是在定义结构体变量的同时，对结构体的成员进行逐一赋值操作。其语法格式如下:

```
struct 结构体名
{
     数据类型 成员1;
     数据类型 成员2;
     …
     数据类型 成员n;
}变量名1={初值1,初值2, …,初值n},变量2,变量3,…,变量n;
```

其中，每个变量的初始化使用大括号括起来，相互之间使用逗号进行分隔。例如:

```
struct student
{
     char name[20];
     char sex;
     int age;
} stu1={"li", 'f',20 },stu2,stu3;
```

以上代码段表示在定义结构体的同时对变量 stu1 的成员进行初始化，即该学生姓名为"li"、性别为"f"、年龄为20。

☆**大牛提醒**☆

在赋值的过程中，要特别注意字符和字符串的区别，这是初学者容易出错的地方。

9.1.5 结构体变量成员的引用

引用结构体变量成员通常是在声明结构体变量后，使用成员运算符"."来引用。其语法格式如下：

```
结构体变量名.成员名
```

其中"."属于高级运算符，用于将结构体变量名与其成员进行连接。例如：

```
stu1.name="lili";
stu2.sex='f';
```

以上代码表示对结构体变量 stu1 的成员 name 和结构体变量 stu2 的成员 sex 进行赋值操作。

【**实例 9.1**】编写程序，定义一个结构体类型，使用该结构体类型定义两个结构体变量，然后使用初始化的方式为其成员赋值，最后输出两个结构体变量的成员（源代码\ch9\9.1.txt）。

```cpp
#include <string>
#include <iostream>
using namespace std ;
struct Students
{
    char name[50];
    char sex[10];
    int  age;
};
int main()
{
    struct Students Stu1;        /* 声明 Stu1，类型为 Students */
    struct Students Stu2;        /* 声明 Stu2，类型为 Students */
    /* Stu1 详述 */
    strcpy_s(Stu1.name, sizeof(Stu1.name),"李雪");
    strcpy_s(Stu1.sex, sizeof(Stu1.sex), "女");
    Stu1.age =19;
    /* Stu2 详述 */
    strcpy_s(Stu2.name, sizeof(Stu2.name), "张艳");
    strcpy_s(Stu2.sex, sizeof(Stu2.sex), "女");
    Stu2.age =20;
    /* 输出 Stu1 信息 */
    cout<<"Stu 1 name : "<<Stu1.name<<endl;
    cout<<"Stu 1 sex : "<<Stu1.sex<<endl;
    cout<<"Stu 1 age: "<<Stu1.age<<endl;
    /* 输出 Stu2 信息 */
    cout<<"Stu 2 name: "<<Stu2.name<<endl;
    cout<<"Stu 2 sex : "<<Stu2.sex<<endl;
    cout<<"Stu 2 age : "<<Stu2.age<<endl;
    return 0;
}
```

程序运行结果如图 9-1 所示。在本实例中，首先定义一个结构体类型 Students，然后定义并初始化结构体变量 Stu1 和结构体变量 Stu2，接着在函数 main()中输出 Stu1 和 Stu2 成员的值。

```
■ Microsoft Visual Studio 调试控制台
Stu 1 name : 李雪
Stu 1 sex : 女
Stu 1 age: 19
Stu 2 name: 张艳
Stu 2 sex : 女
Stu 2 age : 20
```

图 9-1 例 9.1 的程序运行结果

☆**大牛提醒**☆

在引用结构体变量的每个成员并赋值时，其中为字符数组赋值需要使用字符串复制函数 strcpy_s()。

9.2　结构体数组

微视频

一个结构体变量只能存储一个对象的相关信息。如果需要存储多个对象的信息，那么就要用到结构体数组了。

9.2.1　结构体数组的定义

定义结构体数组与定义结构体变量的方法相似，也有两种方法，只需将结构体变量换成结构体数组即可。下面介绍这两种定义结构体数组的方法。

（1）先定义结构体类型，再用结构体类型名定义结构体数组。定义结构体数组的语法格式如下：

```
struct 结构体名 数组名[数组长度];
```

例如：

```
struct student
{
    char name[20];
    char sex;
    int age;
    char sid[10];
    float score;
};
struct student stu[10];
```

以上代码段表示定义一个有关学生信息的结构体数组，其中包含 10 名学生的基本信息。

（2）定义结构体类型名的同时定义结构体数组。

例如：

```
struct student
{
    char name[20];
    char sex;
    int age;
    char sid[10];
    float score;
}stu[10];
```

以上结构体数组定义完成后，系统就会为其分配内存空间。以结构体数组 stu[10]为例，其在内存中的存放示意图如图 9-2 所示。

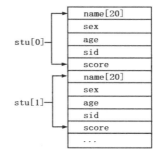

图 9-2　结构体数组 stu[10]在内存中的存放示意图

9.2.2　结构体数组的初始化

与其他类型的数组一样，对结构体数组可以进行初始化。初始化结构体数组的语法格式如下：

```
struct 结构体名
{
    数据类型 成员1;
    数据类型 成员2;
    …
    数据类型 成员n;
}数组名={初值列表};
```

例如：

```
struct student
{
    char name[20];
    char sex;
    int age;
    char sid[10];
    float score;
}stu[3]={{"zhangsan",'m',21,"2020011001",90},
{"lisi",'f',22,"2020011002",91},
{"wangwu",'m',21,"2020011003",95}};
```

以上代码段表示定义长度为 3 的结构体数组 stu，并对该结构体数组进行初始化；每个元素为结构体类型，分别使用大括号括起来，每个元素之间使用逗号分隔。与数组的初始化相同，结构体数组初始化也可以不必指定数组长度，C++编译器会自动计算出其元素的个数。所以上述结构体数组的初始化可以写为以下形式：

```
stu[]={{…},{…},{…}};
```

对结构体数组进行初始化操作时，也可以先定义结构体，再进行结构体数组的初始化。例如：

```
struct student
{
    char name[20];
    char sex;
    int age;
    char sid[10];
    float score;
};
…
struct student stu[3]={{"zhangsan",'m',21,"2020011001",90},
{"lisi",'f',22,"2020011002",91},
{"wangwu",'m',21,"2020011003",95}};
```

9.2.3　结构体数组的引用

一个结构体数组元素相当于一个结构体变量，引用结构体变量的规则同样适用于结构体数组元素。对结构体数组中元素成员的访问可以通过数组元素的下标来实现，其语法格式如下。

结构体数组名[数组下标].结构体成员名

其中，数组下标的取值范围与普通数组的下标取值范围相同。若 n 为数组长度，则取值范围为 $0\sim n-1$。

【实例9.2】编写程序，定义一个结构体数组并初始化，然后输出该结构体数组的元素（源代码\ch9\9.2.txt）。

```
#include <cstring>
#include <iostream>
using namespace std;
/* 定义结构体 */
struct student
{
    char name[20];
    char sex;
    int age;
    char sid[10];
    float score;
};
int main()
{
    /* 定义结构体数组并初始化 */
    struct student stu[3] = { {"zhao",'m',21,"202001101",90},
    {"lisi",'f',22,"202001102",91},
    {"wang",'m',21,"202001103",95} };
    int i;
    cout << "姓名 " << " 性别 " << " 年龄 " << "   学号   " << " 成绩 " << endl;
    for (i=0;i<3;i++)
    {
        cout<<stu[i].name<< "  " << stu[i].sex << "   " << stu[i].age << "  " << stu[i].
sid << "  " << stu[i].score <<endl;
    }
    return 0;
}
```

程序运行结果如图 9-3 所示。在本实例中，首先定义了结构体类型 student，接着在函数 main()中定义一个长度为 3 的结构体数组 stu，并对该数组进行初始化操作，最后通过 for 循环对结构体数组中的元素进行引用，输出每个元素中成员的值。

图 9-3　例 9.2 的程序运行结果

9.3　结构体与函数

结构体数据类型在 C++语言中可以作为函数参数传递，也可以直接使用结构体变量作为函数参数。

9.3.1　结构体变量作为函数参数

在 C++语言中，可以使用结构体变量以"值传递"的方式将结构体变量所占内存单元的全部内容按顺序、逐个传递给形参，而且改变函数体内变量成员的值不会对主调函数中的变量造成影响。

【实例 9.3】编写程序，定义一个结构体类型 student，然后在函数 main()中对结构体变量 stu 赋值，最后输出结果（源代码\ch9\9.3.txt）。

```
#include <cstring>
```

```
#include <iostream>
using namespace std;
/* 定义结构体类型 */
struct student
{
    char name[20];
    char sex;
    int age;
    char sid[10];
    float score;
};
/* 声明函数 */
void f(struct student stu);
int main()
{
    /* 定义结构体变量并初始化 */
    struct student stu={"zhao",'m',21,"202001101",90};
    /* 调用函数 */
    f(stu);
    return 0;
}
/* 定义函数 */
void f(struct student stu)
{
    cout<<"学生信息: "<<endl;
    cout<<"姓名: "<<stu.name<<endl;
    cout<<"性别: "<<stu.sex<<endl;
    cout<<"年龄: "<<stu.age<<endl;
    cout<<"学号: "<<stu.sid<<endl;
    cout<<"成绩: "<<stu.score<<endl;
}
```

程序运行结果如图 9-4 所示。

```
▓ Microsoft Visual Studio 调试控制台
学生信息：
姓名：zhao
性别：m
年龄：21
学号：202001101
成绩：90
```

图 9-4 例 9.3 的程序运行结果

☆大牛提醒☆

使用结构体变量作为函数参数传递时，调用函数会为形参也开辟内存空间，所以开销比较大。

9.3.2 结构体变量的成员作为函数参数

结构体变量的成员作函数参数与普通变量作实参一样，应遵循实参向形参单向值传递的原则，且应当注意实参和形参的类型要一致。

【实例 9.4】编写程序，查找出学号为 202001 的学生信息，并将年龄输出（源代码\ch9\9.4.txt）。

```
#include <cstring>
#include <iostream>
using namespace std;
#define N 3
void print(int age)
{
    cout << "年龄:" << age << endl;
}
```

```
int main()
{
    struct student
    {
        char num[20];
        char name[20];
        char sex[10];
        int age;
    }stu[N] = { { "202001","张阳","男",19},{ "202002","李佳","女",19},{ "202003",
"王旭","男",19} };
    int i;
    for (i = 0;i < N; i++)
        if(strcmp(stu[i].num, "202001") == 0)
            print(stu[i].age);
}
```

程序运行结果如图 9-5 所示。

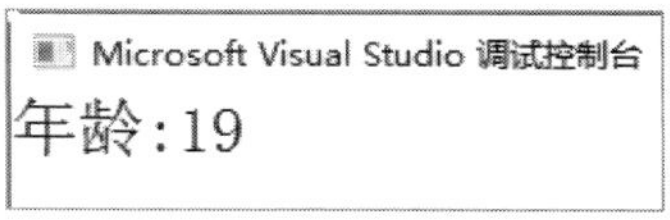

▣ Microsoft Visual Studio 调试控制台
年龄:19

图 9-5 例 9.4 的程序运行结果

9.3.3 结构体变量作为函数返回值

结构体变量也可以作为函数的返回值。在定义函数时，需要说明返回值的类型为相应的结构体类型即可。

【实例 9.5】编写程序，给出圆的半径，计算圆的周长和面积，要求在自定义函数中用结构体变量返回多个值（源代码\ch9\9.5.txt）。

```
#include <iostream>
using namespace std;
#define PI 3.14
/* 定义结构体类型 */
struct Round
{
    double l;
    double s;
};
/* 声明函数 */
struct Round f(double r);
int main()
{
    double r;
    /* 定义结构体变量 */
    struct Round round;
    cout<<"请输入圆的半径: "<<endl;
    cin>>r;
    /* 调用函数 */
    round=f(r);
    cout<<"圆的周长为:  "<<round.l<<endl;
    cout<<"圆的面积为:  "<<round.s<<endl;
    return 0;
}
/* 定义函数 */
struct Round f(double r)
{
```

```
/* 定义结构体变量 */
struct Round rou;
rou.l=2*PI*r;
rou.s=PI*r*r;
return rou;
}
```

程序运行结果如图 9-6 所示。在本实例中，首先定义结构体类型 Round，并声明函数 f(double r)，该函数类型为结构体类型，实现对圆的周长及面积求解，并返回一个结构体类型的变量 rou。

■ Microsoft Visual Studio 调试控制台
请输入圆的半径：
10
圆的周长为：　62.8
圆的面积为：　314

图 9-6　例 9.5 的程序运行结果

9.4　结构体与指针

微视频

指针变量可以指向基本类型的变量及数组在内存的起始地址，也可以指向结构体类型的变量及数组。

9.4.1　指向结构体变量的指针

在使用结构体变量的指针前，首先要对结构体指针变量进行定义。其定义语法格式如下：

```
struct 结构体名 *指针变量;
```

例如：

```
struct student *p;
```

以上语句表示定义一个指向 student 结构体类型的指针变量 p。

使用结构体变量的指针对结构体中的成员进行访问可以使用以下两种方式。

1. 通过 "." 运算符访问

使用 "." 运算符可以对结构体成员进行访问，其语法格式如下：

```
(*指针变量).结构体成员
```

例如：

```
(*p).name= "lili";
```

以上语句表示访问结构体成员 name，并对该成员进行赋值操作。

☆大牛提醒☆

由于 "." 运算符的优先级最高，所以必须要在*p 的外面使用括号。

【实例 9.6】编写程序，定义一个指向结构体变量的指针，使用该指针及 "." 运算符对结构体成员进行访问（源代码\ch9\9.6.txt）。

```
#include <iostream>
using namespace std;
/* 定义结构体类型 */
struct student
{
    char name[20];
    char sex;
    int age;
```

```
        char sid[10];
        float score;
};
int main()
{
        /* 定义结构体变量并初始化 */
        struct student stu={"李雪",'f',21,"202001",90};
        /* 定义结构体类型指针 */
        struct student *p;
        /* 将结构体变量首地址赋予指针 */
        p=&stu;
        /* 通过结构体变量指针访问成员 */
        cout<<"姓名："<<(*p).name<<endl;
        cout<<"性别："<< (*p).sex<<endl;
        cout<<"年龄："<< (*p).age<<endl;
        cout<<"学号："<< (*p).sid<<endl;
        cout<<"成绩："<< (*p).score<<endl;
        return 0;
}
```

程序运行结果如图 9-7 所示。

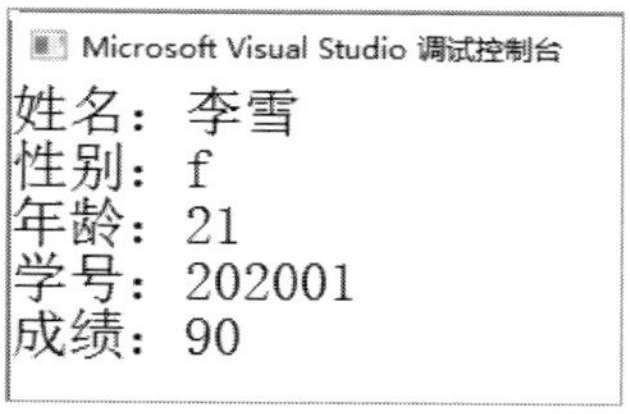

注意：在使用结构体指针对结构体变量成员进行访问前，首先要对结构体指针变量进行初始化，也就是将结构体变量的首地址赋予该指针变量。

2. 通过 "–>" 运算符访问

使用 "–>" 运算符对结构体成员进行访问，其语法格式如下：

```
指针变量–>结构体成员
```

例如：

```
p->name= "lili";
```

以上语句表示访问结构体成员 name，并对该成员进行赋值操作。

【实例9.7】编写程序，定义一个指向结构体变量的指针，使用该指针及 "–>" 运算符对结构体成员进行访问（源代码\ch9\9.7.txt）。

```
#include <iostream>
using namespace std;
/* 定义结构体类型 */
struct student
{
        char name[20];
        char sex;
        int age;
        char sid[10];
        float score;
};
int main()
{
        /* 定义结构体变量并初始化 */
        struct student stu={"李雪",'f',21,"202001",90};
        /* 定义结构体类型指针 */
```

图 9-7　例 9.6 的程序运行结果

（图中内容）

Microsoft Visual Studio 调试控制台

姓名：李雪
性别：f
年龄：21
学号：202001
成绩：90

```
        struct student *p;
        /* 将结构体变量首地址赋予指针 */
        p=&stu;
        /* 通过结构体变量指针访问成员 */
        cout<<"姓名: "<<p->name<<endl;
        cout<<"性别: "<<p->sex<<endl;
        cout<<"年龄: "<<p->age<<endl;
        cout<<"学号: "<<p->sid<<endl;
        cout<<"成绩: "<<p->score<<endl;
        return 0;
}
```

程序运行结果如图 9-8 所示。

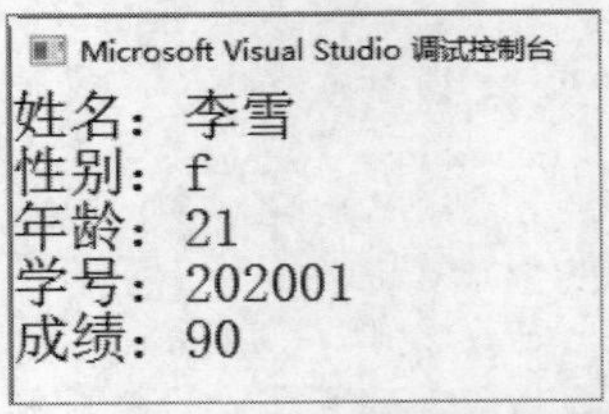

图 9-8　例 9.7 的程序运行结果

9.4.2　指向结构体数组的指针

结构体指针既然可以指向一个结构体变量，那么同样也可以指向一个结构体数组。指向结构体数组的指针变量表示的是该结构体数组元素的首地址。例如：

```
/* 定义结构体数组 */
struct student stu[3];
/* 定义结构体指针 */
struct student *p;
/* 将结构体数组首地址赋予指针 */
p=stu;
```

由于数组名可以直接表示数组中第一个元素的地址，因此，若是将结构体数组首地址赋予一个结构体指针可以直接写为"指针变量=结构体数组名"。

☆大牛提醒☆

若想要结构体指针指向该数组的下一元素，可对结构体指针进行加 1 运算，此时该结构体指针变量地址值的增量为该结构体类型的字节数。

【实例 9.8】编写程序，定义一个指向结构体数组的指针，通过该指针访问结构体数组元素（源代码\ch9\9.8.txt）。

```cpp
#include <iostream>
using namespace std;
/* 定义结构体类型 */
struct student
{
    char name[20];
    char sex;
    int age;
    char sid[10];
    float score;
};
int main()
{
    /* 定义结构体数组并初始化 */
    struct student stu[3]={{"张力",'m',21,"202001",90},
    {"李雪",'f',22,"202002",91},
    {"王旭",'m',21,"202003",95}};
    /* 定义结构体指针 */
```

```
        struct student *p;
        int i;
        /* 将结构体数组首地址赋予结构体指针 */
        p=stu;
        printf("姓名\t 性别\t 年龄\t 学号\t 成绩\n");
        for(i=0;i<3;i++,p++)
        {
            printf("%s\t%c\t%d\t%s\t%.2f\t\n", (*p).name,p->sex,p->age,p->sid,p->score);
        }
        return 0;
}
```

程序运行结果如图 9-9 所示。

9.4.3　结构体指针作为函数参数

姓名	性别	年龄	学号	成绩
张力	m	21	202001	90.00
李雪	f	22	202002	91.00
王旭	m	21	202003	95.00

图 9-9　例 9.8 的程序运行结果

使用指向结构体变量的指针作为函数参数传递时不会将整个结构体变量的内容进行传递，而只是将该结构体变量的首地址传递给形参，这样就避免了过大的内存开销。

☆大牛提醒☆

将指向结构体变量的指针作为函数参数传递属于地址传递，若是改变函数体内成员的内容，那么主调函数中该成员内容也会发生改变。

【实例 9.9】编写程序，定义一个指向结构体变量的指针，并将该变量作为函数的参数进行传递，从而计算三角形的面积，最后输出面积（源代码\ch9\9.9.txt）。

```
#include <cmath>
#include <iostream>
using namespace std;
/* 定义结构体类型 */
struct triangle
{
    float a;
    float b;
    float c;
};
/*自定义函数，利用结构体指针作参数，求三角形的面积*/
float area(struct triangle *p)
{
    float l, s;
    l = (p->a + p->b + p->c)/2;                    /*计算三角形的半周长*/
    s = sqrt(l*(l - p->a)*(l - p->b)*(l - p->c));  /*计算三角形的面积公式*/
    return s;
}
/*程序入口*/
int main()
{
    float s;
    struct triangle side;
    cout << "输入三角形的 3 条边长: " << endl;       /*提示信息*/
    /*从键盘输入三角形的 3 条边长*/
    cin >> side.a >> side.b >> side.c;
    s = area(&side);                               /*调用自定义函数 area 求三角形的面积*/
```

```
        cout << "面积是: " << s << endl;
    }
```

程序运行结果如图 9-10 所示。在本实例中，自定义函
数的形参用的是结构体类型的指针变量，然后在函数调用
时，在主调函数中通过语句 s=area(&side)把结构体变量 side
的地址值传递给形参 p，由指针变量 p 操作结构体变量 side
中的成员，在自定义函数中计算出三角形的面积，最后返
回主调函数中输出面积。

```
Microsoft Visual Studio 调试控制台
输入三角形的3条边长：
10  12  14
面积是： 58.7878
```

图 9-10 例 9.9 的程序运行结果

9.5 共用体数据类型

微视频

为了使多个不同类型的变量在不同时间共享使用同一内存空间进行数据存储，C++语言提
供了共用体数据类型。所谓共用体数据类型，是指将不同的数据项组织为一个整体。它和结构
体有些类似，但共用体在内存中占用首地址相同的一段存储单元。

9.5.1 共用体类型的声明

使用共用体类型处理数据的好处是，既可以节省内存空间，也可以实现根据具体需求在不
同时间段存储不同数据类型及长度的成员。共用体的关键字是 union，中文意思为"联合"，所
以共用体也称为联合体。

共用体类型声明的一般格式如下：

```
union  共用体类型名
{
    成员类型  共用体成员名 1;
    成员类型  共用体成员名 2;
    ...
    成员类型  共用体成员名 n;
};
```

例如：

```
union test
{
    int a;
    char b;
    float c;
};
```

其中，union 为共用体类型的标志，test 为共用体标识名，"共用体标识名"和"共用体成员名"
都是由用户定义的标识符；共用体中的成员可以是简单变量，也可以是数组、指针、结构体和
共用体等。

9.5.2 共用体变量的定义

在完成共用体类型的声明后，就可以通过该类型来定义共用体变量了。定义共用体变量与
定义结构体变量十分相似，也有 3 种语法格式。

（1）先定义共用体类型，再声明共用体变量。语法格式如下：

```
union 共用体名
{
    数据类型 成员1;
    数据类型 成员2;
    …
    数据类型 成员n;
};
union 共用体名 变量1,变量2, …,变量n;
```

例如：

```
union test
{
    int a;
    char b;
    float c;
};
union test t1,t2,t3;
```

（2）定义共用体类型的同时声明共用体变量。语法格式如下：

```
union 共用体名
{
    数据类型 成员1;
    数据类型 成员2;
    …
    数据类型 成员n;
}变量1,变量2, …,变量n;
```

例如：

```
union test
{
    int a;
    char b;
    float c;
}t1,t2,t3;
```

☆大牛提醒☆

此方法适合在定义局部使用的共用体变量时使用，如在函数内部进行定义。

（3）直接声明共用体变量。语法格式如下：

```
union
{
    数据类型 成员1;
    数据类型 成员2;
    …
    数据类型 成员n;
}变量1,变量2, …,变量n;
```

例如：

```
union
{
```

```
    int a;
    char b;
    float c;
}t1,t2,t3;
```

使用此方法定义共用体变量不需要给出共用体名，该共同体属于匿名共用体。此方法适用于临时定义局部共用体变量。

☆**大牛提醒**☆

① 在一个共用体类型的变量定义完成后，系统会按照该共用体类型成员中占用的最大内存单元为其分配存储空间。

② 同结构体类型一样，共用体类型也可以进行嵌套定义，即共用体中成员为另一个共用体变量。

③ 共用体与结构体可以进行相互嵌套。

9.5.3 共用体变量的初始化

共用体变量在定义的同时只能用第一个成员的类型值进行初始化。因此，以上定义的变量t1和t2，在定义的同时只能赋予整型值。例如，以下语句对test共用体的一个变量t1进行初始化。

```
union test
{
    int a;
    char b;
    float c;
}t1={10};
```

若写为：

```
union test
{
    int a;
    char b;
    float c;
}t1={10, 'a'};
```

则会出现错误，因为在同一时间只能存放一个成员的值。

☆**大牛提醒**☆

在对共用体变量初始化时，尽管只能给第一个成员赋值，但必须使用大括号括起来。

9.5.4 共用体变量的引用

引用共用体变量的方法与引用结构体变量相似，可以使用运算符"."及"->"来进行访问。一般使用以下语法格式。

共用体变量名.成员名　　　　或　　　　共用体变量名->成员名

例如：

```
union test
{
    int a;
    char b;
    float c;
```

```
};
union test t1;
*p=&t1;
/* 引用共用体成员 */
t1.a=10;
(*p).b= 'a';
p->c=2.5;
```

【实例 9.10】编写程序，定义一个共用体类型变量，并对其成员进行赋值，然后输出赋值
结果（源代码\ch9\9.10.txt）。

```
#include <cstring>
#include <iostream>
using namespace std;
/* 定义共用体类型 */
union test
{
    int i;
    float f;
    char str[20];
};
int main()
{
    /* 定义共用体变量 */
    union test t;
    /* 引用共用体变量成员 */
    t.i = 10;
    cout<<"t.i: "<<t.i<<endl;
    t.f = 2.5;
    cout<<"t.f: "<<t.f<<endl;
    strcpy_s(t.str,sizeof(t.str), "Apple");
    cout<<"t.str: "<<t.str<<endl;
    return 0;
}
```

程序运行结果如图 9-11 所示。在本实例中，首先定
义共用体类型 test，接着在函数 main()中定义共用体变量
t，然后通过共用体变量 t 对该共用体成员进行访问并赋
值，分别输出每次赋值后的结果。

```
■ Microsoft Visual Studio 调试控制台
t.i: 10
t.f: 2.5
t.str: Apple
```

图 9-11　例 9.10 的程序运行结果

9.6　枚举数据类型

微视频

如果一个变量只可能取某几种值（即数据范围有限），并且需要用标识符作为其数值时，
则可以将它定义为枚举类型。

9.6.1　枚举类型的定义

所谓枚举，就是将变量所能取的值都一一列举出来。列举的所有数值组成了一个数据类型，
即枚举类型。枚举类型是由若干个标识符常量组成的有序集合。其语法格式如下：

```
enum 枚举类型名
{
```

```
        枚举数据列表
};
```

其中 enum 为关键字，用于表示枚举类型；枚举数据列表中的数据值必须为整数，枚举中的数据之间使用逗号分隔，末尾不需要添加"；"。例如：

```
enum Day
{
    MON=MON, TUE, WED, THU, FRI, SAT, SUN
};
```

☆**大牛提醒**☆

枚举元素为常量，若是定义时没有指明数值，则从 0 开始，后续元素分别加 1；若是指明其中一个的数值，则后续元素分别加 1。

9.6.2　枚举类型变量的定义

枚举类型作为一种数据类型，在定义完成后，就可以进行枚举变量的定义了。定义枚举类型变量有 3 种语法格式。

（1）先定义枚举类型，再定义枚举变量。

例如：

```
enum Day
{
    MON=1, TUE, WED, THU, FRI, SAT, SUN
};
enum Day today;
enum Day tomorrow;
```

（2）定义枚举类型的同时定义枚举变量。

例如：

```
enum Day
{
    saturday,
    sunday = 0,
    monday,
    tuesday,
    wednesday,
    thursday,
    friday
}day;
```

其中 day 为枚举 enum Day 类型的变量。

（3）使用 typedef 关键字将枚举类型定义为别名，通过别名定义枚举变量。

例如：

```
typedef enum Day
{
    saturday,
    sunday = 0,
    monday,
    tuesday,
    wednesday,
```

```
        thursday,
        friday
} Day;  /* 这里的 Day 为枚举型 enum Day 的别名 */
Day today;
```

注意：在同一个程序中不允许定义同名的枚举类型，不同的枚举类型中也不允许定义同名的枚举成员。

【**实例 9.11**】编写程序，定义一个枚举类型 body，根据需要为 Sum、Tom、Jack、li 四人排轮流值班表，假设本月有 31 天，第一天均由 Jack 来值班（源代码\ch9\9.11.txt）。

```cpp
#include <cstring>
#include <iostream>
using namespace std;
int main()
{
        enum body
        { Sum,Tom,Jack,li
        }month[31],j;
        int i;
        j=Jack;
        for(i=1;i<=30;i++)
        { month[i]=j;
          j=(enum body)(j+1);        /*必须使用强制类型转换*/
          if(j>li) j=Sum;
}
for(i=1;i<=30;i++)
{
        switch(month[i])
            { case Sum:printf(" %2d %6s\t",i,"Sum"); break;
              case Tom:printf(" %2d %6s\t",i,"Tom"); break;
              case Jack:printf(" %2d %6s\t",i,"Jack"); break;
              case li:printf(" %2d %6s\t",i,"li"); break;
              default:break;
            }
        }
        printf("\n");
}
```

程序运行结果如图 9-12 所示。本实例采用枚举类型来描述每天的值班人员情况，每一天都可能是这 4 个人值班，但是第一天由 Jack 来值班，其余每日则分别由枚举的值依次排开。

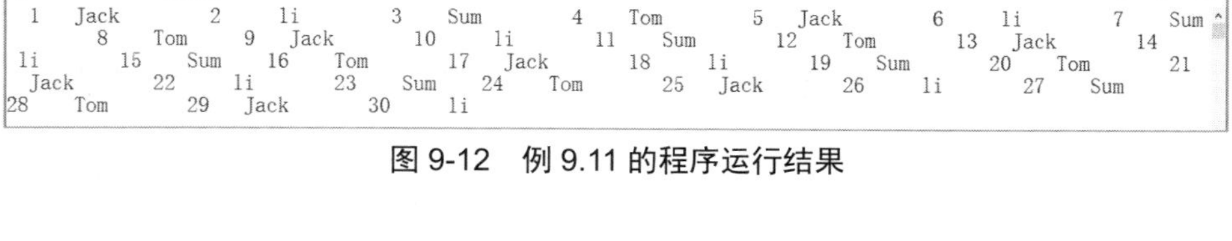

图 9-12　例 9.11 的程序运行结果

9.7　新手疑难问题解答

问题 1：当定义一个结构体变量时，系统是如何分配空间的？

解答：可以把结构体理解为一个特殊的数组，把任意类型的数据放在一起。每种类型的数据都是真实存在于内存中的。为了存储这些数据，必须为每种类型都分配内存空间。而一个结构体的内存空间就为它包含的所有成员的内存之和。

问题 2：结构体、共用体和枚举类型的基本特点及区别？

解答：共用体是一种多变量共享存储空间的构造类型，它允许几种不同的变量共用同一存储空间。共用体和结构体的区别如下。

（1）结构体每一位成员都用来表示一种具体事物的属性，共用体成员可以表示多种属性（同一存储空间可以存储不同类型的数据）。

（2）结构体总空间大小等于各成员总长度，共用体空间等于最大成员占据的空间。

（3）共用体不能赋初值。

枚举类型是指变量的值可以全部列出，定义一个枚举变量后，变量的值确定在定义中。它与结构体、共用体的区别在于，枚举元素是常量，只能在定义时赋值。

实战训练

9.8　实战训练

实战 1：使用结构体数组实现投票功能。

编写程序，定义一个结构体数组，假设有 3 个候选人：Sum、Tom 和 Jack，有 6 人参与投票，计算投票结果并输出。程序运行结果如图 9-13 所示。

实战 2：根据输入的成绩，对学生进行排序，并求出平均成绩。

编写程序，定义一个学生信息结构体，其中包含学生的学号及成绩，在函数 main()中实现对学生成绩的排序，然后将排序结果和平均成绩输出。程序运行结果如图 9-14 所示。

```
Microsoft Visual Studio 调试控制台
进行投票，输入候选人名字：
Sum
Tom
Jack
Jack
Sum
Sum

投票结果为:
Sum 的票数是:3
Tom 的票数是:1
Jack 的票数是:2
```
图 9-13　实战 1 程序运行结果

```
Microsoft Visual Studio 调试控制台
请录入第 1 个学生学号以及成绩:
101 89
请录入第 2 个学生学号以及成绩:
102 98
请录入第 3 个学生学号以及成绩:
103 84
请录入第 4 个学生学号以及成绩:
104 78
请录入第 5 个学生学号以及成绩:
105 92
按成绩排序后结果为:
学号      成绩
102       98
105       92
101       89
103       84
104       78
平均成绩为: 88
```
图 9-14　实战 2 程序运行结果

实战 3：给出 5 种颜色，取出 3 种颜色进行组合，计算组合的个数。

编写程序，已知口袋中有红、黄、蓝、白、黑 5 种颜色的棋子若干个，每次从口袋中取出 3 个不同颜色的棋子，求可得到多少种不同的取法，将其结果输出并输出每种组合的 3 种颜色。程序运行结果如图 9-15 所示。

实战 4：输入的书籍信息，最后打印出来。

编写程序，定义一个书籍结构体，根据提示输入书籍名称、作者及价格，最后将输入的书籍打印出来。程序运行结果如图 9-16 所示。

```
Microsoft Visual Studio 调试控制台
51  black     red       white
52  black     yellow    red
53  black     yellow    blue
54  black     yellow    white
55  black     blue      red
56  black     blue      yellow
57  black     blue      white
58  black     white     red
59  black     white     yellow
60  black     white     blue

total:   60
```

图 9-15　实战 3 程序运行结果

```
Microsoft Visual Studio 调试控制台
请输入书名:
按下 [enter] 键结束输入。
《C语言程序设计》
请输入作者:
王力
请输入价格:
36.9
输入下一本书。
《C语言案例讲解》
请输入作者:
李尚
请输入价格:
45.2
输入下一本书。

书的列表:
《C语言程序设计》 - 王力:¥36.90
《C语言案例讲解》 - 李尚:¥45.20
```

图 9-16　实战 4 程序运行结果

第10章

C++中的类和对象

⏱ **本章内容提要**

在 C++语言中，类和对象都是面向对象的基本元素。类是对象的实现，也是构成 C++实现面向对象程序设计的核心和基础，通常被称为用户定义的类型。用类定义的对象可以是现实生活中的真实对象，也可以是从现实生活中抽象的对象。本章介绍 C++语言中类和对象的应用。

10.1　C++类

微视频

面向对象中的对象需要通过定义类来声明。对象是一种形象的说法，在编写代码过程中则是通过定义一个类来实现。

10.1.1　类的概述与定义

C++中的类不同于汉语中的类、分类、类型，它是一个特殊的概念，可以是对统一类型事物进行抽象处理，也可以是一个层次结构中的不同层次节点。例如，我们可以将客观世界看成一个 Object 类；动物则是客观世界中的一小部分，可以定义为 Animal 类；小狗是动物世界中的哺乳动物，可以定义为 Dog 类；小猫也是一种动物，可以定义为 Cat 类。类的层次关系如图 10-1 所示。

图 10-1　类的层次关系

简言之，类是创建对象的模板，一个类可以创建多个相同的对象；对象是类的实例，是按照类的规则创建的。

类定义是以关键字 class 开头，后跟类的名称；类的主体是包含在一对大括号中。类定义后必须跟着一个分号或一个声明列表。类的定义语法格式如下：

```
class 类名标识符
{
    [public:]
        [数据成员的声明]
        [成员函数的声明]
    [private:]
        [数据成员的声明]
```

```
        [成员函数的声明]
    [protected:]
        [数据成员的声明]
        [成员函数的声明]
};
```

其主要参数说明如下。

（1）class 为定义类结构体的关键字，大括号内的部分被称为类体或类空间。

（2）类名标识符指定的是类名。类名就是一个新的数据类型，通过它可以声明对象。

（3）类的成员有函数和数据两种类型。

（4）大括号内是定义和声明类成员的地方，关键字 public、private 和 protected 是类成员访问的修饰符。

类中数据成员的类型可以是整型、浮点型、字符型、数组、指针和引用等，也可以是对象。另一个类的对象可以作为该类的成员，但是自身类的对象不可以作为该类的成员，而自身类的指针或引用可以作为该类的成员。

例如，定义一个商品信息类，实现代码如下：

```
class Goods                          /*对商品进行描述*/
{
  public:
    /*数据成员*/
    char Name[30];                   /*商品名称*/
    int Amount;                      /*商品数量*/
    double Price;                    /*商品单价*/
    /*成员函数*/
    char *getName();                 /*声明成员函数*/
    int setName(char Name[30]);      /*声明成员函数*/
    int getAmount();                 /*声明成员函数*/
    int setAmount(int Amount)        /*声明成员函数*/
    double getPrice();               /*声明成员函数*/
    int setPrice(double Price)       /*声明成员函数*/
};
```

关键字 public 确定了类成员的访问属性。在类对象作用域内，公共成员在类的外部是可访问的。用户也可以指定类的成员为 private 或 protected，这个我们稍后会进行讲解。

10.1.2　类的实现方法

类的实现方法，也被称为类成员函数。如果要使用类成员函数，就需要对类成员函数进行定义的操作。类成员函数是类的一个成员，它可以操作类的任意对象，还可以访问对象中的所有成员。下面来了解如何定义类中的方法。

第一种方法：将类成员函数都定义在类体内。例如：

```
class Goods
{
    public:
        int Amount;                  /*商品数量*/
        float Price;                 /*商品单价*/
        double Total_Price();        /*返回商品总价*/
        {
```

```
        return Amount*Price;
    }
};
```

注意：在类定义中定义的成员函数把函数声明为内联的，即便没有使用 inline 标识符。

第二种方法：将类体内成员函数的实现放在类体外，但如果类成员被定义在类体外，需要用到域运算符"::"。放在类体内和类体外的效果是一样的。例如：

```
class Goods
{
    public:
        int Amount;                 /*商品数量*/
        float Price;                /*商品单价*/
        double Total_Price();       /*返回商品总价*/
};
double Goods::Total_Price()         /*使用运算符::定义总价函数*/
{
    return Amount*Price;
}
```

☆**大牛提醒**☆

在使用 "::" 运算符以前必须使用类名；调用成员函数时在对象上使用点运算符"."，这样就能操作与该对象相关的数据。

关于类的实现还有以下两点需要说明。

（1）类的数据成员需要初始化，成员函数还要添加实现代码。类的数据成员不可以在类的声明中初始化。例如：

```
class Student
{
    /*数据成员*/
        int ID=10011;               /*错误写法，不应该在类中初始化*/
        int age=18;                 /*错误写法，不应该在类中初始化*/
        float score=98.5f;          /*错误写法，不应该在类中初始化*/
};
```

正确的数据成员初始化方式如下：

```
class Student
{
    public:
        int ID;
        int age;
        float score;
};
int main()
{
    Student stu;
    Student *pStu = &stu;
    pStu->ID = 10011;               /*正确数据成员初始化方法*/
    pStu->age = 18;                 /*正确数据成员初始化方法*/
    pStu->score = 98.5f;            /*正确数据成员初始化方法*/
    return 0;
}
```

（2）空类是 C++中最简单的类。其声明语法格式如下：

```
class 类名标识符{  };
```

空类的主要作用是占位，需要时再定义类成员及成员函数。

10.1.3　类对象的声明

定义一个新类后，就可以通过类名来声明对象了。类对象的声明语法格式如下：

```
类名 对象名表
```

其中，类名为定义好的类标识符；对象名表中包含一个或多个对象的名称，如果声明的是多个对象就用逗号分隔。

（1）声明一个对象，代码如下：

```
Goods myPen;
```

（2）声明多个对象，代码如下：

```
Goods myPen,myBook,MyRule;
```

注意：在声明对象时，class 关键字可要可不要。习惯上，我们通常会省略 class 关键字。例如：

```
class Goods myPen;            /*合法*/
Goods myPen;                  /*同样合法*/
```

（3）除了创建单个对象，还可以创建对象数组，代码如下：

```
Goods myPen[100];
```

以上语句创建了一个数组 myPen，它拥有 100 个元素，每个元素都是 Goods 类型的对象。

10.1.4　类对象的引用

声明完类对象后，就可以引用类对象了。对于类对象的公共数据成员，可以直接使用成员访问运算符"."来访问。

【**实例 10.1**】编写程序，定义一个关于商品的类，并在函数 main()中对类对象进行访问（源代码\ch10\ 10.1.txt）。

```
#include <iostream>
using namespace std;
class Goods                    /*对商品进行描述*/
{
    public:
        int Amount;            /*商品数量*/
        float Price;           /*商品单价*/
};
int main()
{
    Goods myPen;               /*声明 myPen, 类型为 Goods*/
    Goods myBook;              /*声明 myBook, 类型为 Goods*/
    double Total_Price = 0;    /*商品总价*/
    /*商品 myPen 的数量和单价*/
    myPen.Amount = 10;
    myPen.Price = 12;
```

```
    /*商品 myBook 的数量和单价*/
    myBook.Amount = 15;
    myBook.Price = 15;
    /*商品 myPen 的总价*/
    Total_Price = myPen.Price * myPen.Amount;
    cout << " myPen 的总价: " << Total_Price << "元" << endl;
    /*商品 myBook 的总价*/
    Total_Price = myBook.Price * myBook.Amount;
    cout << " myBook 的总价: " << Total_Price << "元" << endl;
    return 0;
}
```

程序运行结果如图 10-2 所示。在本实例中，定义了一个关于商品的类 Goods，其中包括商品的数量（Amount）和单价（Price），接着在函数 main()中声明 myPen 和 myBook 两个类对象，并定义一个变量 Total_Price 表示总价，然后引用这两个类对象的数量及单价并赋值，最后通过公式"总价=单价×数量"计算出这两件商品的总价并输出结果。

图 10-2　例 10.1 的程序运行结果

对于对象的引用，我们可以使用两种方法：一种是成员引用方式，另一种是对象指针方式。

1. 成员引用方式

（1）成员变量引用的语法格式如下：

```
对象名.成员名
```

其中"."是一个运算符，该运算符的功能是表示对象的成员。例如：

```
Goods myPen;
myPen.Price
```

（2）成员函数引用的语法格式如下：

```
对象名.成员名(参数表)
```

这种方法与访问结构体成员类似。

【实例 10.2】编写程序，定义一个关于商品的类 Goods，其中包含该类的成员函数，然后引用该类对象的成员函数进行计算，并在函数 main()中输出计算结果（源代码\ch10\10.2.txt）。

```
#include <iostream>
using namespace std;
class Goods
{
    public:
        int Amount;                     /*商品数量*/
        float Price;                    /*商品单价*/
        double Total_Price();           /*声明总价的成员函数*/
        void G_Amount(int value1);      /*声明商品数量的成员函数*/
        void G_Price(double value2);    /*声明商品单价的成员函数*/
};
/*定义成员函数*/
double Goods::Total_Price()
{
    return Amount * Price;
}
void Goods::G_Amount(int value1)
```

```
{
    Amount = value1;
}
void Goods::G_Price(double value2)
{
    Price = value2;
}
/*程序的主函数*/
int main()
{
    Goods myPen;                      /*创建对象 myPen*/
    Goods myPencil;                   /*创建对象 myPencil*/
    double t = 0;
    myPen.G_Amount(10);
    myPen.G_Price(1.5);
    myPencil.G_Amount(15);
    myPencil.G_Price(0.5);
    t = myPen.Total_Price();
    cout << "myPen 的总价: " << t << "元" << endl;
    t = myPencil.Total_Price();
    cout << "myPencil 的总价: " << t << "元" << endl;
    return 0;
}
```

程序运行结果如图 10-3 所示。在本实例中定义了一个关于商品的类 Goods，该类有 5 个数据成员——两个成员变量 Amount 和 Price 及 3 个成员函数 G_Amount(int value1)、G_Price(double value2)和 Total_Price()，然后在函数 main()中引用该类的成员函数计算出类对象 myPen 和 myPencil 的总价并输出结果。

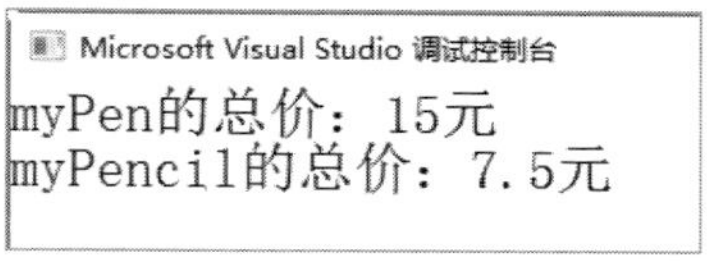

图 10-3　例 10.2 的程序运行结果

2. 对象指针方式

在对象声明时的对象名表中，除了可以是用逗号分隔的多个普通对象名外，还可以是对象名数组、对象名指针和引用形式的对象名。

声明一个对象指针，代码如下：

```
Goods *myPen
```

但要想使用对象的成员，需要使用"->"运算符来实现引用。与"."运算符的含义相同，"->"运算符用来表示对象指针所指的成员，对象指针就是指向对象的指针。例如：

```
Goods *myPen
myPen->Price
```

下面介绍利用对象指针方式引用对象成员的语法格式。

（1）对象数据成员引用的语法格式如下：

```
对象指针名->数据成员
```

与

```
(*对象指针名).数据成员
```

这两种引用格式是等价的。例如：

```
Goods *myPen
```

```
myPen->Price           /*对类中的成员进行引用*/
(*myPen). Price        /*对类中的成员进行引用*/
```

（2）成员函数引用的语法格式如下：

```
对象指针名->数据成员(参数表)
```

与

```
(*对象指针名).数据成员(参数表)
```

这两种引用格式也是等价的。

【实例 10.3】编写程序，定义一个关于学生的类，其中包含学生的学号、年龄和成绩信息，然后使用"->"运算符对成员进行引用，并输出引用结果（源代码\ch10\10.3.txt）。

```cpp
#include <iostream>
using namespace std;
class Student
{
    public:
        int ID;
        int age;
        float score;
        void say()
        {
            cout << "学号: " << ID << "\n年龄: " << age << "\n成绩: " << score << endl;
        }
};
int main()
{
    Student stu;
    Student *pStu = &stu;
    pStu->ID = 10011;
    pStu->age = 18;
    pStu->score = 98.5f;
    pStu->say();
    return 0;
}
```

程序运行结果如图 10-4 所示。在本实例中，定义了一个类 Student，该类有 4 个公共成员，然后在主函数中创建一个类对象 stu，并使用"->"运算符对该对象的成员进行引用，实现输出学生、年龄和成绩。

```
▦ Microsoft Visual Studio 调试控制台
学号：10011
年龄：18
成绩：98.5
```

图 10-4　例 10.3 的程序运行结果

☆大牛提醒☆

创建完对象后，系统就会在栈上分配内存。此时需要使用"&"运算符才能获取它的地址，进而才能访问对象的具体数据信息。

微视频

10.2　类访问修饰符

数据封装是面向对象编程的一个重要特征，用以防止函数直接访问类的内部成员。类成员的访问限制是通过在类主体内部对各个区域标记 public、private、protected 来指定的。在 C++语言中，关键字 public、private、protected 被称为访问修饰符。

10.2.1　公有成员

一个类可以有多个 public、protected 或 private 标记区域，每个标记区域在下一个标记区域开始前或者在遇到类主体结束右括号前都是有效的。其中公有（public）成员在程序中类的外部是可访问的，甚至可以在不使用任何成员函数的情况下来设置和获取公有变量的值。

【实例 10.4】编写程序，定义一个圆类 Circle，在类中声明公有的面积函数和计算面积的成员变量，最后在函数 main()中输出计算结果（源代码\ch10\10.4.txt）。

```cpp
#include <iostream>
using namespace std;
class Circle
{
    public:                      /*设置公有成员*/
        double PI;
        double Radius;
        void set_r(double r);
        double get_area();
};
void Circle::set_r(double r)     /*设置圆的半径*/
{
    Radius = r;
}
double Circle::get_area()
{
    return PI * Radius * Radius;
}
int main()
{
    Circle c;
    double s;
    c.PI = 3.14;
    cout << "使用成员函数设置半径" << endl;
    c.set_r(5);
    s = c.get_area();
    cout <<"圆面积: "<< s << endl;
    cout << "使用成员变量设置半径" << endl;
    c.Radius = 10;                   /*因为 Radius 是公有成员*/
    s = c.get_area();
    cout << "圆面积: " << s << endl;
    return 0;
}
```

程序运行结果如图 10-5 所示。在本实例中，定义了一个关于圆的类 Circle，该类的成员都是公有的，该类包括两个成员变量 PI 与 Radius 及两个成员函数 set_r(double r)与 get_area()；接下来在函数 main()中，先给成员函数传入半径的值，然后调用面积成员函数，输出结果，接着给公有的半径变量直接赋值，再调用面积成员函数，输出结果。

```
■ Microsoft Visual Studio 调试控制台
使用成员函数设置半径
圆面积: 78.5
使用成员变量设置半径
圆面积: 314
```

图 10-5　例 10.4 的程序运行结果

10.2.2 私有成员

成员和类的默认访问修饰符是 private。私有（private）成员变量或函数在类的外部是不可访问的，甚至是不可查看的，只有类和友元函数可以访问私有成员。例如：

```
class Box
{
        int width;
    public:
        int length;
        int heigth;
};
```

在以上代码的 Box 类中，width 是一个私有成员。这意味着，如果没有使用任何访问修饰符，类的成员将为私有成员。

【实例 10.5】编写程序，定义一个类 Box，该类有 3 个 pubilc 成员：length、set_Width()、get_Width()及一个 private 成员变量 width，然后在函数 main()中使用不同的方法调用盒子的宽（width）与长（length）的值并输出（源代码\ch10\10.5.txt）。

```
#include <iostream>
using namespace std;
class Box
{
    public:
        int length;                    /*盒子的长*/
        void set_Width(int wid);
        int get_Width();
    private:
        int width;                     /*width 是私有变量*/
};
int Box::get_Width()
{
    return width;
}
void Box::set_Width(int wid)
{
    width = wid;
}
int main()
{
    Box box;
    cout << "不使用成员函数设置长度\n";
    box.length = 10;                   /*length 是公有的*/
    cout << "盒子的长: " << box.length << endl;
    cout << "使用成员函数设置宽度\n";
    box.set_Width(5.0);                /*使用成员函数设置宽度*/
    cout << "盒子的宽: " << box.get_Width() << endl;
    return 0;
}
```

程序运行结果如图 10-6 所示。本实例中定义了一个 private 成员变量 width，而在访问该变量时只能通过成员函数 set_Width(int wid)进行。

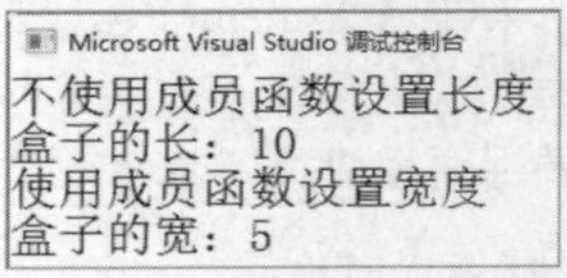

图 10-6 例 10.5 的程序运行结果

10.2.3　保护成员

保护（protected）成员变量或函数与私有成员十分相似，但有一点不同，即保护成员在派生类（即子类）中是可访问的。下面给出一个实例，在这个实例中可以看到我们从父类 Box 派生了一个子类 SmallBox，在这里成员 width 可被派生类 SmallBox 的任何成员函数访问。

【实例 10.6】编写程序，定义一个类 Box，将类成员 width 设置为保护成员，然后定义一个派生类 SmallBox，最后在函数 main()中使用派生类 SmallBox 中的成员函数来访问成员 width，并输出结果（源代码\ch10\10.6.txt）。

```cpp
#include <iostream>
using namespace std;
class Box
{
    protected:
        double width;
};
class SmallBox:Box                      //SmallBox 为派生类
{
    public:
        void setSmallWidth(double wid);
        double getSmallWidth(void);
};
//子类的成员函数
double SmallBox::getSmallWidth(void)
{
    return width;
}
void SmallBox::setSmallWidth(double wid)
{
    width = wid;
}
//程序的主函数
int main()
{
    SmallBox box;
    //使用成员函数设置宽度
    box.setSmallWidth(10.0);
    cout << "盒子的宽度: "<< box.getSmallWidth() << endl;
    return 0;
}
```

程序运行结果如图 10-7 所示。

☆**大牛提醒**☆

private 成员只能被本类成员（类内）和友元函数访问，不能被派生类访问；而 protected 成员可以被派生类访问。

```
■ Microsoft Visual Studio 调试控制台
盒子的宽度: 10

C:\Users\Administrator\source\
若要在调试停止时自动关闭控制台
按任意键关闭此窗口...
```

图 10-7　例 10.6 的程序运行结果

10.3　构造函数

由类得到对象需要构造函数，系统会自动调用相应的构造函数；那么，构造函数的作用是

微视频

什么呢？具体来讲，当创建一个对象时，常常需要做某些初始化的操作，例如对数据成员进行赋值、设置类的属性等，而这些操作都需要在构造函数中完成。

10.3.1 构造函数的定义

如果一个类中所有的成员都是公用的，则可以在定义对象时对数据成员进行初始化。例如：

```
class Date
{
    public:                          /*声明为公有成员*/
        year;
        month;
        day;
};
Date d = { 2018,5,30 };              /*将 d 初始化为 2018/5/30*/
```

这种情况和结构体变量的初始化是差不多的，在一个大括号内顺序列出各公有数据成员的值，两个值之间用逗号分隔。但是，如果数据成员是私有的，或者类中有 private 或 protected 的成员，就不能用这种方法初始化。为了解决这个问题，C++语言中提供了构造函数实现。

构造函数的名称必须与类名同名，而不能由用户任意命名，以便编译系统能识别并把它作为构造函数处理。构造函数不具有任何类型，不返回任何值。其功能是由用户定义的，用户根据初始化的要求设计函数体和函数参数。

☆大牛提醒☆

类的数据成员是不能在声明类时初始化的。

【实例 10.7】编写程序，定义一个类 time，然后在该类中定义一个构造函数，用来给时间赋初值，最后输出时间信息（源代码\ch10\10.7.txt）。

```cpp
#include <iostream>
using namespace std;
class time
{
    public:
        time(int,int,int);           //声明带参数的构造函数
        void show_time();            //声明函数
    private:
        int hour;                    //3个私有成员
        int minuter;
        int sec;
};
time::time(int h,int m,int s)        //定义构造函数
{
    hour=h;
    minuter=m;
    sec=s;
}
void time::show_time()               //定义函数
{
    cout<<hour<<":"<<minuter<<":"<<sec<<endl;
}
void main()
{
```

```
    time t1(13,57,30);            //定义 time 类对象 t1(13,57,30)，有参数
    time t2(17,50,32);
    t1.show_time();               //调用 time 类对象 t1 的 show_time 函数
    t2.show_time();
}
```

　　程序运行结果如图 10-8 所示。在本实例中，首先定
义了一个类 time，该类包括 hour、minute 和 sec 这 3 个私
有成员，然后定义了类 time 的构造函数，该构造函数带
有 3 个参数，分别是 h、m、s，在构造函数中实现分别将
这 3 个参数赋给类 time 的 hour、minute 和 sec；接下来在
函数 main()中定义了两个类 time 的对象，分别是 t1 和 t2，
接着 t1 和 t2 利用显示函数 show_time()将初始化的时间值输出。

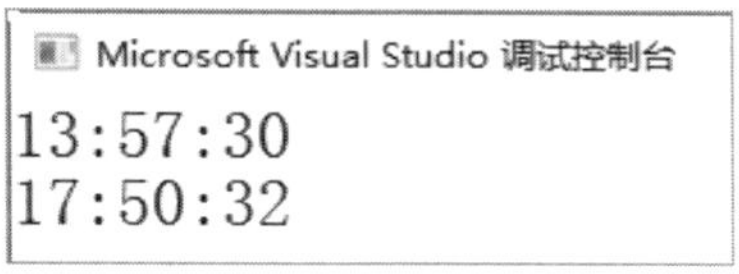

图 10-8　例 10.7 的程序运行结果

　　有关构造函数的使用，有以下几点说明。

　　（1）函数名与类名相同。

　　（2）构造函数无须用户调用，也不能被用户调用。

　　（3）构造函数可以在类中定义，也可以在类外定义。

　　（4）构造函数无函数返回类型说明。注意是没有，而不是 void，即什么也不写，也不可写
void。实际上，构造函数有返回值，返回的就是构造函数所创建的对象。

　　（5）在构造函数的函数体中不仅可以对数据成员赋初值，而且可以包含其他语句。但是一
般不提倡在构造函数中加入与初始化无关的内容，以保持程序的书写清晰。

　　（6）如果类说明中没有给出构造函数，则 C++编译器自动给出一个默认的构造函数。但这
个构造函数的函数体是空的，也没有参数，不执行初始化操作，例如类名"(void) { };"。

10.3.2　带参数的构造函数

　　构造函数可以带参数，也可以不带。如果不带参数，构造函数可以使该类的每一个对象都
得到相同的初始值。如果希望对不同的对象赋予不同的初始值，则需要使用带参数的构造函数。
调用不同对象的构造函数时，将不同的数据传给构造函数，以实现不同的初始化。

　　构造函数声明的语法格式如下：

```
构造函数名(类型 1 形参 1, 类型 2 形参 2, …)
```

　　注意：用户是不能调用构造函数的，所以无法采用常规调用函数的方法给出实参。实参是
在创建对象时给出的。

　　创建对象的语法格式如下：

```
类名 对象名(实参 1, 实参 2, …);
```

　　【实例 10.8】编写程序，定义一个类 Goods，该类中有两种商品，分别是大米和面粉，已知
各自的重量和单价，求出它们各自的总价并输出，这里类中用带参数的构造函数（源代码\ch10\
10.8.txt）。

```
#include <iostream>
using namespace std;
class Goods                  /*商品*/
{
    public:
```

```
        Goods(double, double);          /*声明类的构造函数*/
        double Total_Price();           /*声明计算总价的成员函数*/
    private:
        double Weight;                  /*重量*/
        double Price;                   /*单价*/
};
Goods::Goods(double w, double p)        /*在类外定义带参数的构造函数*/
{
    Weight = w;
    Price = p;
}
double Goods::Total_Price()             /*定义计算总价的成员函数*/
{
    return Weight * Price;
}
int main()
{
    Goods rice(85.5, 4.3);              //创建对象rice，并指定大米重量和单价的值
    cout << "大米总价: " << rice.Total_Price() << "元" << endl;
    Goods wheat(157.2, 5.6);            //创建对象wheat，并指定面粉重量和单价的值
    cout << "面粉总价: " << wheat.Total_Price() << "元" << endl;
    return 0;
}
```

程序运行结果如图 10-9 所示。本实例中带参数构造函数中的形参所对应的实参在定义对象时给定，用这种方法可以方便地实现对不同的对象进行不同的初始化。

■ Microsoft Visual Studio 调试控制台

大米总价：367.65元
面粉总价：880.32元

图 10-9　例 10.8 的程序运行结果

10.3.3　使用参数初始化表

使用参数初始化表可以实现与在构造函数的函数体中对成员变量一一赋值一样的效果。

【实例 10.9】编写程序，定义一个类 Student，在定义构造函数时采用参数初始化表，最后输出学生信息（源代码\ch10\10.9.txt）。

```
#include <iostream>
using namespace std;
class Student
{
    private:
        int s_ID;
        int s_age;
        int s_height;
    public:
        Student(int ID, int age, int height);
        void show();
};
/*采用参数初始化表*/
Student::Student(int ID, int age, int height) :s_ID(ID), s_age(age), s_height(height) { }
void Student::show()
{
    cout << "学号: " << s_ID << "\n年龄: " << s_age << "\n身高: " << s_height << endl;
}
int main()
```

```
{
    Student stu(10010, 18, 173);
    stu.show();
    Student *pstu = new Student(10011, 19, 169);
    pstu->show();
    return 0;
}
```

程序运行结果如图 10-10 所示。在本实例中，定义构造函数时并没有在函数体中对成员变量一一赋值，其函数体为空，而是在函数首部与函数体之间添加了一个冒号":"，后面紧跟"s_ID(ID),s_age(age), s_height(height)"语句，这就是参数初始化表。该语句相当于在函数体内部添加 "s_ID=ID; s_age = age, s_height = height;"语句，也是赋值的意思。

参数初始化表既可以用于全部成员变量赋值，也可以只用于部分成员变量赋值。例如，对 s_ID 使用参数初始化表赋值，对其他成员变量还是使用在函数体中一一赋值的方法。代码如下：

```
┌─────────────────────────────────┐
│■ Microsoft Visual Studio 调试控制台│
├─────────────────────────────────┤
│学号： 10010                       │
│年龄： 18                          │
│身高： 173                         │
│学号： 10011                       │
│年龄： 19                          │
│身高： 169                         │
└─────────────────────────────────┘
```

图 10-10　例 10.9 的程序运行结果

```
Student::Student(int ID, int age, int height) :s_ID(ID)
{
    s_age = age;
    s_height = height;
}
```

☆**大牛提醒**☆

参数初始化的顺序与参数初始化表列出变量的顺序无关，它只与成员变量在类中声明的顺序有关。

10.3.4　构造函数的重载

一个类可以有多个构造函数，这些构造函数有着不同的参数个数或者不同的参数类型，这些构造函数称为重载构造函数。这样就可以使用不同的参数个数和参数类型对不同的对象进行初始化，实现了类定义的多元性。

【实例 10.10】编写程序，定义一个类 Circle，在其中声明一个带参数的构造函数和一个不带参数的构造函数，并且在定义构造函数时实现了构造函数的重载，最后输出两种构造函数求得的圆面积（源代码\ch10\10.10.txt）。

```
#include <iostream>
using namespace std;
class  Circle
{
    public:
        Circle();                              /*声明一个无参数的构造函数*/
        /*声明一个有参数的构造函数，用参数初始化表对数据成员进行初始化*/
        Circle(float pi, float r) :PI(pi), Radius(r) { }      /*构造函数重载*/
        float area();
    private:
        float PI;
        float Radius;
};
```

```
Circle:: Circle()                   /*定义一个无参数的构造函数*/
{
    PI = 3.14;
    Radius = 5;
}
float Circle::area()
{
    return PI*Radius*Radius;
}
int main()
{
    Circle c1;                      /*创建对象c1，不指定实参*/
    cout << "圆 c1 的面积是: " << c1.area() << endl;
    Circle c2(3.14, 10);            /*创建对象c2，指定两个实参*/
    cout << "圆 c2 的面积是: " << c2.area() << endl;
    return 0;
}
```

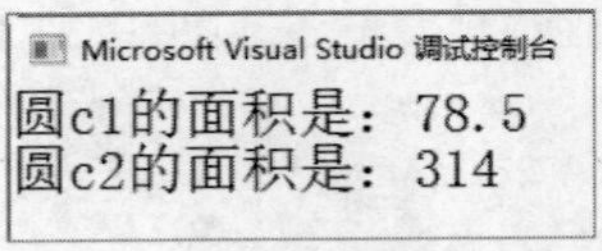

程序运行结果如图 10-11 所示。在本实例中，定义了一个类 Circle，该类中定义了两个构造函数，一个是不带参数的构造函数 Circle()，为该函数对应的变量赋初始值，即 PI 为 3.14，Radius 为 5。另一个是带参数的构造函数 Circle(float pi, float r)，将实参分别赋给该函数对应的变量，即 PI 为 3.14，Radius 为 10，最后通过面积计算函数 area() 分别计算出面积并输出。

关于构造函数重载，有以下几点说明。

（1）尽管在一个类中可以包含多个构造函数，但是对于每一个对象来说，创建对象时只执行其中一个构造函数，并非每个构造函数都被执行。

（2）调用构造函数时不必给出实参的构造函数，称为默认构造函数。显然，无参数的构造函数属于默认构造函数，一个类只能有一个默认构造函数。

圆c1的面积是：78.5
圆c2的面积是：314

图 10-11　例 10.10 的程序运行结果

10.3.5　构造函数的默认参数

构造函数中参数的值既可以通过实参传递，也可以指定为某些默认值。即如果用户不指定实参值，编译系统就使形参取默认值，这一点和普通函数一样。

【实例 10.11】编写程序，定义一个类 Box，在类中声明构造函数时指定默认的参数，然后通过访问数据，分析默认参数是如何变化的并输出结果（源代码\ch10\10.11.txt）。

```
#include <iostream>
using namespace std;
class Box
{
    public:
        Box(int h=5, int w=5, int len=5); /*在声明构造函数时指定默认参数*/
        int volume();
    private:
        int height;
        int width;
        int length;
};
```

```
Box::Box(int h, int w, int len)          /*在定义函数时可以不指定默认参数*/
{
    height = h;
    width = w;
    length = len;
}
int Box::volume()
{
    return (height*width*length);
}
int main()
{
    cout << "没有给实参" << endl;
    Box box1;
    cout << "盒子box1的体积: " << box1.volume() << endl;
    cout << "只给定1个实参" << endl;
    Box box2(5);
    cout << "盒子box2的体积: " << box2.volume() << endl;
    cout << "只给定2个实参" << endl;
    Box box3(10, 15);
    cout << "盒子box3的体积: " << box3.volume() << endl;
    cout << "只给定3个实参" << endl;
    Box box4(5, 10, 15);
    cout << "盒子box4的体积: " << box4.volume() << endl;
    return 0;
}
```

程序运行结果如图 10-12 所示。在本实例中，声明了一个构造函数 Box(int h=5, int w=5, int len=5)，该函数定义了 3 个参数 h、w 和 len，并赋值为 5，如此一来，这 3 个形参就被设置成为默认参数，然后在函数 main()中创建对象时，若没有传递实参给形参 h、w、len，则该参数会被默认设置为 5。

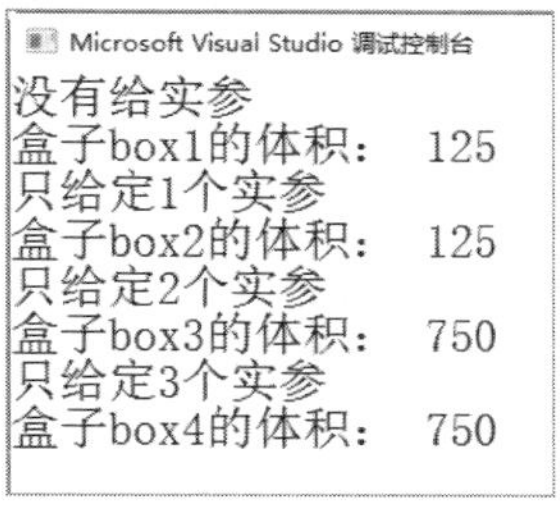

通过上述实例可以发现，在构造函数中使用默认参数是方便而有效的。它提供了创建对象时的多种选择机会，其作用相当于好几个重载的构造函数。

图 10-12 例 10.11 的程序运行结果

使用构造函数默认参数的好处:即使在调用构造函数时没有提供实参值，不仅不会出错，还能确保按照默认的参数值对对象进行初始化。

关于构造函数默认值，有以下几点说明。

（1）应该在声明构造函数时指定默认值，而不能只在定义构造函数时指定默认值。

（2）在声明构造函数时，形参名可以省略。

（3）如果构造函数的全部参数都指定了默认值，则在定义对象时可以给出一个或几个实参，也可以不给出实参。

（4）在一个类中定义全部是默认参数的构造函数后，不能再定义重载构造函数。

10.3.6 复制构造函数

复制构造函数，顾名思义，就是指用一个已有的对象快速地复制出多个完全相同的对象。复制构造函数唯一的形参必须是引用。当以复制的方式初始化一个对象时，就会调用复制构造函数。复制构造函数的语法格式如下：

```
class 类名
{
    public:
        构造函数名(形参参数);                    /*构造函数的声明/原型*/
        复制构造函数名(const 类名 &对象名);      /*复制构造函数的声明/原型*/
        ...
};
类名::复制构造函数( const 类名 &对象名)        /*复制构造函数的实现/定义*/
{
    函数体
}
```

例如：

```
Box(const Box &b);
```

复制构造函数也能有其他参数，但这些参数必须赋有默认值。例如：

```
Box(const Box &b, p=10);
```

复制构造函数也是一种构造函数，在对象的引用形式上一般要加关键字 const 声明，以免在调用此函数时因不慎而使对象值被修改。复制构造函数的作用就是将实参对象的各成员值一一赋给新的对象中对应的成员。

【实例 10.12】编写程序，定义一个类 Box，在该类中定义一个复制构造函数，然后输出类 Box 中各个盒子的长、宽、高的值，并输出所计算盒子的体积（源代码\ch10\10.12.txt）。

```cpp
#include <iostream>
using namespace std;
class Box
{
    public:
        Box(int h=10, int w=10, int len=10);
        Box(const Box &b);                      /*声明复制构造函数*/
        int volume();
    private:
        int height;
        int width;
        int length;
};
Box::Box(int h, int w, int len)
{
    height = h;
    width = w;
    length = len;
}
int Box::volume()
{
    cout << "height=" << height << endl;
    cout << "width=" << width << endl;
    cout << "length=" << length << endl;
    return height*width*length;
}
Box::Box(const Box &b)                          /*定义复制构造函数*/
{
```

```
        height = b.height;                          /*对对象的成员——赋值*/
        width = b.width;
        length = b.length;
}
int main()
{
        cout << "盒子box1的数据: " << endl;
        Box box1(12, 13, 14);
        cout <<" volume="<<box1.volume() << endl;
        cout << "盒子box2的数据: " << endl;
        Box box2 = box1;
        cout <<" volume="<< box2.volume() << endl;
        cout << "盒子box3的数据: " << endl;
        Box box3 = box2;
        cout <<" volume="<< box3.volume() << endl;
        return 0;
}
```

程序运行结果如图 10-13 所示。在本实例中，定义了一个带参数构造函数和一个复制构造函数，在主函数 main() 中先用带参数的构造函数声明对象 box1，然后通过复制构造函数声明对象 box2 和 box3，因为 box1 已经是完成初始化的类对象，所以可以将其实参作为复制构造函数的参数值。通过输出结果可以看出，这 3 个对象是相同的。

盒子box1的数据:
height=12
width=13
length=14
volume=2184
盒子box2的数据:
height=12
width=13
length=14
volume=2184
盒子box3的数据:
height=12
width=13
length=14
volume=2184

图 10-13　例 10.12 的程序运行结果

10.4　析构函数

在 C++语言中，还支持析构函数。与构造函数的功能相反，析构函数的功能是用来释放一个对象。在对象删除前，可以用它来做一些清理工作。

10.4.1　认识析构函数

在创建一个类对象时，首先需要调用构造函数对该对象进行初始化。当该对象的生命周期结束时，则需要调用析构函数来释放构造函数申请的内存空间。可见，析构函数和构造函数相互呼应，分别负责完成内存空间的申请和释放。

那么，在什么情况下才需要释放对象呢？

（1）使用运算符 new 分配的对象被删除。

（2）一个具有块作用域的本地对象超出其作用域。

（3）临时对象的生命周期结束。

（4）程序结束运行。

（5）使用完全限定名显示调用对象的析构函数。

在定义析构函数时，需要注意以下几个方面。

（1）析构函数不能带有参数。

（2）析构函数不能有任何返回值。

（3）在析构函数中不能使用 return 语句。

（4）析构函数不能定义为 const、volatile 或 static。

（5）析构函数不能被重载。

（6）一个类可以有多个构造函数，但只能有一个析构函数。

10.4.2 析构函数的调用

析构函数的名称与类的名称相同，只是在类名前面需加一个"～"符号作为前缀。例如：

```
~Box();
```

在程序中如果用户没有定义析构函数，编译器会自动生成一个默认的析构函数来释放构造函数所占的内存空间。注意，析构函数不会删除对象。

【实例 10.13】编写程序，定义一个类 Box，该类包含构造函数和析构函数等，执行相应的操作，最后输出结果（源代码\ch10\ 10.13.txt）。

```cpp
#include <string>
#include <iostream>
using namespace std;
class Box                                          /*声明类 Box*/
{
    public:
        Box(int len, int w, int h, string c)      /*定义构造函数*/
        {
            length = len;
            width = w;
            height = h;
            colour = c;
            cout << "调用构造函数:" << endl;        /*输出有关信息*/
        }
        ~Box()                                     /*定义析构函数*/
        {
            cout << "调用析构函数: " << colour << endl;  /*输出有关信息*/
        }
        void show()                                /*定义成员函数*/
        {
            cout << "箱子颜色 colour:" << colour << endl;
            cout << "length= " << length << endl;
            cout << "width= " << width << endl;
            cout << "height= " << height << endl << endl;
        }
    private:
        int length;
        int width;
        int height;
        string colour;
};
int main()
{
    Box b1(15, 16, 20,"蓝色");                     /*创建对象 b1*/
    b1.show();                                     /*输出箱子 1 的数据*/
    Box b2(20, 25, 15,"红色");                     /*创建对象 b2*/
    b2.show();                                     /*输出箱子 2 的数据*/
    return 0;
}
```

程序运行结果如图 10-14 所示。在本实例中，定义了一个关于箱子的类 Box，该类分别定义了构造函数、析构函数和成员函数 show()，在主函数 main()中创建对象并调用成员函数 show()后，开始执行析构函数，最后输出相关信息。

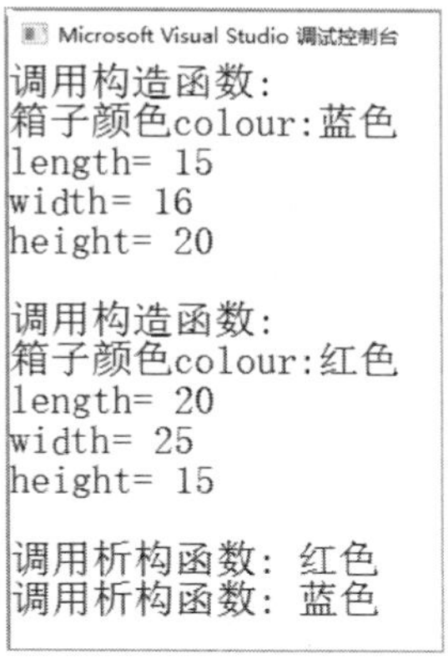

```
Microsoft Visual Studio 调试控制台
调用构造函数：
箱子颜色colour:蓝色
length= 15
width= 16
height= 20

调用构造函数：
箱子颜色colour:红色
length= 20
width= 25
height= 15

调用析构函数：红色
调用析构函数：蓝色
```

图 10-14　例 10.13 的程序运行结果

10.5　C++类成员

类的三大特点中包括"封装性"，封装在类中的数据可以设置成对外可见或不可见。通过类访问修饰符就可以设置类中数据成员对外是否可见，也就是说，限制其他类是否可以访问该数据成员。

10.5.1　内联成员函数

在 C++语言中，内联成员函数通常与类一起使用。如果想把一个函数定义为内联函数，则需要在函数名前面放置关键字 inline。如果已定义的函数多于一行，则编译器会忽略 inline 限定符。

☆**大牛提醒**☆

对于成员函数来说，如果其定义是在类体中，即使没有使用 inline 关键字，该成员函数也被认为是内联成员函数。

【**实例 10.14**】编写程序，使用内联函数来返回两个数中的最大值（源代码\ch10\10.14.txt）。

```cpp
#include <iostream>
using namespace std;
inline int Max(int x, int y)
{
    return (x > y)? x : y;
}
//程序的主函数
int main()
{
    cout << "Max (200,150): " << Max(200,150) << endl;
    cout << "Max (0,20): " << Max(0,20) << endl;
    cout << "Max (10,11): " << Max(10,11) << endl;
    return 0;
}
```

程序运行结果如图 10-15 所示。在本实例中，定义了一个关于最大值的内联函数 Max(int x, int y)，该函数实现了两个数的比较，并输出较大的数值。

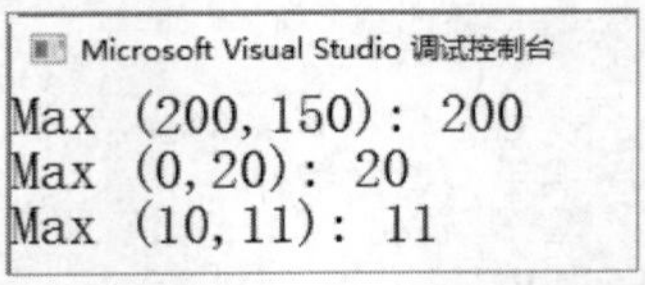

```
Microsoft Visual Studio 调试控制台
Max (200,150): 200
Max (0,20): 20
Max (10,11): 11
```

图 10-15　例 10.14 的程序运行结果

在使用内联函数时，需要注意以下几个方面。

（1）在内联函数内不允许使用循环语句和开关语句。

（2）内联函数的定义必须出现在内联函数第一次调用前。

10.5.2　静态类成员

在 C++语言中，使用 static 关键字可以把类成员定义为静态。根据对象的不同，可以将静态类成员分为静态数据成员和静态成员函数。

1. 静态数据成员

静态成员在类的所有对象中是共享的。如果不存在其他的初始化语句，那么在创建第一个对象时，所有的静态数据都会被初始化为 0。静态数据成员是一种特殊的数据成员，以关键字 static 开头。

关于静态数据成员，有以下几点说明。

（1）静态数据成员不属于某一个对象，在为对象分配的内存空间中不包括静态数据成员所占的空间。

（2）静态数据成员不随对象的创建而分配内存空间，也不随对象的撤销而释放。静态数据成员是在程序编译时被分配内存空间的，到程序结束时才释放内存空间。

（3）静态数据成员可以初始化，但只能在类主体外进行初始化。其一般初始化语法格式如下：

```
数据类型    类名::静态数据成员名=初值;
```

例如：

```
int Box::length=5;    /*表示对类 Box 中的数据成员初始化*/
```

☆大牛提醒☆

不能用参数对静态数据成员初始化。例如，在类 Box 中，以下这样定义构造函数是错误的。

```
Box(int h,int w,int len):length (len){ }    /*错误*/
```

（4）静态数据成员既可以通过对象名引用，也可以通过类名来引用。

（5）静态数据成员的作用域只限于定义该类的作用域内。在此作用域内，可以通过类名和域运算符"::"引用静态数据成员，而不论类对象是否存在。

【实例 10.15】编写程序，定义一个关于箱子的类 Box，将该类中的成员 length 定义为静态数据成员，成员 width、height 保持不变，然后在函数 main()中引用，从而计算出箱子的体积，最后输出所引用静态数据成员和体积的计算结果（源代码\ch10\10.15.txt）。

```
#include <iostream>
using namespace std;
```

```
class Box
{
    public:
        Box(int, int);
        int volume();
        static int length;              /*把 length 定义为共享的静态数据成员*/
        int width;
        int height;
};
Box::Box(int w, int h)                  /*通过构造函数对 width 和 height 赋初值*/
{
    width = w;
    height = h;
}
int Box::volume()
{
    return(height * width * length);
}

    int Box::length = 5;                /*对静态数据成员 length 初始化*/
    int main()
{
    Box box1(19,20);
    Box box2(15,10);
    cout << box1.length << endl;        /*通过对象名 box1 引用静态数据成员*/
    cout << box2.length << endl;        /*通过对象名 box2 引用静态数据成员*/
    cout << Box::length << endl;        /*通过类名引用静态数据成员*/
    cout << box1.volume() << endl;      /*调用 volume 函数，计算体积，输出结果*/
}
```

程序运行结果如图 10-16 所示。本实例中将 length 定义为共享的静态数据成员，所以在类外可以直接引用它。

2. 静态成员函数

如果把成员函数声明为静态，就可以把函数与类的任何特定对象独立开来。静态成员函数即使在类对象不存在的情况下也能被调用，只要采用类名+范围解析运算符"::"的方式就可以被访问。

图 10-16　例 10.15 的程序
运行结果

静态成员函数与普通成员函数的区别在于，静态成员函数没有 this 指针，只能访问静态成员（包括静态成员变量和静态成员函数），而普通成员函数有 this 指针，可以访问类中的任意成员。

【实例 10.16】编写程序，定义一个类 Box，在类 Box 中将成员变量 length、width、height 和 Volume()都定义为静态成员，然后在函数 main()中调用 Volume()，从而计算出箱子的体积并输出结果（源代码\ch10\10.16.txt）。

```
#include <iostream>
using namespace std;
class Box
{
    public:
        static int length ;     /*定义静态成员变量，代表长度*/
        static int width;       /*定义静态成员变量，代表宽度*/
        static int height;      /*定义静态成员变量，代表高度*/
        static int Volume();    /*定义静态成员函数，代表体积*/
```

```
};
/*初始化类 Box 的静态成员*/
int Box::length = 5;
int Box::width = 5;
int Box::height = 5;
int Box::Volume()
{
    return length * width*height;
}
int main(void)
{
    cout <<"静态成员函数 Volume="<< Box::Volume() << endl;
    return 0;
}
```

程序运行结果如图 10-17 所示。在本实例中，首先
将变量 length、width、height 和函数 Volume()都定义为
类 Box 的静态成员，然后初始化上述 3 个变量，最后在
函数 main()中输出函数 Volume()计算出的体积值。

图 10-17　例 10.16 的程序运行结果

10.5.3　常量类成员

在 C++语言中，若既要使数据能在一定范围内共享，又要保证它不被任意修改，这时就需
要使用关键字 const 加以限定。关键字 const 可以用来修饰成员变量、成员函数及对象。

1. 常量数据成员

使用关键字 const 声明的类成员变量，称为常量数据成员。常量数据成员的值是不能改变的，
其作用和用法与一般常变量相似。

☆大牛提醒☆

初始化 const 成员变量的唯一方法就是使用参数初始化表。例如：

```
class Time
{
    public:
        Time(int h, int m, int s);
    private:
        const int hour;
        const int minute;
        const int sec;
};
/*必须使用参数初始化表来初始化 hour、minute 和 sec*/
Time::Time(int h, int m, int s):hour(h),minute(m),sec(s){ }
```

以上代码段中类 Time 包含 3 个成员变量 hour、minute 和 sec，而这 3 个变量都加了关键字
const 进行修饰，因此只能使用参数初始化表的方式赋值。如果写成下面的形式是错误的。

```
Time::Time(int h, int m, int s)
{
    hour = h;        /*不合法*/
    minute = m;      /*不合法*/
    sec = s;         /*不合法*/
}
```

【实例 10.17】编写程序，初始化类的常量数据成员，最后输出数值（源代码\ch10\10.17.txt）。

```cpp
#include <iostream>
using namespace std;
class Time
{
    public:
        Time(int h, int m, int s);
        const int hour;
        const int minute;
        const int sec;
};
Time::Time(int h, int m, int s) :hour(h), minute(m), sec(s){ }
int main()
{
    Time const t1(18, 14, 56);
    cout << t1.hour << "时/" << t1.minute << "分/" << t1.sec << "秒" << endl;
    Time const t2(20,36,25);
    cout << t2.hour << "时/" << t2.minute << "分/" << t2.sec << "秒" << endl;
    return 0;
}
```

程序运行结果如图 10-18 所示。在本实例中，定义了一个类 Time，该类中有 3 个常量数据成员，分别为 hour、minute 和 sec，它们都为 int 型，且前面都被 const 修饰，所以在创建对象时，也需要用 const 进行修饰。

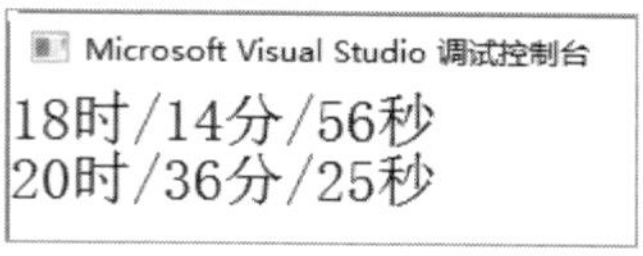

图 10-18　例 10.17 的程序运行结果

2. 常量成员函数

常量成员函数可以使用类中的所有成员变量，但是不能修改它们的值，这主要还是为了保护数据而设置的。在声明和定义常量成员函数时需要在函数的结尾处加上 const 关键字，例如：

```cpp
class Student
{
    public:
        Student(char *name, int age, float score);
        void show();
        /*声明常量成员函数*/
        char *getname() const;
        int getage() const;
        float getscore() const;
    private:
        char *m_name;
        int m_age;
        float m_score;
};
```

可以看到，在 getname()、getage()和 getscore() 3 个成员函数的后面各出现了一个关键字 const，const 指明了这 3 个函数不会修改类 Student 的任何成员变量的值。对于常量成员函数的外部定义，也不能忘记书写 const 限定符。例如，以下 3 个成员函数的定义。

```
char *Student::getname() const
{
    return m_name;
}
int Student::getage() const
{
    return m_age;
}
float Student::getscore() const
{
    return m_score;
}
```

注意：如果在常量成员函数的定义中出现了任何修改对象成员数据的现象，都会在编译时被检查出来。例如：

```
int Student::getage() const
{
    return m_age++;
}
```

3. 常量对象

使用关键字 const 修饰的对象，称为常量对象。如果一个对象被声明为常量对象，就只能调用类的 const 成员。定义常量对象的一般语法格式如下：

```
类名 const 对象名[(实参表列)];
```

例如：

```
Time const t(18,23,56);    /*t为常量对象*/
```

也可以把 const 写在最左面，语法格式如下：

```
const 类名 对象名[(实参表列)];
```

☆**大牛提醒**☆

如果一个对象被声明为常量对象，则不能调用该对象非 const 型的成员函数，除了由系统自动调用的隐式构造函数和析构函数。

10.5.4　隐式/显式的 this 指针

在 C++语言中，每一个成员函数中都包含一个特殊的指针，该指针的名称是固定的，称为 this 指针。它是指向本类对象的指针，其值是当前被调用成员函数所在对象的起始地址。

【实例 10.18】编写程序，定义一个类 Box，判断两个箱子体积的大小，并输出结果（源代码\ch10\ 10.18.txt）。

```
#include <iostream>
using namespace std;
class Box
{
    public:
        Box(int len,int w,int h);        /*声明构造函数*/
        int Volume();                    /*声明成员函数*/
        int compare(Box box)
{
        return this->Volume() > box.Volume();
```

```
}
private:
int length;
int width;
int height;
};
Box::Box(int len, int w, int h)
{
    cout << "调用构造函数" << endl;
    length = len;
    width = w;
    height = h;
}
int Box::Volume()
{
    return (this->length * this->width * this->height);
}
int main()
{
    Box box1(3,8,5);                    /*创建对象box1*/
    cout << "box1 的体积: " << box1.Volume() << endl;
    Box box2(8, 10, 7);                 /*创建对象box2*/
    cout << "box2 的体积: " << box2.Volume() << endl;
    if(box1.compare(box2))
    {
        cout << "box2 < box1" << endl;
    }
    else
    {
        cout << "box2 > box1" << endl;
    }
    return 0;
}
```

```
Microsoft Visual Studio 调试控制台
调用构造函数
box1的体积：120
调用构造函数
box2的体积：560
box2 > box1
```

图 10-19　例 10.18 的程序运行结果

程序运行结果如图 10-19 所示。在本实例中，定义了一个关于箱子的类 Box，在该类中声明了构造函数和成员函数 Volume()，还定义了一个比较函数 compare(Box box)。

this 指针是所有成员函数的隐含参数，它是作为参数被传递给成员函数的。所以在 Box 类的成员函数 Volume()中，以下两种表示方法都是合法的、相互等价的。

```
return (length * width * height);                      //隐式使用 this 指针
return (this->length * this->width * this->height);    //显式使用 this 指针
```

另外，可以用*this 表示被调用的成员函数所在的对象，*this 就是 this 指针所指向的对象，即当前的对象。例如，在成员函数 box1.volume()的函数体中，如果出现*this，它就是指对象box1。所以上面成员函数 Volume()中的 return 语句也可写成：

```
return ((*this).length*(*this).width*(*this).height);
```

☆**大牛提醒**☆

*this 两侧的括号不能省略，不能写成*this.height。由于成员运算符 "." 的优先级别高于指针运算符 "*"，因此，*this.height 就相当于*(this.height)，而 this.height 是不合法的，编译会出错。

微视频

10.6 类对象数组

在 C++语言中，也可以为类对象建立数组，其表示方法和结构与普通数组一样。

10.6.1 类对象数组的调用

类对象数组是指每一个数组元素都为对象的数组。也就是说，若一个类有若干个对象，我们可以把这一系列的对象用一个数组来存放。类对象数组的对应数组元素是对象，不仅包括数据成员，还包括函数成员。

定义一维类对象数组的语法格式如下：

```
类名 数组名[下标表达式];
```

假设一个班级有 10 名学生，每名学生的属性包括姓名、性别、年龄、成绩等，如果为每一名学生建立一个对象，10 名学生需要取 10 个对象名，这样用程序处理时很不方便。这时可以定义一个"学生类"对象数组，每一个数组元素均为一个"学生类"对象。例如：

```
Student stu[10];                //假设已声明了 Student 类，定义 stu 数组有 10 个元素
```

☆大牛提醒☆

在建立类对象数组时，同样要调用构造函数。如果有 10 个元素，需要调用 10 次构造函数。如果构造函数只有 1 个参数，在定义数组时可以直接在等号后面的大括号内提供实参。例如：

```
Student stu[3]={10,20,30};      //合法，3 个实参分别传递给 3 个数组元素的构造函数
```

☆大牛提醒☆

编译系统只为每个对象元素的构造函数传递一个实参，所以在定义数组时提供的实参个数不能超过数组元素个数。例如：

```
Student stu[3]={10,20,30,35};   //不合法，实参个数超过类对象数组元素个数
```

如果构造函数有 3 个参数，分别代表年龄、身高、体重，那在定义类对象数组时应当怎样实现初始化呢？只需要在大括号中分别写出构造函数并指定实参。例如：

```
Student stu[3]=
{ //定义类对象数组
    Student(18,165,50),         //调用第 1 个元素的构造函数，为它提供 3 个实参
    Student(19,180,75),         //调用第 2 个元素的构造函数，为它提供 3 个实参
    Student(18,175,65)          //调用第 3 个元素的构造函数，为它提供 3 个实参
};
```

在建立类对象数组时，分别调用构造函数，对每个元素初始化。每一个元素的实参分别用括号括起来，对应构造函数的一组形参，不会混淆。使用类对象数组时只能访问单个数组元素，其一般语法格式如下：

```
数组名[下标].成员名;
```

【实例 10.19】编写程序，定义一个类对象数组，最后通过调用函数计算出学生的平均成绩并输出（源代码\ch10\10.19.txt）。

```
#include <iostream>
using namespace std;
class Student
```

```
{
    public:
        //声明有默认参数的构造函数，用参数初始化表对数据成员初始化
        Student(double c, double m, double e) : Chinese(c), Math(m), English(e) { }
        double average();
    private:
        double Chinese;
        double Math;
        double English;
};
double Student::average()
{
    return (Chinese + Math + English)/3;
}
int main()
{
    Student a[3] =
    {   //定义类对象数组
        Student(89.5,72,88.9),          //调用构造函数 Student，提供第 1 个元素的实参
        Student(93.5,56.9,73),          //调用构造函数 Student，提供第 2 个元素的实参
        Student(74,82.7,91.4)           //调用构造函数 Student，提供第 3 个元素的实参
    };
    for (int i = 0; i < 3; i++)
    {
        cout << "三年级 a[" << i + 1 << "]班某学生的平均成绩: " << a[i].average() << endl;
    }
    return 0;
}
```

程序运行结果如图 10-20 所示。在本实例中，定义了一个类对象数组 a[3]，在定义该数组时分别调用构造函数，对每个元素初始化，然后在 for 循环中调用函数 average()，计算 3 名学生各自的平均成绩并输出结果。

图 10-20　例 10.19 的程序运行结果

10.6.2　类对象数组和默认构造函数

当类的对象为数组时，在编译过程中会为每个数组的元素调用默认构造函数。在进行对象数组实例化时，则必须使用默认构造函数，因为在初始化数组过程中不会通过匹配参数来进行初始化。

下面通过一个实例来说明创建类对象时，调用默认构造函数的情况。该程序去掉了构造函数的默认参数值，并且增加了一个默认构造函数。

【实例 10.20】编写程序，通过类对象数组调用默认构造函数，并输出结果（源代码\ch10\10.20.txt）。

```
#include <iostream>
using namespace std;
class Point
{
    public:
        float x,y;
```

```
        Point()
        {
            cout <<"清明时节雨纷纷"<<endl;
        }
        ~Point(){}
        Point(float x,float y)
        {
            x=x;y=y;
        }
        void setPoint(float x,float y)
        {
            this->x=x;this->y=y;
        }
};
int main(int argc, char**argv)
{
    //数值对象应该这样创建
    //Point p[5];
    Point *p= new Point[5];
    //for (int i=0;i <5;i++)
    //{
    //对象已创建，初始化值即可
    //p[i].setPoint(i,i);
    //}
    //for (int i=0;i <5;i++)
    //{
    //cout <<p[i].x <<"," <<p[i].y <<endl;
    //}
    //删除堆中的对象，该语句对应 Point *p[5]= new Point[5];
    delete []p;
    return 0;
}
```

程序运行结果如图 10-21 所示。在本实例中，定义了一个不带参数的默认构造函数 Point()，该默认构造函数输出一个字符串，然后在主函数中声明了一个类对象数组[5]，而且每生成一个变量就调用一次该类的默认构造函数从而输出 5 行字符串。

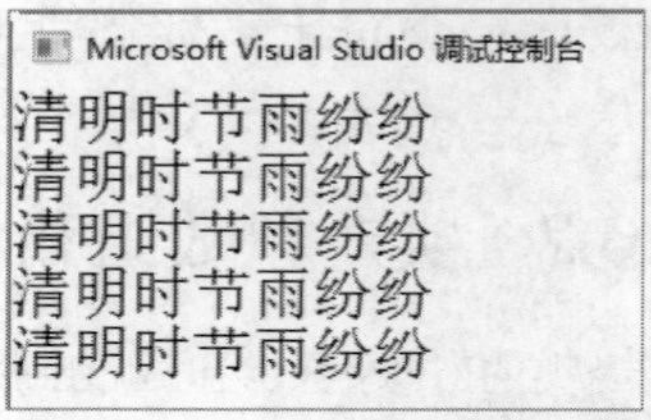

■ Microsoft Visual Studio 调试控制台
清明时节雨纷纷
清明时节雨纷纷
清明时节雨纷纷
清明时节雨纷纷
清明时节雨纷纷

图 10-21　例 10.20 的程序运行结果

10.6.3　类对象数组和析构函数

类对象数组在初始化时调用了默认构造函数。那么，当类对象离开作用域时，编译器会为每个对象数组元素调用析构函数。

【实例 10.21】编写程序，通过类对象数组调用析构函数（源代码\ch10\10.21.txt）。

```
#include <iostream>
#include <string>
using namespace std;
class myPeople
{
    public:
        myPeople()
```

```
    {
        cout<<"清明时节雨纷纷"<<std::endl;
    }
    ~myPeople()
    {
        cout<<"路上行人欲断魂"<<std::endl;
    }
};
void myMethod()
{
    myPeople my[2];
    cout<<"借问酒家何处有"<<std::endl;
}
int main()
{
    myMethod();
}
```

程序运行结果如图 10-22 所示。在本实例中，定义了
一个类 myPeople，在该类中定义了一个默认构造函数和
一个析构函数，然后在主函数中生成了含有两个对象的类
数组 my[2]。在程序运行过程中，首先调用两次默认构造
函数，然后在两个数组变量作用域结束时，调用两次析构
函数。

```
Microsoft Visual Studio 调试控制台
清明时节雨纷纷
清明时节雨纷纷
借问酒家何处有
路上行人欲断魂
路上行人欲断魂
```

图 10-22　例 10.21 的程序运行结果

10.7　友元

微视频

友元可以是一个函数，该函数被称为友元函数；友元也可以是一个类，该类被称为友元类。

10.7.1　友元函数

友元函数是可以直接访问类私有成员的非成员函数。它是定义在类外的普通函数，不属于
任何类，但需要在类的定义中加以声明，声明时只需在友元的名称前加上关键字 friend。其语
法格式如下：

```
friend 类型 函数名(形式参数);
```

友元函数具有以下 3 个特点。

（1）友元函数的声明可以放在类的私有部分，也可以放在公有部分。这两种方式没有区别，
都说明它是该类的一个友元函数。

（2）一个函数可以是多个类的友元函数，只需要在各个类中分别声明。

（3）友元函数的调用与一般函数的调用方式和原理相同。

【实例 10.22】编写程序，了解友元函数的使用方法，并输出相应的值（源代码\ch10\10.
22.txt）。

```
#include <iostream>
using namespace std;
class A
```

```
{
    public:
        friend void show(int x, A &a);        //友元函数的声明
    private:
        int data;
};
void show(int x, A &a)                        //友元函数的定义，是为了访问类 A 中的成员
{
    a.data = x;
    cout << a.data << endl;
}
int main(void)
{
    A a;
    show(100, a);
    return 0;
}
```

程序运行结果如图 10-23 所示。在本实例中，函数 show(int x, A &a)不仅是全局函数，还是类 A 的友元函数，因此能够访问类 A 的私有数据成员。

图 10-23　例 10.22 的程序运行结果

10.7.2　友元类

友元类的所有成员函数都是另一个类的友元函数，都可以访问另一个类中的隐藏信息（包括私有成员和保护成员）。定义友元类的语法格式如下：

```
friend class 类名;
```

其中，friend 和 class 是关键字，类名必须是程序中的一个已定义过的类。例如，以下语句说明类 B 是类 A 的友元类。

```
class A
{
    ...
    public:
        friend class B;
        ...
};
```

经过以上说明后，类 B 的所有成员函数都是类 A 的友元函数，能存取类 A 的私有成员和保护成员。

【实例 10.23】编写程序，使用友元类实现两个数的交替输出（源代码\ch10\10.23.txt）。

```
#include <iostream>
using namespace std;
class B
```

```
{
    private:
        int num;
        friend class A;                      /*友元类*/
        friend void Show(A &, B &);          /*友元函数*/
    public:
        B(int temp=100):num(temp){}          /*初始化构造函数*/
};
class A
{
    private:
        int value;
        friend void Show(A & , B &);
    public:
        A(int temp=200):value(temp){}
        void Show( B &b )
        {
        cout << value << endl;
        cout << b.num << endl;
        }
};
void Show(A &a, B &b)
{
    cout << a.value << endl;
    cout << b.num << endl;
}
int main()
{
    A a;
    B b;
    a.Show(b);
    Show(a, b);
    return 0;
}
```

　　程序运行结果如图 10-24 所示。在本实例中，定义了 A 和 B 两个类，在类 B 中声明类 A 为类 B 的友元类，在类 A 中定义了一个友元函数 show(A &, B &)，类 B 中也定义了一个同名的友元函数。此时类 A 的成员可以访问类 B 的任意成员函数，所以在类 A 中函数 show(B & b)可以调用类 B 的私有成员变量 num，在函数 main()中同样如此。

图 10-24　例 10.23 的程序运行结果

10.8　新手疑难问题解答

　　问题 1：运算符 "." 和 "->" 都能访问成员，但是使用哪种方法好呢？

　　解答：如果有一个指向对象的指针，则使用 "->" 运算符最为合适；如果是实例化一个对象，并将其存储到一个局部变量中，则使用 "." 运算符最为合适。

　　问题 2：在复制构造函数中，为何将指向源对象的引用作为对象？

　　解答：这是编译器对复制构造函数的规定。其原因是，如果按值接收源对象，复制构造函数将调用自身，会导致死循环。

实战训练

10.9 实战训练

实战 1：使用 C++中的类与对象实现数组计算功能。

编写程序，定义一个类 Arr，该类中的成员函数对数组的各种操作包括求和、求最大值、求最小值及求平均值等。程序运行结果如图 10-25 所示。

实战 2：使用 C++中的类成员函数输出成员信息。

编写程序，定义一个类 Employee，该类有 3 个成员变量，同时声明一个成员函数 display()，该函数的参数为结构体变量 Employee；接下来定义成员函数，把成员变量值输出。程序运行结果如图 10-26 所示。

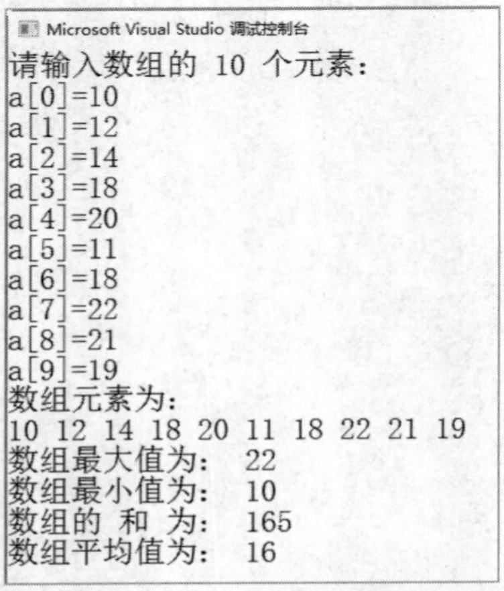

```
■ Microsoft Visual Studio 调试控制台
请输入数组的 10 个元素:
a[0]=10
a[1]=12
a[2]=14
a[3]=18
a[4]=20
a[5]=11
a[6]=18
a[7]=22
a[8]=21
a[9]=19
数组元素为:
10 12 14 18 20 11 18 22 21 19
数组最大值为:    22
数组最小值为:    10
数组的 和 值为:   165
数组平均值为:    16
```

```
■ Microsoft Visual Studio 调试控制台
姓名:王小明
性别:女
工资:4600
```

图 10-25 实战 1 的程序运行结果 　　　图 10-26 实战 2 的程序运行结果

第11章
C++中的继承与派生

本章内容提要

继承与派生是面向对象程序设计的两个重要特性。其中继承是从已有的类那里得到已有的特性（已有的类被称为基类或父类，新类被称为派生类或子类），这使创建和维护一个应用程序变得更容易，也达到了重用代码和提高执行效率的效果。本章介绍 C++语言中继承与派生的应用。

11.1　C++中的继承

微视频

C++语言是支持面向对象编程的语言，通过子类继承父类这种方式来实现继承。本节学习 C++中继承的概念使用方法和技巧。

11.1.1　什么是继承

继承机制体现了现实世界的层次结构,例如交通工具与小汽车之间的属性就属于继承关系,如图 11-1 所示。

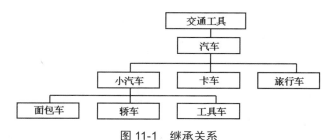

图 11-1　继承关系

根据对图 11-1 的理解，可知继承反映了事物之间的联系及事物的共性与个性之间的关系。若用对象和类的术语来表达，可以这样表达：对象和类“继承”了另一个类的一组属性。

以下是两种典型的使用继承的场景。

（1）当用户创建的新类与现有的类相似，只是多出若干成员变量或成员函数时，可以使用继承。这样不但会减少代码量，而且新类会拥有基类的所有功能。

（2）当用户需要创建多个类，且它们拥有很多相似的成员变量或成员函数时，也可以使用继承。将这些类的共同成员提取出来定义为基类，然后从基类继承，这样既可以节省代码，也方便后续修改成员。

11.1.2 基类与派生类

一个类中可以包含若干数据成员和成员函数。在不同的类中，数据成员和成员函数是不相同的。但有时两个或多个类的内容基本相同或有一部分相同。

例如，以下声明一个汽车类 Car。

```cpp
class Car
{
    public:
        void show()                 /*对成员函数 show()的定义*/
        {
            cout << "name: " << name << endl;
            cout << "sell: " << sell << endl;
            cout << "color: " << color << endl;
        }
    private:
        string name;                /*汽车名称*/
        int sell;                   /*汽车售价*/
        string color;               /*汽车颜色*/
};
```

如果汽车销售中心除了需要用到汽车的名称、售价、颜色以外，还需要用到耗油量、生产地址等信息，就可以重新声明另一个类 Car1。例如：

```cpp
class Car1
{
    public:
        void show()
        {
            cout << "name: " << name << endl;
            cout << "sell: " << sell << endl;
            cout << "color: " << color << endl;
            cout << "volume" << volume << endl;
            cout << "addr" << addr << endl;
        }
    private:
        string name;
        int sell;
        string color;
        float volume;               /*汽车耗油量*/
        char addr[50];              /*汽车生产地址*/
};
```

可以看到，有相当一部分信息是原来已经有的，可以利用原来声明的类 Car 作为基础，再加上新的内容，以减少重复的工作量。C++语言中提供的继承机制就是为了解决这个问题。

在 C++语言中，所谓"继承"，就是在一个已存在的类基础上建立一个新的类。已存在的类称为"基类"（Base Class）或"父类"（Father Class），新建的类称为"派生类"（Derived Class）或"子类"（Son Class）。派生语法格式如下：

```
class 派生类名:［继承方式］基类名
{
    派生类新增成员
};
```

一个派生类可以从一个基类派生，也可以从多个基类派生。从一个基类派生的继承称为单继承；从多个基类派生的继承称为多继承。

单继承的定义语法格式如下：

```
.class B:public
.{
    <派生类新定义成员>
.};
```

多继承的定义语法格式如下：

```
class C:public A,private B
.{ .
    <派生类新定义成员>
};
```

派生类共有 3 种 C++类继承方式，分别为公有（public）继承、私有（private）继承和保护（protected）继承。不过，类继承方式是可选的，默认为 private。在这 3 种不同的继承方式中，派生类对基类成员的访问权限有所不同，如表 11-1 所示。

表 11-1　派生类对基类成员的访问权限

派生类　　　　　　基类	公有成员	保护成员	私有成员
公有继承	public	protected	不可见
私有继承	private	private	不可见
保护继承	protected	protected	不可见

通过表 11-1 可以看出，在公有继承中，派生类的对象可以访问基类中的公有成员，派生类的成员函数可以访问基类中的公有成员和保护成员；在私有继承中，基类的成员只能由直接派生类访问，无法再往下继承；而保护继承与私有继承相似，两者的区别仅在于对派生类的成员而言，对基类成员有不同的可见性。

【实例 11.1】编写程序，定义一个关于汽车的类 Car，然后使用类的继承方式输出汽车信息（源代码\ch11\11.1.txt）。

```
#include <iostream>
#include <string>
using namespace std;
/*基类 Car*/
class Car
{
    public:
        void show() /*对成员函数 show()的定义*/
        {
            cout << "name:\t" << name << endl;
            cout << "sell:\t" << sell << endl;
            cout << "color:\t" << color << endl;
        }
    private:
```

```
    string name="别克";                           /*汽车名称*/
    int sell=130000;                             /*汽车售价*/
    string color="黑色";                          /*汽车颜色*/
};
/*派生类 Car_1*/
class Car_1:public Car
{
    public:
        void show_1()                            /*新增成员函数 show_1*/
        {
            cout << "volume:\t" << volume << "L" << endl;
            cout << "addr:\t" << addr << endl;
        }
    private:
        float volume=1.5;                        /*新增成员数据，汽车耗油量*/
        char addr[50]="中国-上海";                /*新增成员数据，汽车生产地址*/
};
int main()
{
    Car_1 C;
    C.show();
    C.show_1();
    return 0;
}
```

程序运行结果如图 11-2 所示。在本实例的 "class Car_1:public Car" 语句中，class 后面的 Car_1 是新建的类名，冒号后面的 Car 表示是已声明过的基类。在 Car 前有一个关键字 public，用于表明基类 Car 中的成员在派生类 Car_1 中的继承方式。基类名前面有 public 的称为 "公有继承"。

```
■ Microsoft Visual Studio 调试控制台
品牌名称:别克
指导价格:130000
汽车颜色:黑色
汽车排量:1.5L
汽车产地:中国-上海
```

图 11-2　例 11.1 的程序运行结果

11.1.3　基类中的构造函数

构造函数也是类的一种方法，那么在继承过程中，构造函数是怎样被使用的呢？构造函数用来初始化类的对象，与基类的其他成员不同，它不能被派生类继承（派生类可以继承基类所有的成员变量和成员方法，但不继承基类的构造方法）。因此，在创建派生类对象时，为了初始化从基类继承来的数据成员，系统需要调用其基类的构造函数。

在类中对派生类构造函数进行声明时，不包括基类构造函数名及其参数列表。下面通过实例来说明派生类如何调用基类的构造函数。

【实例 11.2】编写程序，定义一个关于动物的类 Animal，默认调用基类构造函数输出相关动物的信息（源代码\ch11\11.2.txt）。

```
#include <iostream>
#include <string>
using namespace std;
class Animal              //定义 Animal 的 3 种特性
{
    public:
        void eat()        //吃的方法（Animal 会吃食物）
        {
```

```
                    cout<<"animal eat"<<endl;
            }
            void sleep()                    //睡觉的方法（Animal 会睡觉）
            {
                    cout<<"animal sleep"<<endl;
            }
            void breathe()                  //呼吸的方法（Animal 会呼吸）
            {
                    cout<<"animal breathe"<<endl;
            }
            Animal()                        //类中构造函数
            {
                    cout<<"animal construct"<<endl;
            }
};
//鱼继承了吃的方法、睡的方法及呼吸的方法。因此现在鱼也会吃食物、睡觉、呼吸
class Fish:public Animal
{
        public:
            Fish()                          //派生类 Fish 中的构造函数
            {
                    cout<<"fish construct"<<endl;
            }
};

void main()
{
        //Animal cat;                       //产生一个对象叫作小猫，此对象继承了动物拥有的 3 种属性
        //cat.sleep();                       //测试一下小猫会不会睡觉？
        Fish smallFish;                      //实例化一条小鱼，此对象继承了鱼类拥有的 3 种属性
        //smallFish.breathe();               //测试一下小鱼会不会呼吸？
}
```

　　程序运行结果如图 11-3 所示。在本实例中，首先定义一个类 Animal（基类），在该类中定义了 Animal 的 3 种特性，分别是 eat()、sleep()、breathe()方法，并且定义了该类的构造函数，输出一段文字，接下来定义了一个派生类 Fish，并且定义了该类的构造函数，在定义派生类的构造函数中调用了基类的构造函数。

图 11-3　例 11.2 的程序运行结果

　　如果基类的构造函数带有参数，应该怎样调用呢？下面通过一个实例来说明。

　　【实例 11.3】编写程序，定义一个关于文档的类 Document，调用基类带参数的构造函数输出相关文档信息（源代码\ch11\11.3.txt）。

```
#include <iostream>
#include <string>
using namespace std;
class Document                              //基类
{
        public:
            Document(string D_newName);
            void getName();
            string D_Name;
```

```cpp
};
Document::Document (string D_newName)
{
    D_Name=D_newName;
}
void Document::getName()
{
    cout<<"Document 类的名称是: "<<D_Name<<endl;
}

class Book:public Document                    //派生类
{
    public:
        Book(string D_newName,string newName);
        void getName();
        void setPageCount(int newPageCount);
        void getPageCount();
    private:
        int PageCount;
        string Name;
};
Book::Book(string D_newName,string newName):Document(D_newName)
{
    Name=newName;
}
void Book::getName ()
{
    cout<<"Book 类的名称是: "<<Name<<endl;
}
void Book::setPageCount(int newPageCount)
{
    PageCount=newPageCount;
}
void Book::getPageCount()
{
    cout<<"Book 类的页数是: "<<PageCount<<"页"<<endl;
}
int main()                                    //主程序
{
    Book x("计算机教材","C++入门很轻松 ");
    x.getName();
    x.setPageCount(380);
    x.getPageCount();
}
```

程序运行结果如图 11-4 所示。在本实例中，首先定义了一个类 Document（基类），在该类中定义了一个带参数的构造函数及一个输出函数 getName()，将该类的成员输出，接着定义了一个基类的派生类 Book，在该类中显式地调用了基类的构造函数，将参数传给基类的构造函数。

```
■ Microsoft Visual Studio 调试控制台
Book类的名称是：C++入门很轻松
Book类的页数是：380页
```

图 11-4 例 11.3 的程序运行结果

11.1.4　继承中的构造顺序

　　基类的构造函数是不能继承的。在声明派生类时，派生类并没有把基类的构造函数继承过来，因此，对继承基类成员初始化的工作也要由派生类的构造函数承担。所以在设计派生类的构造函数时，不仅要考虑派生类所增加数据成员的初始化，还要考虑基类数据成员的初始化。也就是说，希望在执行派生类的构造函数时，使派生类的数据成员和基类的数据成员同时都被初始化。这就需要在执行派生类的构造函数时，调用基类的构造函数。

　　在派生类中使用构造函数，其一般语法格式如下：

```
派生类构造函数名(总参数列表):基类构造函数名(参数列表)
{
        派生类中新增数据成员初始化语句;
}
```

　　例如：

```
Student(string n, string s, float h, int a, string id) :People(n, s, h)
{
        age = a;
        addr = id;
}
```

冒号前面的部分是派生类构造函数的主干，它与以前介绍过的构造函数的形式相同，但其总参数列表中包括基类构造函数所需的参数和派生类新增数据成员初始化所需的参数；冒号后面的部分是要调用的基类构造函数及其参数。

　　【实例 11.4】编写程序，定义一个类 People，调用派生类中的构造函数输出学生信息（源代码\ch11\11.4.txt）。

```
#include <iostream>
#include <string>
using namespace std;
class People                                    /*声明基类 People*/
{
    public:
        People(string n, string s, float h)     /*基类构造函数*/
            {
                name = n;
                sex = s;
                height = h;
            }
    protected:                                   /*保护部分*/
        string name;
        string sex;
        float height;
};
class Student: public People                     /*声明派生类 Student*/
{
    public:                                      /*派生类的公有部分*/
        Student(string n, string s, float h, int a, string id) :People(n, s, h)
                                                 /*派生类构造函数*/
            {
                age = a; /*在函数体中只对派生类新增的数据成员初始化*/
                addr = id;
```

```
        }
        void show()
        {
            cout << "姓名: " << name << endl;
            cout << "性别: " << sex << endl;
            cout << "身高: " << height << endl;
            cout << "年龄: " << age << endl;
            cout << "学校地址: " << addr << endl << endl;
        }
    private: /*派生类的私有部分*/
        int age;
        string addr;
};
int main()
{
    Student stu1("张阳", "男", 175, 19, "北京实验中学");
    Student stu2("李雪", "女", 170, 17, "上海实验中学");
    stu1.show(); /*输出第一名学生的数据*/
    stu2.show(); /*输出第二名学生的数据*/
}
```

程序运行结果如图 11-5 所示。从本实例的派生类
Student 构造函数首行中可以看到，派生类构造函数名
（Student）后面括号内的参数列表中包括参数的类型和参数
名（如 string n），而基类构造函数名后面括号内的参数列
表只有参数名（如 n、s、h），因为在这里不是定义基类构
造函数，而是调用基类构造函数，所以这些参数是实参，而
不是形参。它们可以是常量、全局变量和派生类构造函数总
参数表中的参数。

在调用基类构造函数 People(n, s, h)时给出的 3 个参数，
是与定义基类构造函数时指定的参数相匹配的。派生类构造

```
Microsoft Visual Studio 调试控制台
姓名: 张阳
性别: 男
身高: 175
年龄: 19
学校地址: 北京实验中学

姓名: 李雪
性别: 女
身高: 170
年龄: 17
学校地址: 上海实验中学
```

图 11-5 例 11.4 的程序运行结果

函数 Student(string n, string s, float h, int a, string id)有 5 个参数，其中前 3 个是用来传递给基类构
造函数的，后面两个（a 和 id）是用来对派生类所增加数据成员初始化的。在函数 main()中，
建立对象 stu1 时指定了 5 个实参。它们按顺序传递给派生类构造函数的形参，然后派生类构造
函数将前面 3 个传递给基类构造函数的形参。

实际上，在派生类构造函数中对基类成员初始化就相当于使用普通类构造函数的初始化表。
也就是说，不仅可以利用初始化表对构造函数的数据成员初始化，而且可以利用初始化表调用
派生类的基类构造函数，实现对基类数据成员的初始化。例如，对 age 和 addr 的初始化用初始
化表表示，则可以将构造函数改写为以下形式。这样函数体为空，更显得简单且阅读方便。

```
Student(string n, string s, float h, int a, string id) :People(n, s, h), age(a),
addr(id){}
```

☆大牛提醒☆

在建立一个对象时，执行构造函数的顺序是：派生类构造函数先调用基类构造函数，再执
行派生类构造函数本身（即派生类构造函数的函数体）。对例 11.4 来说，先初始化 name、sex、
height，再初始化 age 和 addr。

11.2　C++继承方式

微视频

通过对继承的学习，可以了解到 public、protected、private 三个关键字除了可以修饰类的成员外，还可以指定继承方式。本节详细介绍 C++继承方式。

11.2.1　公有继承

公有继承的特点：基类的公有成员和保护成员作为派生类的成员时，它们都保持原有的状态，而基类的私有成员仍然是私有的，不能被派生类访问。

【实例 11.5】编写程序，定义一个基类 CBase，使用公有继承方式输出成员的姓名和年龄（源代码\ch11\11.5.txt）。

```cpp
#include <iostream>
#include <string>
using namespace std;
class CBase {
    string name;
    int age;
    public:
        string getName(){
            return name;
        }
    int getAge(){
        return age;
    }
    protected:
        void setName(string s){
            name = s;
        }
    void setAge(int i){
        age = i;
    }
};
class CDerive:public CBase{                      //用 public 指定公有继承
    public:
        void setBase(string s, int i){
            setName(s);                          //调用基类的保护成员
            setAge(i);                           //调用基类的保护成员
            //调用基类的私有成员
            //cout << name << "   " << age << endl; //编译出错
        }
};
int main()
{
    CDerive d;
    d.setBase("张扬", 28);
    //调用基类的私有成员
    //cout << d.name << "   " << d.age << endl;        //编译出错
    //调用基类的公有成员
    cout << d.getName() << "   " << d.getAge() << endl;
```

```
            //调用基类的保护成员
            //d.setName("xyz");                          //编译出错
            //d.setAge(20);                              //编译出错
            return 0;
        }
```

程序运行结果如图 11-6 所示。在本实例中，首先定义一个基类 CBase，在该类中定义了两个成员，分别是 name 和 age，还定义了两个 public 的函数和两个 protected 函数，然后使用公有继承的方式定义了类 CBase 的派生类 CDerive，在该派生类中调用了

```
▣ Microsoft Visual Studio 调试控制台
张扬    28
```

图 11-6   例 11.5 的程序运行结果

基类的保护成员和私有成员，但是在编译时，调用私有成员出错，这说明派生类不能直接访问基类的私有成员，最后在主函数中声明了一个派生类的对象，并且通过派生类分别调用了基类的私有成员、公有成员和保护成员。

从本实例中可以看出，在进行公有继承时，对于基类的私有成员，在派生类和外部都不可以访问；对于基类的保护成员，在派生类可以访问，在外部不可以访问；对于基类的公有成员，在派生类和外部都可以访问。

11.2.2   私有继承

私有继承的特点：将基类的公有成员和保护成员变成派生类自身的私有成员，而基类的私有成员在派生类中本身就不能访问。

【实例 11.6】编写程序，定义一个基类 CBase，使用私有继承方式输出成员的姓名和年龄（源代码\ch11\11.6.txt）。

```
#include <iostream>
#include <string>
using namespace std;
class CBase {
    string name;
    int age;
    public:
        string getName(){
            return name;
        }
        int getAge(){
            return age;
        }
    protected:
        void setName(string s){
            name = s;
        }
        void setAge(int i){
            age = i;
        }
};

class CDerive:private CBase{              //用 private 指定私有继承，private 可以省略
    public:
```

```
            void setBase(string s, int i){
                setName(s);                                        //调用基类的保护成员
                setAge(i);                                         //调用基类的保护成员
                //调用基类的私有成员
                //cout << name << "    " << age << endl;          //编译出错
            }
        string getBaseName(){
            return getName();                                      //调用基类的公有成员
        }
        int getBaseAge(){
            return getAge();                                       //调用基类的公有成员
        }
};

int main()
{
    CDerive d;
    d.setBase("张扬", 28);
    //调用基类的私有成员
    //cout << d.name << "    " << d.age << endl;                   //编译出错
    //调用基类的公有成员
    //cout << d.getName() << "    " << d.getAge() << endl;        //编译出错
    cout << d.getBaseName() << "    " << d.getBaseAge() << endl;
    //调用基类的保护成员
    //d.setName("xyz");                                            //编译出错
    //d.setAge(20);                                                //编译出错
    return 0;
}
```

程序运行结果如图 11-7 所示。在本实例中，首
先定义一个类 CBase（基类），在该类中定义了两个
成员，分别是 name 和 age，还定义了两个 public 的
函数和两个 protected 的函数，然后使用私有继承的

图 11-7　例 11.6 的程序运行结果

方式，定义了类 CBase 的派生类 CDerive，在该派生类中调用了基类的公有成员、私有成员和
保护成员，但是在编译时，调用私有成员出错，这说明派生类不能直接访问基类的私有成员，
最后在主函数中声明了一个派生类的对象，并且通过派生类分别调用了基类的私有成员、公有
成员和保护成员。

在本实例中可以看出，在进行私有继承时，对于基类的私有成员，在派生类和外部都不可
以访问；对于基类的公有成员，在派生类可以访问，在外部不可以访问；对于基类的保护成员，
在派生类可以访问，在外部不可以访问。

11.2.3　保护继承

保护继承的特点：基类的所有公有成员和保护成员都可作为派生类的保护成员，并且只能
被它的派生类成员函数或友元访问，基类的私有成员仍然是私有的。

【实例 11.7】编写程序，定义一个基类 CBase，使用保护继承方式输出成员的姓名和年龄（源
代码\ch11\11.7.txt）。

```cpp
#include <iostream>
#include <string>
using namespace std;
class CBase{
    string name;
    int age;
    public:
        string getName(){
            return name;
        }
        int getAge(){
            return age;
        }
    protected:
        void setName(string s){
            name = s;
        }
        void setAge(int i){
            age = i;
        }
};
class CDerive:protected CBase {                        //用protected指定保护继承
    public:
        void setBase(string s, int i){
            setName(s);                               //调用基类的保护成员
            setAge(i);                                //调用基类的保护成员
            //调用基类的私有成员
            //cout << name << "   " << age << endl; //编译出错
        }
    string getBaseName(){
        return getName();                             //调用基类的公有成员
    }
    int getBaseAge(){
        return getAge();                              //调用基类的公有成员
    }
};
int main()
{
    CDerive d;
    d.setBase("张扬", 28);
    //调用基类的私有成员
    //cout << d.name << "   " << d.age << endl;        //编译出错
    //调用基类的公有成员
    //cout << d.getName() << "   " << d.getAge() << endl;    //编译出错
    cout << d.getBaseName() << "   " << d.getBaseAge() << endl;
    //调用基类的保护成员
    //d.setName("xyz");                                //编译出错
    //d.setAge(20);                                    //编译出错
    return 0;
}
```

程序运行结果如图 11-8 所示。在本实例中，首先定义一个类 CBase（基类），在该类中定义了两个成员，分别是 name 和 age，还定义了两个 public 的函数和两个 protected 的函数，然后使用保护继承的方式定义了

图 11-8　例 11.7 的程序运行结果

类 CBase 的派生类 CDerive，在该派生类中调用了基类的公有成员、私有成员和保护成员，但是在编译时，调用私有成员出错，这说明派生类不能直接访问基类的私有成员，最后在主函数中声明了一个派生类的对象，并且通过派生类分别调用了基类的私有成员、公有成员和保护成员。

在本实例中可以看出，在进行保护继承时，对于基类的私有成员，在派生类和外部都不可以访问；对于基类的公有成员，在派生类可以访问，在外部不可以访问；对于基类的保护成员，在派生类可以访问，在外部不可以访问。

11.3　派生类存取基类成员

在继承与派生的程序设计过程中，对于基类中的成员，派生类是怎样存取的呢？本节将详细介绍这方面的内容。

11.3.1　私有成员的存取

派生类虽然继承了基类中的 private 属性和方法，但这些属性和方法对派生类是隐藏的，其访问权限仍然只局限在基类的内部，无法在派生类中访问和重写。那么，派生类如何访问基类的私有成员呢？只有在基类中建立访问接口函数，通过该函数来访问基类的私有成员。

【实例 11.8】编写程序，定义一个基类 CBase，通过基类私有成员访问的方式输出成员的姓名和年龄（源代码\ch11\11.8.txt）。

```
#include <iostream>
#include <string>
using namespace std;
class CBase{
    private:
        string name;
        int age;
    public:
        string getName(){
            return name;
        }
        int getAge(){
            return age;
        }
    protected:
        void setName(string s){
            name = s;
        }
        void setAge(int i){
            age = i;
        }
};
class CDerive:protected CBase{                    //用 protected 指定保护继承
```

```
        public:
            void setBase(string s, int i){
                setName(s);                                //调用基类的保护成员
                setAge(i);                                 //调用基类的保护成员
                //调用基类的私有成员
                //cout << name << "   " << age << endl; //编译出错
            }
        string getBaseName(){
            return getName();                              //调用基类的公有成员
        }
        int getBaseAge(){
            return getAge();                               //调用基类的公有成员
        }
};
int main()
{
    CDerive d;
    d.setBase("李雪",25);

    //调用基类的私有成员
    //cout << d.name << "   " << d.age << endl;        //编译出错
    //调用基类的公有成员
    //cout << d.getName() << "   " << d.getAge() << endl;     //编译出错
    cout << d.getBaseName() << "   " << d.getBaseAge() << endl;
    //调用基类的保护成员
    //d.setName("xyz");                                 //编译出错
    //d.setAge(20);                                     //编译出错
    return 0;
}
```

程序运行结果如图 11-9 所示。在本实例中，首先
定义一个类 CBase（基类），在该类中定义了两个私
有成员，分别是 name 和 age，还定义了两个 public 的
函数和两个 protected 的函数，这两个函数就是为了访
问私有成员的接口。

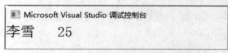

图 11-9　例 11.8 的程序运行结果

11.3.2　继承与静态成员

对于基类中的静态成员，派生类也是共享此变量的。因为该变量在编译时就进行了内存分
配，所以对该变量的操作都是对同一地址段进行。当然，在派生类中要使用基类的成员变量，
肯定不能声明为 private，也不能用 private 方式继承。基类和其派生类将共享该基类的静态成员
变量内存。

【实例 11.9】编写程序，定义一个基类 A，通过基类静态成员访问的方式对静态成员变量赋
值并输出（源代码\ch11\11.9.txt）。

```
#include <iostream>
using namespace std;
class A
{
    public:
        static int a;
        static int b;
```

```
            static int c;
};
int A::a = 100;
int A::b = 200;
int A::c = 300;
class B:public A
{
    public:
        void out()
        {
            cout << "a="<< a << endl <<" b="<<b << endl <<" c="<< c << endl;
        }
    void plus()
    {
        ++a;
        ++b;
        ++c;
    }
};
int main()
{
    B bb;
    bb.plus();
    bb.out();
    cout << "a="<<A::a << endl <<"b="<< A::b << endl <<"c="<< A::c << endl;
}
```

程序运行结果如图 11-10 所示。在本实例中，首先定义了基类 A，在该类中定义了 3 个静态变量，分别是 a、b、c，并对这 3 个变量进行赋值，然后定义了类 A 的派生类 B，在类 B 中对 A 的 3 个静态变量进行读取和自加操作，接着在主函数中定义类 B 的对象，利用类 B 的成员函数对类 A 的静态变量进行操作，最后输出各个静态变量。

图 11-10　例 11.9 的程序运行结果

在本实例中可以看出，在派生类中对基类定义的静态函数进行访问和数据修改，从而知道基类中的静态成员是可以访问的。

11.4　多重继承

微视频

一个派生类只从一个基类派生，这称为单继承。实际上也有这种情况：一个派生类不仅可以从一个基类派生，也可以从多个基类派生。也就是说，一个派生类可以有一个或者多个基类。为了适应这种情况，C++语言中允许一个派生类同时继承多个基类，这称为多重继承或多继承。

11.4.1　声明多继承

多继承可以看作是单继承的扩展。在多继承中，派生类与每个基类之间的关系仍可看作是一个单继承。经过多次派生后，人们很难清楚地记住哪些成员可以访问、哪些成员不可以访问，且很容易出错。因此，在实际中，常用的是公有继承方式。

声明多继承下派生类的语法格式如下：

```
class <派生类名>:<继承方式 1><基类名 1>,<继承方式 2><基类名 2>,…,<继承方式 n><基类名 n>
{
    <派生类类体>
};
```

其中，<继承方式 1><继承方式 2>…<继承方式 n>是 public、private、protected 三种继承方式之一。例如，已声明了类 A、类 B 和类 C，那么可以像以下这样来声明派生类 D。

```
class D: public A, private B, protected C
{
    …    //类 D 新增加的成员
}
```

类 D 是多继承形式的派生类，它以公有方式继承类 A，以私有方式继承类 B，以保护方式继承类 C。类 D 根据不同的继承方式获取类 A、类 B、类 C 中的成员，确定它们在派生类中的访问权限。

11.4.2　多继承下的构造函数

多继承形式下的构造函数和单继承形式下的基本相同，只是要在派生类的构造函数中调用多个基类的构造函数。例如，以类 A、类 B、类 C、类 D 为例，类 D 构造函数的语法格式如下：

```
D(形参列表)：A(实参列表)，B(实参列表)，C(实参列表)
{
    …    //成员数据
}
```

☆大牛提醒☆

基类构造函数的调用顺序和它们在派生类构造函数中出现的顺序无关，而是与声明派生类时基类出现的顺序相同。例如：

```
D(形参列表)：B(实参列表)，C(实参列表)，A(实参列表)
{
    …    //成员数据
}
```

该例也是先调用类 A 的构造函数，再调用类 B 构造函数，最后调用类 C 构造函数。

【实例 11.10】编写程序，使用多继承方式输出各个类中构造函数的值（源代码\ch11\ 11.10.txt）。

```
#include <iostream>
using namespace std;
//基类 MyClass_A
class MyClass_A
{
```

```cpp
    public:
        MyClass_A(int a, int b);
        ~MyClass_A();
    protected:
        int m_a;
        int m_b;
};
MyClass_A::MyClass_A(int a, int b) : m_a(a), m_b(b)    /*定义基类 MyClass_A 的构造函数*/
{
    cout << "MyClass_A 构造函数" << endl;
}
MyClass_A::~MyClass_A()          /*定义基类 MyClass_A 的析构函数*/
{
    cout << "MyClass_A 析构函数" << endl;
}
//基类 MyClass_A
class MyClass_B
{
    public:
        MyClass_B(int c, int d);
        ~MyClass_B();
    protected:
        int m_c;
        int m_d;
};
MyClass_B::MyClass_B(int c, int d) : m_c(c), m_d(d)    /*定义基类 MyClass_B 的构造函数*/
{
    cout << "MyClass_B 构造函数" << endl;
}
MyClass_B::~MyClass_B()          /*定义基类 MyClass_B 的析构函数*/
{
    cout << "MyClass_B 析构函数" << endl;
}
//派生类
class MyClass_D : public MyClass_A, public MyClass_B  /*定义多重继承派生类 MyClass_D */
{
    public:
        MyClass_D(int a, int b, int c, int d, int e);
        ~MyClass_D();
    public:
        void show();
    private:
        int m_e;
};
MyClass_D::MyClass_D(int a, int b, int c, int d, int e) : MyClass_A(a, b), MyClass_B(c,
d), m_e(e)
{
    cout << "导出构造函数" << endl;
}
    MyClass_D::~MyClass_D()
{
    cout << "导出析构函数" << endl;
}
```

```
void MyClass_D::show()
{
    cout << m_a << ", " << m_b << ", " << m_c << ", " << m_d << ", " << m_e << endl;
}
int main()
{
    MyClass_D c(1, 2, 3, 4, 5);
    c.show();
    return 0;
}
```

程序运行结果如图 11-11 所示。派生类构造函数的执行顺序同样为：先调用基类的构造函数，再执行派生类构造函数的函数体。调用基类构造函数的顺序是按照声明派生类时基类出现的顺序。因此，在执行本程序后，先调用基类 MyClass_A 的构造函数，再调用基类 MyClass_B 的构造函数，然后调用派生类 MyClass_D 的构造函数、函数体和析构函数，最后调用基类 MyClass_B 的析构函数，再调用基类 MyClass_A 的析构函数。

```
Microsoft Visual Studio 调试控制台
MyClass_A 构造函数
MyClass_B 构造函数
导出构造函数
1, 2, 3, 4, 5
导出析构函数
MyClass_B 析构函数
MyClass_A 析构函数
```

图 11-11　例 11.10 的程序运行结果

11.5　新手疑难问题解答

问题 1：基类和派生类构造函数的执行顺序是什么？

解答：最基础类的构造函数首先被执行，然后才是上一层的构造函数，一直到最外层的派生类，这个过程必须严格执行；否则，派生类就有机会访问还没有构建好的基类的数据或者函数。

问题 2：以公有方式继承基类的派生类能访问基类的私有成员吗？

解答：不能。编译器总是执行最严格的访问限定符。无论继承关系如何，类的私有成员都不能在类外访问，但一个例外是类的友元函数和友好类。

11.6　实战训练

实战训练

实战 1：由圆和高多重继承派生出圆锥体，从而求出圆锥体的体积和表面积等。

编写程序，定义一个圆的类 Cricle，在该类的私有部分定义 3 个数据成员 x、y、r。x 和 y 表示圆心坐标，r 表示圆的半径，通过该类的构造函数为这 3 个变量赋值，然后定义成员函数，计算出圆心坐标、圆半径、圆面积及圆周长。再定义一个类 Line，该类用于设置圆锥的高。接着定义一个派生类 Cone，该类继承了类 Cricle 和类 Line 的特性，派生出圆锥体，派生类 Cone 中设置了圆锥的体积和表面积。最后在函数 main()中通过创建派生类 Cone 的对象 c1，调用各个成员函数，最终输出圆锥体的属性。程序运行结果如图 11-12 所示（源代码\ch11\实战 1.txt）。

实战 2：使用多重继承的方式声明一个研究生派生类，该研究生兼有学生和教师的特性，最后输出研究生信息。

　　编写程序，定义两个基类，教师类中包括数据成员 name（姓名）、age（年龄）、title（职称）；学生类中包括数据成员 name1（姓名）、sex（性别）、score（成绩），声明一个研究生派生类，从而输出研究生信息。程序运行结果如图 11-13 所示（源代码\ch11\实战 2.txt）。

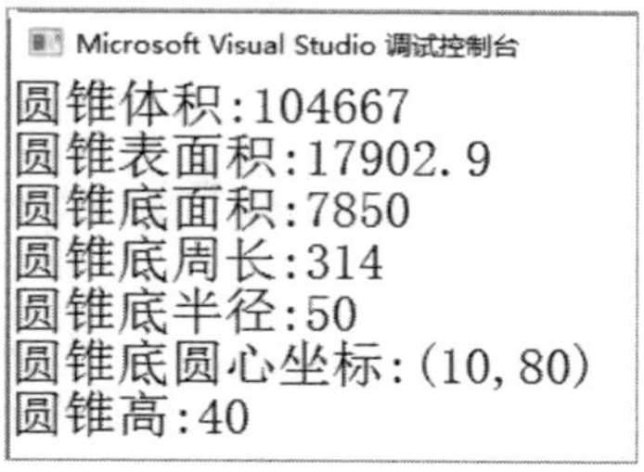

図 11-12　实战 1 的程序运行结果

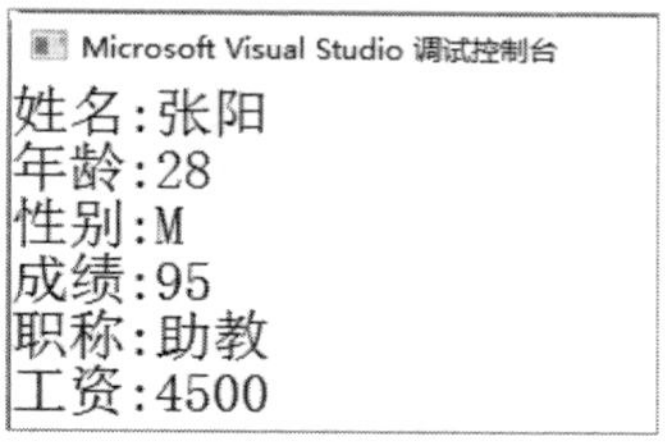

图 11-13　实战 2 的程序运行结果

第12章

C++中的多态与重载

⏰ **本章内容提要**

C++语言是一门面向对象的语言，而多态性是面向对象程序设计的一个重要特征。如果一种语言只支持类而不支持多态，是不能被称为面向对象语言的，只能说是基于对象。正是因为C++语言在程序设计中能够实现多态性，所以能够解决多态问题。这样既能极大地提高程序的开发效率，也能降低程序员的开发负担。本章介绍 C++中多态与重载的应用。

12.1 多态概述

微视频

顾名思义，一个事物的多种形态称为多态。在 C++语言程序设计中，多态性就相当于具有不同功能的函数可以共用同一个函数名，这样就可以用一个函数名调用具有不同功能的函数。

12.1.1 认识多态行为

在面向对象方法中一般是这样表述多态性的："向不同的对象发送同一个消息，不同的对象在接收时会产生不同的行为（即方法）"。也就是说，每个对象可以用自己的方式去响应共同的消息。所谓消息，就是调用函数；不同的行为就是指不同的实现，即执行不同的函数。例如，前面介绍的函数重载，就属于多态性的一种应用。

从系统实现的角度看，多态性分为两类：一类是静态多态性；另一类是动态多态性。静态多态性是通过函数的重载实现的，例如函数重载和运算符重载实现的多态性就属于静态多态性，在程序编译时系统就能决定调用的是哪个函数，因此静态多态性又称编译时的多态性。动态多态性是在程序运行过程中才动态地确定操作所针对的对象，又称运行时的多态性。动态多态性是通过虚函数实现的。

12.1.2 实现多态性

在 C++语言中实现多态性，需在基类的函数前加上 virtual 关键字，在派生类中重写该函数，运行时将会根据对象的实际类型来调用相应的函数。如果对象类型是派生类，就调用派生类的函数；如果对象类型是基类，就调用基类的函数。

【实例 12.1】编写程序，定义一个类 Mother，然后派生一个类 Son，输出相应的结果（源代码\ch12\12.1.txt）。

```cpp
#include <iostream>
using namespace std;
class Mother
{
    public:
        void face()
        {
            cout << "Mother's face" << endl;
        }
        void Say()
        {
            cout << "Mother say hello" << endl;
        }
};
class Son :public Mother
{
    public:
        void Say()
        {
            cout << "Son say hello" << endl;
        }
};
int main()
{
    Son son;
    Mother *pMother = &son; //隐式类型转换
    pMother->Say();
    return 0;
}
```

程序运行结果如图 12-1 所示。在本实例中，首先在函数 main()中定义了一个 Son 类的对象 son，接着定义了一个指向类 Mother 的指针变量 pMother，然后利用该变量调用 pMother->Say()。通常这种情况都会与 C++的多态性搞混淆，认为 son 是类 Son 的对象应

图 12-1　例 2.1 的程序运行结果

该调用类 Son 的函数 Say()，输出"Son say hello"，然而结果却不是。

对上例这种情况可以从两角度进行说明。

（1）从编译的角度来说明。C++编译器在编译的时候，要确定每个对象所调用函数（非虚函数）的地址，这称为早期绑定。当用户将类 Son 的对象 son 的地址赋给 pMother 时，C++编译器进行了类型转换，此时 C++编译器认为变量 pMother 保存的就是类 Mother 的地址，然后当在函数 main()中执行语句"pMother->Say();"时，调用的当然就是类 Mother 的函数 Say()。

（2）从内存角度来说明。类 Son 对象的内存模型如图 12-2 所示。用户在构造类 Son 的对象时，首先要调用类 Mother 的构造函数去构造类 Mother 的对象，然后才调用类 Son 的构造函数完成自身部分的构造，从而拼接出一个完整的 Son 类对象。当用户将 Son

图 12-2　对象的内存模型

类对象转换为 Mother 类型时，该对象就被认为是原对象整个内存的上半部分，也就是图 12-2 中"Mother 的对象所占内存"。那么当用户利用类型转换后的对象指针去调用它的方法时，当然也就是调用它所在内存中的方法，因此，输出"Mother say hello"也就顺理成章了。

在【实例 12.1】输出的结果是因为编译器在编译的时候，就已经确定了对象调用函数的地址，要解决这个问题就要使用晚绑定。当编译器使用晚绑定时，就会在运行时再去确定对象的类型及正确的调用函数。而要让编译器采用晚绑定，就要在基类中声明函数时使用 virtual 关键字，这种函数就称为虚函数。

☆大牛提醒☆

一旦某个函数在基类中声明为 virtual，那么在所有的派生类中该函数都是虚函数，而不需要再显式地声明为 virtual。

现对程序稍做修改，在 Mother 类中 Say()的声明前放置关键字 virtual。例如：

```
class Mother
{
  public:
    void face()
      {
      cout << "Mother's face" << endl;
      }
    virtual void Say()
      {
          cout << "Mother say hello" << endl;
      }
};
```

此时，编译器"看"到的是指针的内容，而不是它的类型。由于类 Son 的对象地址存储在*pMother 中，因此会调用各自的函数 Say()。正因如此，每个派生类都有一个函数 Say()的独立实现。这就是多态的一般使用方式。有了多态，就可以有多个不同的类，都带有同一个名称但具有不同实现的函数，函数的参数甚至可以是相同的。修改【实例 12.1】的代码后，再次运行实例，得出如图 12-3 所示的结果，这就实现了多态的应用。

Microsoft Visual Studio 调试控制台

Son say hello

图 12-3　实现多态的应用

微视频

12.2　虚函数与虚函数表

虚函数是在基类中使用关键字 virtual 声明的函数。在派生类中重新定义基类中定义的虚函数时，会告知编译器不要静态链接到该函数。

12.2.1　虚函数的作用

在 C++程序中，虚函数的作用是允许在派生类中重新定义与基类同名的函数，并且可以通过基类指针或引用来访问基类和派生类中的同名函数。

虚函数的定义语法格式如下：

```
class 类名{
    public:
        virtual 成员函数说明;
}
class 类名: 基类名{
    public:
        virtual 成员函数说明;
}
```

下面通过一个实例来理解虚函数是如何定义的。

【实例 12.2】编写程序，Student 为基类，Graduate 为派生类，它们都有同名函数 show()，将其定义为虚函数，输出学生的成绩信息（源代码\ch12\12.2.txt）。

```
#include <iostream>
#include <string>
using namespace std;
class Student                                    /*声明基类 Student*/
{
    public:
        Student(int, string, int);               /*声明构造函数*/
        virtual void show();                     /*声明输出函数*/
    protected:                                   /*受保护成员，派生类可以访问*/
        int num;
        string name;
        int age;
};
/*Student 类成员函数的实现*/
Student::Student(int n, string nam, int a)       /*定义构造函数*/
{
    num = n;
    name = nam;
    age= a;
}
void Student::show()                             /*定义输出函数*/
{
    cout << "num:" << num << "\nname:" << name << "\nage:" << age << "\n\n";
}
/*声明公有派生类 Graduate*/
class Graduate:public Student
{
    public:
        Graduate(int, string, int, float);       /*声明构造函数*/
        void show();                             /*声明输出函数*/
    private:
        float score;
};
/*Graduate 类成员函数的实现*/
void Graduate::show()                            /*定义输出函数*/
{
cout << "num:" << num << "\nname:" << name << "\nage:" << age << "\nscore=" << score
<< endl;
}
Graduate::Graduate(int n, string nam, int a, float s) :Student(n, nam, a), score(s) {}
int main()
{
```

```
Student stud1(101, "李木子", 24);           /*定义 Student 类对象 stud1*/
Graduate grad1(102, "王子强", 24, 87.5);   /*定义 Graduate 类对象 grad1*/
Student *pt = &stud1;                       /*定义指向基类对象的指针变量 pt*/
pt->show();
pt = &grad1;
pt->show();
return 0;
}
```

程序运行结果如图 12-4 所示。在本实例中，在函数 main()中先定义了一个 Student 类型的指针 pt，将对象 stud1 的地址赋给指针 pt 后，在调用函数 show()时输出了类 Student 的 3 个成员数据，而 Graduate 是 Student 的派生类，它继承了基类的所有成员数据，将 grad1 的地址赋给指针 pt 后，Graduate 类的成员变量 score 却没打印出来。如果想输出 grad1 的全部数据成员，需要将类 Student 的成员函数 show()定义成虚函数，即在该函数的最前面加上 virtual。

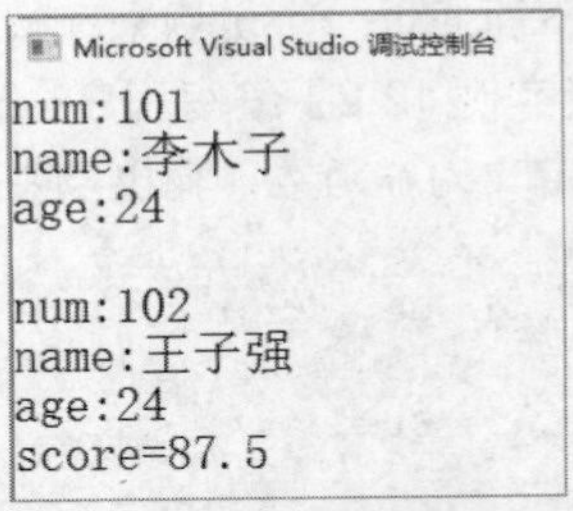

num:101
name:李木子
age:24

num:102
name:王子强
age:24
score:87.5

图 12-4   例 12.2 的程序运行结果

虚函数的使用方法说明如下。

（1）在基类用 virtual 声明成员函数为虚函数。这样就可以在派生类中重新定义此函数，为它赋予新的功能，并能方便地被调用。在类外定义虚函数时，不必再加 virtual。

（2）在派生类中重新定义此函数，要求函数名、函数类型、函数参数个数和类型全部与基类的虚函数相同，并根据派生类的需要重新定义函数体。

C++语言中规定，当一个成员函数被声明为虚函数后，其派生类中的同名函数都自动成为虚函数。因此，在派生类重新声明该虚函数时，可以加 virtual，也可以不加，但习惯上在每一层声明该函数时都加 virtual，以使程序更加清晰。如果在派生类中没有对基类的虚函数重新定义，则派生类简单地继承其直接基类的虚函数。

（3）定义一个指向基类对象的指针变量，并使它指向同一类族中需要调用该函数的对象。

（4）通过该指针变量调用此虚函数，此时调用的就是指针变量指向的对象的同名函数。

12.2.2   动态绑定和静态绑定

在 C++语言中，为了支持多态性，引入了动态绑定和静态绑定的概念。静态绑定的是对象的静态类型，某特性（如函数）依赖于对象的静态类型，发生在编译期。动态绑定的是对象的动态类型，某特性（如函数）依赖于对象的动态类型，发生在运行期。只有采用"指针->函数()"或"引用变量.函数()"的方式调用 C++类中的虚函数才会执行动态绑定。对于 C++中的非虚函数，因为其不具备动态绑定的特征，所以不管采用什么样的方式调用，都不会执行动态绑定。

下面通过一个实例来说明动态绑定和静态绑定的使用方法。

【实例 12.3】编写程序，定义一个基类 CBase，在该基类中定义一个虚函数，使用动态绑定与静态绑定的方法分别输出虚函数定义的数据对象（源代码\ch12\12.3.txt）。

```
#include <iostream>
using namespace std;
class CBase
{
    public:
```

```
            virtual int func() const      //虚函数
            {
                cout<<"我有一个美丽的愿望！"<<endl;
                return 100;
            }
};
class CDerive:public CBase
{
    public:
        int func() const              //在派生类中重新定义虚函数
        {
            cout<<"希望世界每个角落都会变得温暖又明亮！"<<endl;
            return 200;
        }
};

void main()
{
    CDerive obj1;
    CBase *p1=&obj1;
    CBase &p2=obj1;
    CBase obj2;
    obj1.func();        //静态绑定：调用对象（派生类 CDerive 对象）本身的函数 func()
    p1->func();         //动态绑定：调用被引用对象所属类（派生类 CDerive）的函数 func()
    p2.func();          //动态绑定：调用被引用对象所属类（派生类 CDerive）的函数 func()
    obj2.func();        //静态绑定：调用对象（基类 CBase 对象）本身的函数 func()
}
```

程序运行结果如图 12-5 所示。在本实例中，定义了一个基类 CBase，在基类中定义了一个虚函数 func()，接下来定义了该基类的派生类 CDerive，在该派生类中重新定义了虚函数，在主函数中，定义了一个子类的对象，接着定义了一个基类的指针且指向父类的地址，最后使用了动态绑定和静态绑定来调用函数 fun()。

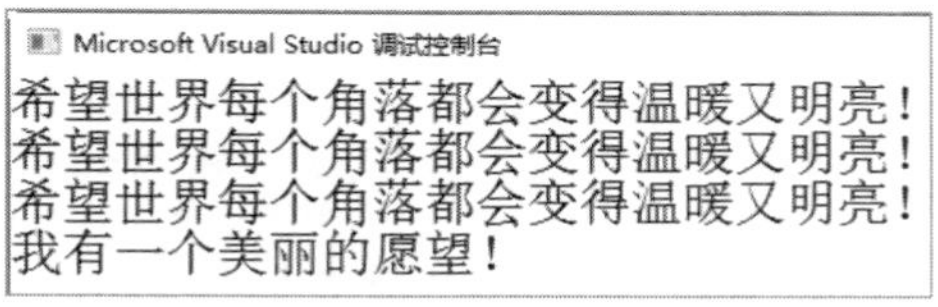

图 12-5　例 12.3 的程序运行结果

从运行结果可以看出，使用动态绑定可以较好地实现多态。定义的两个基类对象通过动态绑定都实现了对派生类虚函数的访问。

☆**大牛提醒**☆

执行动态绑定只有通过指针或引用变量才能实现，而且必须是虚函数。从概念上来说，虚函数机制只有在应用于地址时才有效，因为地址在编译阶段提供的类型信息不完全。

12.2.3　定义纯虚函数

纯虚函数是可以不用在基类中定义，只需要声明的函数。纯虚函数不能产生基类的对象，但是可以产生基类的指针。纯虚函数和虚函数最主要的区别在于，纯虚函数所在的基类是不能产生对象的，而虚函数的基类是可以产生对象的。例如：

```
class Shape
{
```

```
    protected:
        int width, height;
    public:
        Shape(int a=0, int b=0)
        {
            width=a;
            height=b;
        }
        virtual int area(){return 0;}    /*纯虚函数*/
};
```

其实，在基类 Shape 中并不使用函数 area()，其返回值也是没有意义的。为简化，可以不写出这种无意义的函数体，只给出函数的原型，并在后面加上"=0"。例如：

```
virtual int area()=0;    /*纯虚函数*/
```

纯虚函数是在声明虚函数时被初始化为 0 的函数，是一种特殊的虚函数。其语法格式如下：

```
class <类名>
{
    virtual <类型><函数名>(<参数表>)=0;
};
```

　　【实例 12.4】编写程序，定义一个基类 Shape，在该类中定义一个成员函数和一个纯虚函数，再通过派生类计算长方形和三角形的面积（源代码\ch12\12.4.txt）。

```
#include <iostream>
using namespace std;
class Shape
{
    protected:
        int width, height;
    public:
        void values(int a, int b)
        {
            width=a; height=b;
        }
        virtual int area()=0;        /*纯虚函数*/
};
class Rectangle:public Shape
{
    public:
        int area()
        {
            cout << "长方形面积: ";
            return width * height;
        }
};
class Triangle:public Shape
{
    public:
        int area()
        {
            cout << "三角形面积: ";
            return width*height/2;
        }
};
```

```
int main()
{
    Shape *p1, *p2;
    Rectangle rec;
    Triangle tri;
    p1 = &rec;
    p2 = &tri;
    p1->values(5, 9);
    p2->values(2, 4);
    cout << rec.area() << endl;
    cout << tri.area() << endl;
    cout << p1->area() << endl;
    cout << p2->area() << endl;
    return 0;
}
```

　　程序运行结果如图 12-6 所示。在本实例中，先定义了一个基类 Shape，该基类中有两个成员变量 width 和 height，以及成员函数 values(int a, int b)和纯虚函数 area()，再定义两个派生类 Rectangle 和 Triangle，这两个类一个是用于计算长方形面积，另一个是计算三角形面积，最后在函数 main()中，将参数传给函数 values(int a, int b)后，再调用两个派生类中的函数 area()，并输出长方形和三角形的面积。

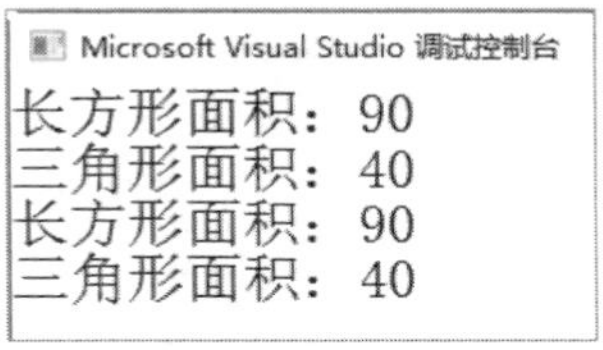

图 12-6　例 12.4 的程序运行结果

　　关于纯虚函数，需要注意以下几点。
　　（1）纯虚函数没有函数体。
　　（2）最后面的"=0"并不表示函数返回值为 0，它只起形式上的作用，告知编译系统"这是纯虚函数"。
　　（3）这是一个声明语句，最后应有分号。
　　（4）纯虚函数只有函数名而不具备函数的功能，不能被调用。它只是通知编译系统"在这里声明一个虚函数，留待派生类中定义"。在派生类中对此函数提供定义后，它才能具备函数的功能，可被调用。
　　（5）纯虚函数的作用是在基类中为其派生类保留一个函数的名称，以便派生类根据需要对它进行定义。
　　（6）如果在基类中没有保留函数名称，则无法实现多态性。如果在一个类中声明了纯虚函数，而在其派生类中没有对该函数定义，则该虚函数在派生类中仍然为纯虚函数。

12.2.4　认识虚函数表

　　在 C++语言中，我们可以通过虚函数表（以下简称虚表）来实现虚函数调用。使用虚函数表的过程就是通过一个对象地址找到该表的地址，然后遍历该表中保存的虚函数的地址，通过这个地址再调用相应的函数。在下面的实例中，如果编译器在编译时，发现类 Base 中有虚函数，编译器会为每个包含虚函数的类创建一个虚表（即 vtable）。该表是一个一维数组，在这个数组中存放每个虚函数的地址，如图 12-7 所示。

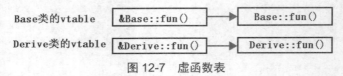

图 12-7　虚函数表

那么如何定位虚表呢？编译器为每个对象提供了一个虚表指针（即 vptr），这个指针指向了对象所属类的虚表。在程序运行时，根据对象的类型去初始化 vptr，从而让 vptr 正确地指向了所属类的虚表，在调用虚函数的时候才能够找到正确的函数。

【实例 12.5】编写程序，使用指针指向虚函数表，然后根据虚函数表的地址调用对应的函数，最后输出函数的数据信息（源代码\ch12\12.5.txt）。

```cpp
#include <iostream>
using namespace std;
class Base /*基类*/
{
    public:
        virtual void fun()
        {
            cout << "美丽的色彩！" << endl;
        }
};
class Derive:public Base
{
    public:
        void fun() /*默认也为虚函数*/
        {
            cout << "把我们的世界打扮得多么美丽！" << endl;
        }
};
int main()
{
    Derive d;
    Base *p = &d;
    p->fun();
    return 0;
}
```

程序运行结果如图 12-8 所示。在本实例中，指针 p 实际指向的对象类型为 Derive，因此 vptr 指向

```
■ Microsoft Visual Studio 调试控制台
把我们的世界打扮得多么美丽！
```

图 12-8　例 12.5 的程序运行结果

类 Derive 的 vtable；当调用 p->fun()时，根据虚函数表中的函数地址找到的就是类 Derive 的函数 fun()。

12.3　抽象类与多重继承

微视频

在许多情况下，在基类中不能对虚函数给出有意义的实现，而把它说明为纯虚函数，它的实现留给该基类的派生类去做。在 C++中，带有纯虚函数的类，称为抽象类。

12.3.1　抽象类的作用

抽象类是一种类，没有具体的实现方法，只是为了作为一个基类来实现对事物的抽象。抽象类是不能定义对象的，只能作为基类来被继承。抽象类的主要作用就是作为基类来被继承，由它作为一个公共的接口，每个派生类都是从这个公共接口派生出来的。

【实例 12.6】编写程序，定义一个抽象类 AbstractClass，然后使用抽象类调用定义的函数，并输出函数信息（源代码\ch12\12.6.txt）。

```cpp
#include <stdlib.h>
#include <iostream>
using namespace std;
class AbstractClass {
    public:
        AbstractClass(){};
        virtual ~AbstractClass(){};
        virtual void toString() = 0;
};
class SubClass:public AbstractClass {
    public:
        SubClass():AbstractClass(){};
    public:
        ~SubClass(){};
    public:
        void toString(){
            cout << "Sub::toString()\n";
        }
};
int main(int argc, char**argv){
    SubClass s;
    AbstractClass &c = s;
    c.toString();
    return (EXIT_SUCCESS);
}
```

程序运行结果如图 12-9 所示。在本实例中，定义了一个抽象类 AbstractClass，在基类中定义了一个纯虚函数 toString()，接下来，定义了该抽象类的一个具体类（具体类是可以用来定义对象的），在具体类中定义了函数 toString()。在

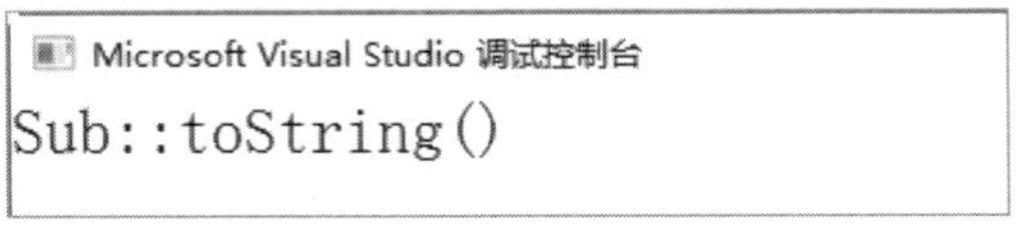

图 12-9　例 12.6 的程序运行结果

主函数中，定义了一个抽象类的应用，调用该具体类的函数 toString()。

12.3.2　抽象类的多重继承

在 C++语言中，一个派生类可以有多个基类，这样的继承机制称为多重继承。在多重继承中，以抽象类作为基类，不实现抽象类中的方法。下面用一个实例来说明抽象类的多重继承方法。

【实例 12.7】编写程序，定义一个抽象类 AbstractClass，然后使用多重继承抽象类调用定义的函数，并输出函数信息（源代码\ch12\12.7.txt）。

```cpp
#include <stdlib.h>
```

```cpp
#include <iostream>
using namespace std;
class AbstractClass{
    public:
        AbstractClass(){};
        virtual ~AbstractClass(){};
        virtual void toString() = 0;
};
class BbstractClass {
    public:
        BbstractClass(){};
        virtual ~BbstractClass(){};
        virtual void toDouble() = 0;
};
class SubClass:public AbstractClass,public BbstractClass{
    public:
        SubClass():AbstractClass(),BbstractClass(){};
    public:
        ~SubClass(){};
    public:
        void toString(){
            cout << "Sub::toString()\n";
        }
        void toDouble()
        {
            cout << "Sub::Double()\n";
        }
};
int main(int argc, char **argv){
    SubClass s;
    s.toString();
    s.toDouble();
    return (EXIT_SUCCESS);
}
```

程序运行结果如图 12-10 所示。在本实例中，定义了两个抽象类 AbstractClass 和 BbstractClass，在抽象类 AbstractClass 中定义了纯虚函数 toString()，在抽象类 BbstractClass 中定义了纯虚函数 toDouble()。接下来定义了派生类 SubClass，该派生类多重继承了抽象类，并且实现了每个基类的纯虚函数。

```
■ Microsoft Visual Studio 调试控制台
Sub::toString()
Sub::Double()
```

图 12-10　例 12.7 的程序运行结果

从运行结果可以看出，派生类实现的两个抽象类纯虚函数已经生效。在实际的应用过程中，往往都是先定义多个抽象类，再通过多重继承抽象类来实现具有多个基类属性派生类的定义。

12.4　认识运算符的重载

微视频

函数的重载是指对一个已有的函数赋予新的含义，使其实现新功能；运算符重载则是指对一个已有的运算符赋予新的含义，使同一个运算符作用域内不同类型的数据导致不同行为的发生。

12.4.1　什么是运算符重载

运算符重载的实现主要是通过运算符函数实现的，运算符函数定义了重载运算符的操作。运算符函数定义语法格式如下：

```
<返回类型说明符> operator <运算符符号>(<参数表>)
{
    <函数体>
}
```

运算符重载时，要遵循以下规则。

（1）在 C++语言中，除了类属关系运算符、成员指针运算符和作用域运算符外，其他所有运算符都可以重载。

（2）重载运算符只能重载 C++语言中已有的运算符，不能另外重新创建新的运算符。

（3）运算符重载的实质是函数重载，因此遵循函数重载的选择原则。

（4）重载后的运算符不能改变运算符的优先级和结合性，也不能改变运算符操作数的个数及语法结构。

（5）运算符重载不能改变该运算符用于内部类型对象的含义。

（6）运算符重载是针对新类型数据的实际需要对原有运算符进行适当的改写，不能与原功能有太大出入。

12.4.2　运算符重载的形式

运算符函数重载一般有两种形式：重载为类的成员函数和重载为类的友元函数。对于友元函数的重载，如果想要访问私有成员和保护成员，需要使用类的公共接口提供的函数 get()和函数 set()。

1. 运算符重载为类的成员函数

运算符重载为类的成员函数，一般语法格式如下：

```
<函数类型> operator <运算符>(<参数表>)
{
    <函数体>
}
```

当运算符重载为类的成员函数时，函数的参数个数比原来的操作数要少一个（后置单目运算符除外），这是因为成员函数用 this 指针隐式地访问了类的一个对象，它充当了运算符函数最左边的操作数。由此，可得出如下结论。

（1）双目运算符重载为类的成员函数时，函数只显式说明一个参数，该形参是运算符的右操作数。

（2）前置单目运算符重载为类的成员函数时，不需要显式说明参数，即函数没有形参。

（3）后置单目运算符重载为类的成员函数时，函数要带有一个整型形参。

调用成员函数运算符的语法格式如下：

```
<对象名>.operator<运算符>(<参数>)
```

其等价于：

```
<对象名><运算符><参数>
```

若一个运算符的操作需要修改对象的状态，选择重载为成员函数比较好。下面通过一个实例来介绍怎样对运算符进行重载。

【实例 12.8】编写程序，定义一个类 com，然后使用运算符重载的形式输出计算结果（源代码\ch12\12.8.txt）。

```cpp
#include <iostream>
using namespace std;
class com{
    private:
        int real;
        int img;
    public:
        com(int real=0, int img=0){
            this->real=real;
            this->img=img;
        }
        com operator+(com x){
            return com(this->real+x.real, this->img+x.img);
        }
        com operator+(int x){
            return com(this->real+x, this->img);
        }
        friend com operator+(int x, com y);
        void show(){
            cout << real << "," << img << endl;
        }
};
com operator +(int x, com y){
    return com(x+y.real, y.img);
}
int main()
{
    com a, b(100, 200), c(200, 300);
    a=b+c;
    a.show();
    a=b+30;
    a.show();
    a=30+c;
    a.show();
}
```

程序运行结果如图 12-11 所示。在本实例中，定义了一个类 com，该类有两个成员变量，分别是 real 和 img，并且将"+"运算符重载。第一个重载函数的输入参数为 com 类，实现两个类 real 和 img 的相加，得到新类；第二个重载函数的参数为 int 型，实现了参数与该类的 real 相加；第三个重载函数的参数为 com 类和 int 型，适用于一个 com 类的对象和一个 int 型数据相加。类 com 中定义了 3 个对象，对象 b 的 real 赋值为 100，img 赋值为 200；对象 c 的 real 赋值为 200，img 赋值为 300。在主程序中，分别调用 3 个重载的运算符，并将结果输出。

```
Microsoft Visual Studio 调试控制台
300,500
130,200
230,300
```

图 12-11   例 12.8 的程序运行结果

2. 运算符重载为类的友元函数

运算符重载为类的友元函数，一般语法格式如下：

```
friend 函数类型 operator 运算符(参数表)
{
    //<函数体>
}
```

当运算符重载为类的友元函数时，由于没有隐含的 this 指针，因此操作数的个数没有变化；所有的操作数都必须通过函数的形参进行传递，函数的参数与操作数自左至右一一对应。

调用友元函数运算符的语法格式如下：

```
operator 运算符(参数 1,参数 2)
```

其等价于：

```
参数 1 运算符 参数 2
```

例如：

```
a+b 等价于 operator+(a,b)
```

【实例 12.9】编写程序，定义一个类 Complex，然后用友元函数来重载运算符，实现数值的计算（源代码\ch12\12.9.txt）。

```cpp
#include <iostream>
using namespace std;
class Complex
{
    public:
        Complex()
        {
            real=0;
            imag=0;
        }
        Complex(double a, double b)
        {
        real=a;
        imag=b;
        }
        friend Complex operator+(Complex &c1, Complex &c2);  /*重载函数作为友元函数*/
        void show();
    private:
        double real;
        double imag;
};
Complex operator+(Complex &c1, Complex &c2)              /*定义作为友元函数的重载函数*/
{
    return Complex(c1.real+c2.real, c1.imag+c2.imag);
}
void Complex::show()
{
    cout << "(" << real << "," << imag << "i)" << endl;
}
int main()
{
    Complex c1(50, 13), c2(80, 17), c3;
    c3=c1+c2;
    cout << "c1=";
    c1.show();
```

```
        cout << "c2=";
        c2.show();
        cout << "c1+c2 ="; c3.show();
    }
```

程序运行结果如图 12-12 所示。在本实例中，将运
算符函数放在类 Complex 中，并声明它为友元函数，同时将
运算符函数改为有两个参数。在将运算符"+"重载为非
成员函数后，C++编译系统将程序中的表达式 c1+c2 解释
为"operator+(c1, c2)"，即执行 c1+c2 相当于调用以下函数。

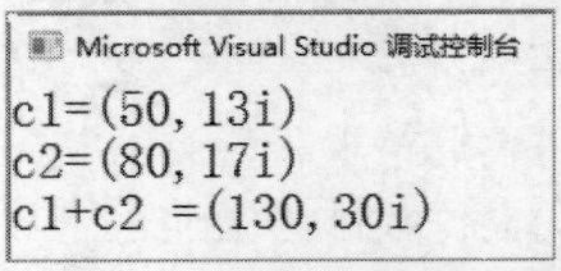

```
Complex operator+(Complex &c1,Complex &c2)
{
    return Complex(c1.real+c2.real,c1.imag+c2.imag);
}
```

Microsoft Visual Studio 调试控制台
c1=(50, 13i)
c2=(80, 17i)
c1+c2 =(130, 30i)

图 12-12　例 12.9 的程序运行结果

12.4.3　可重载的运算符

C++语言中的大部分运算符都可以被重载，但也有一部分是不能重载的。重载不能重载的
运算符是一种语法错误。可重载的运算符如表 12-1 所示。

表 12-1　可重载的运算符

分 类 名 称	运　算　符
双目算术运算符	+(加)，-(减)，*(乘)，/(除)，%(取模)
关系运算符	==(等于)，!=(不等于)，<(小于)，>(大于)，<=(小于等于)，>=(大于等于)
逻辑运算符	||(逻辑或)，&&(逻辑与)，!(逻辑非)
单目运算符	+(正)，-(负)，*(指针)，&(取地址)
自增自减运算符	++(自增)，--(自减)
位运算符	|(按位或)，&(按位与)，~(按位取反)，^(按位异或)，<<(左移)，>>(右移)
赋值运算符	=,+=,-=,*=,/=,%=,&=,|=,^=,<<=,>>=
空间申请与释放	new, delete, new[ ], delete[ ]
其他运算符	()(函数调用)，->(成员访问)，(逗号)，[ ](下标)

不可重载的运算符如表 12-2 所示。

表 12-2　不可重载的运算符

运　算　符	说　明
.	成员访问运算符
.*, ->*	成员指针访问运算符
::	域运算符
sizeof	长度运算符
?:	条件运算符
#	预处理符号

☆**大牛提醒**☆

重载不能改变运算符的优先级、结合律，并且不能改变运算符操作数的个数。

12.5　常用运算符的重载

微视频

以上各节介绍了运算符的概念及如何定义运算符，本节介绍几个常用运算符的实例，以使读者更深入地理解运算符的重载。

12.5.1　"<"运算符重载

在 C++语言中，"<"是对比运算符，用于比较其两侧的运算值。如果左侧的值小于右侧的值，则返回为"真"，否则返回为"假"。

【**实例 12.10**】编写程序，定义一个类 test，然后使用 "<" 运算符重载实现两个数值的比较，并输出比较结果（源代码\ch12\12.10.txt）。

```
#include <iostream>
using namespace std;
class test
{
    public:
        int a;
        int b;
    public:
        test(){
            a=0;
            b=0;
            cout<<"默认构造函数"<<endl;
        }
    public:
        test(int tempa,int tempb){
            a= tempa;
            b= tempb;
        }

        bool operator<(const test& mytest){//重载运算符"<"
            cout<<"<运算符的重载"<<endl;
            return (a<mytest.a)&&(b<mytest.b);
        }
};
int main()
{
    test int1(1,2);
    test int2(2,3);
    if(int1<int2)
        cout<<"结果为真"<<endl;
    else
        cout<<"结果为假"<<endl;
    return 0;
}
```

程序运行结果如图 12-13 所示。在本实例中，定义
了一个类 test，该类有两个 int 型的成员，并且定义了一
个带参数的构造函数为该类的成员赋值，然后重载了"<"
运算符，只有两个成员变量同时小于另一个对象的成员
变量才返回为真。在主函数中，先声明了类 test 的两个
对象，分别是 int1 和 int2，再对该类对象进行比较，如果为真，输出"结果为真"；如果为假，
输出"结果为假"。

图 12-13　例 12.10 的程序运行结果

从运行结果可以看出，输出"<运算符的重载"，说明调用了构造函数；输出"结果为真"，
说明对两个数的比较成功了，重载的"<"发挥了作用。

12.5.2　"+"运算符重载

在 C++语言中，"+"运算符的功能是实现两个数值相加。

【实例 12.11】编写程序，定义一个类 test，然后使用"+"运算符重载实现两个数值相加，
并输出结果（源代码\ch12\12.11.txt）。

```cpp
#include <iostream>
using namespace std;
class test
{
    public:
        int a;
        int b;
    public:
        test(){
            a=0;
            b=0;
            cout<<"默认构造函数"<<endl;
        }
    public:
        test(int tempa,int tempb){
            a= tempa;
            b= tempb;
        }

        test operator+(const test& temp) const{
            cout<<"+运算符的重载"<<endl;
            test result;
            result.a=a+temp.a;
            result.b=b+temp.b;
            return result;
        }
};
int main()
{
    test int1(100,200);
    test int2(200,300);
    test int3;
    int3=int1+int2;
    cout<<"int3.a="<<int3.a<<endl;
```

```
        cout<<"int3.b="<<int3.b<<endl;
}
```

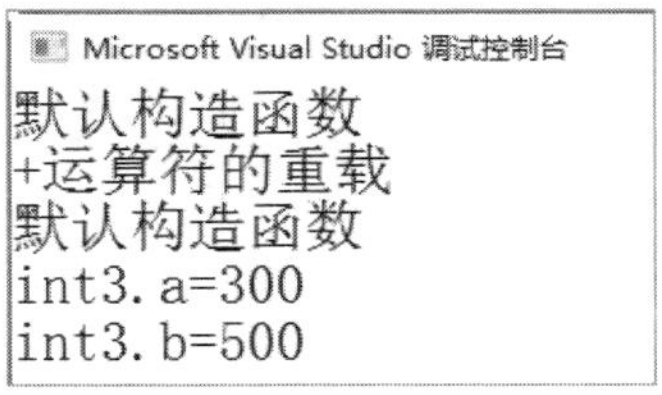

　　程序运行结果如图 12-14 所示。在本实例中，定义了
一个类 test，该类有两个 int 型的成员，并且定义了一个带
参数的构造函数为该类的成员赋值，然后重载了"+"运
算符，将该类的两个成员分别相加。在主函数中，先声明
了类 test 的两个对象，分别是 int1 和 int2，int1 的成员为
(100,200)，int2 的成员为(200,300)，同时声明了对象 int3，
该对象调用默认构造函数，最后将 int1 和 int2 相加的结果
赋给 int3，并把 int3 的值输出。

图 12-14　例 12.11 的程序运行结果

　　从运行结果可以看到，输出"默认构造函数"，说明调用了构造函数；输出了"+运算
符的重载"，说明调用了重载的运算符；输出"int3.a=300"和"int3.b=500"，说明重载运
算符计算正确。

12.5.3　"="赋值运算符重载

　　对于一个类的两个对象，赋值运算符"="是可以使用的。在编译过程中会生成一个默认的
赋值函数，将两个对象的成员逐一赋值，实现复制。但是，如果数据成员是指针类型的变量，
这种复制操作就会产生内存泄露的错误。在这种情况下，就必须重载赋值运算符"="，实现两
个对象的赋值运算。自定义类的赋值运算符重载函数的作用与内置赋值运算符的作用类似。

　　【实例 12.12】编写程序，定义一个类 Internet，然后使用"="赋值运算符重载实现复制操
作，并输出结果（源代码\ch12\12.12.txt）。

```
#include <iostream>
using namespace std;
class Internet
{
    public:
        Internet(const char* name, const char* url)
        {
            Internet::name = new char[strlen(name)+1];
            Internet::url = new char[strlen(url)+1];
            if(name)
            {
            strcpy_s(Internet::name, strlen(name)+1, name);
            }
            if(url)
            {
            strcpy_s(Internet::url, strlen(url)+1, url);
            }
        }
        Internet(Internet& temp)
        {
            Internet::name = new char[strlen(temp.name)+1];
            Internet::url = new char[strlen(temp.url)+1];
            if(name)
            {
                strcpy_s(Internet::name, strlen(temp.name)+1, temp.name);
```

```
                }
                if(url)
                {
                        strcpy_s(Internet::url, strlen(temp.url)+1, temp.url);
                }
        }
        ~Internet()
        {
                delete[] name;
                delete[] url;
        }
        Internet& operator =(Internet& temp)//赋值运算符重载函数
        {
                delete[] this->name;
                delete[] this->url;
                this->name = new char[strlen(temp.name)+1];
                this->url = new char[strlen(temp.url)+1];
                if(this->name)
                {
                strcpy_s(this->name, strlen(temp.name)+1,temp.name);
                }
                if(this->url)
                {
                strcpy_s(this->url, strlen(temp.url)+1,temp.url);
                }
                return *this;
        }
    public:
        char* name;
        char* url;
};
int main()
{
    Internet a("《西游记》", "作者: 吴承恩");
    Internet b = a;                   //b 对象还不存在，所以调用复制构造函数进行构造处理
    cout << b.name << endl << b.url << endl;
    Internet c("《红楼梦》", "作者: 曹雪芹");
    b = c;                            //b 对象已经存在，所以系统选择赋值运算符重载函数处理
    cout << b.name << endl << b.url << endl;
}
```

　　程序运行结果如图 12-15 所示。在本实例中，定义了
一个类 Internet，该类有两个成员，分别是 Internet 的 name
和 url，并且定义了两个带参数的构造函数为该类的成员
赋值，两个构造函数的参数分别是字符串和该类的一个指
针，然后定义了析构函数，用来删除申请的空间地址，接
着重载了"="运算符，对两个成员进行赋值。在主函数
中，先声明了类 Internet 的对象 a，把对象 a 赋给对象 b，输出对象 b 的成员，又声明了一个对
象 c，把对象 c 赋给对象 b，同时输出 b 的结果。

图 12-15　例 12.12 的程序运行结果

☆大牛提醒☆

　　在类对象还未存在的情况下，赋值过程是通过复制构造函数进行构造处理（代码中的

Internet b=a;就属于这种情况），但当对象已经存在，那么赋值过程就是通过赋值运算符重载函数处理（代码中的 b = c;就属于此种情况）。

12.5.4　前置运算符重载

在 C++语言中，编译器是根据运算符重载函数参数表中是否插入关键字 int 来区分是前置还是后置运算。前置运算符重载语法格式如下。

（1）成员运算符函数：ob.operater ++()。

（2）友元运算符函数：operator ++(x& obj)。

下面使用一个实例来说明如何重载前置运算符。

【实例 12.13】编写程序，定义一个类 TDPoint，然后使用前置运算符重载实现三维坐标值的输出（源代码\ch12\12.13.txt）。

```cpp
#include <iostream>
using namespace std;
class TDPoint                                            //三维坐标
{
    private:
        int x;
        int y;
        int z;
    public:
        TDPoint(int x=0,int y=0,int z=0)
        {
            this->x=x;
            this->y=y;
            this->z=z;
        }
        TDPoint operator++();                            //成员函数重载前置运算符"++"
        //TDPoint operator++(int);                       //成员函数重载后置运算符"++"
        friend TDPoint operator++ (TDPoint& point);      //友元函数重载前置运算符"++"
        //friend TDPoint operator++(TDPoint& point,int); //友元函数重载后置运算符"++"
        void showPoint();
};
TDPoint TDPoint::operator++()
{
    ++this->x;
    ++this->y;
    ++this->z;
    return *this;//返回自增后的对象
}
TDPoint operator++(TDPoint& point)
{
    ++point.x;
    ++point.y;
    ++point.z;
    return point;//返回自增后的对象
}
void TDPoint::showPoint()
{
    std::cout<<"("<<x<<","<<y<<","<<z<<")"<<std::endl;
```

```
}
int main()
{
    TDPoint point(8,8,8);
    point.operator++();//或++point
    point.showPoint();//前置++运算结果
    operator++(point);//或++point;
    point.showPoint();//前置++运算结果
    return 0;
}
```

程序运行结果如图 12-16 所示。在本实例中，定义了一个类 TDPoint，在该类中定义了 3 个成员，分别是 x、y、z，并且分别使用成员函数和友元函数重载了前置"++"运算符，将该类的 3 个成员全都输出。在主函数中，首先使用(8, 8, 8)初始化了一个该类的对象 point，分别调用重载前置函数，然后输出当前的成员数据。

图 12-16　例 12.13 的程序运行结果

从运行结果可以看出，分别输出了"(9, 9, 9)"和"(10, 10, 10)"，说明重载的前置"++"运算符起到了作用，分别将类的成员全部加 1。

12.5.5　后置运算符重载

后置运算符重载语法格式如下。

（1）成员运算符函数：ob.operater ++(int)。

（2）友元运算符函数：operator ++(x& obj, int)。

下面通过一个实例来说明如何重载后置运算符。

【实例 12.14】编写程序，定义一个类 TDPoint，然后使用后置运算符重载实现三维坐标值的输出（源代码\ch12\12.14.txt）。

```
#include <iostream>
using namespace std;
class TDPoint                                          //三维坐标
{
    private:
        int x;
        int y;
        int z;
    public:
        TDPoint(int x=0,int y=0,int z=0)
        {
            this->x=x;
            this->y=y;
            this->z=z;
        }
        //TDPoint operator++();                         //成员函数重载前置运算符"++"
        TDPoint operator++(int);                        //成员函数重载后置运算符"++"
        //friend TDPoint operator++ (TDPoint& point);   //友元函数重载前置运算符"++"
        friend TDPoint operator++(TDPoint& point,int);  //友元函数重载后置运算符"++"
        void showPoint();
};
```

```
TDPoint TDPoint::operator++(int)
{
    TDPoint point(*this);
    this->x++;
    this->y++;
    this->z++;
    return point;//返回自增前的对象
}
TDPoint operator++(TDPoint& point,int)
{
    TDPoint point1(point);
    point.x++;
    point.y++;
    point.z++;
    return point1;//返回自增前的对象
}
void TDPoint::showPoint()
{
    std::cout<<"("<<x<<","<<y<<","<<z<<")"<<std::endl;
}
int main()
{
    TDPoint point(8,8,8);
    point=point.operator++(0);//或 point=point++
    point.showPoint();//后置++运算结果
    point=operator++(point,0);//或 point=point++;
    point.showPoint();//后置++运算结果
    return 0;
}
```

程序运行结果如图 12-17 所示。在本实例中，定义了一个类 TDPoint，在该类中定义了 3
个成员，分别是 x、y、z，并且分别使用成员函数和友元
函数重载了后置"++"运算符，将该类的 3 个成员全都
输出。在主函数中，首先使用(8, 8, 8)初始化了一个该类
的对象 point，分别调用重载后置函数，然后输出当前的
成员数据。

图 12-17　例 12.14 的程序运行结果

从运行结果可以看出，分别输出了"(8, 8, 8)"和"(8, 8, 8)"，说明重载的后置"++"运算
符起到了作用，在运算结束后才能加 1，所以输出数字仍然全为 8。

12.5.6　插入运算符重载

在头文件 iostream 中，对插入运算符"<<"进行重载，能输出各种标准类型的数据。其
语法格式如下：

```
Ostream& operator<<(ostream& 类型名 )
```

下面通过一个具体实例来说明如何对插入运算符进行重载。

【实例 12.15】编写程序，定义一个类 Time，然后使用插入运算符重载实现时间值的输出（源
代码\ch12\12.15.txt）。

```
#include <iostream>
using namespace std;
```

```
class Time {
    public:
        Time(int h=0, int m=0, int s=0);
        friend istream & operator >> (istream &,Time &);
        friend ostream & operator << (ostream &,Time &);
    private:
        int hour, minute, second;
};

Time::Time(int h/* =0 */, int m/* =0 */, int s/* =0 */)
{
    hour = h;
    minute = m;
    second = s;
}
istream& operator>>(istream &,Time& temp )
{
    return cin>>temp.hour>>temp.minute>>temp.second;
}
ostream & operator << (ostream &,Time&temp)
{
    return cout<<temp.hour<<":"<<temp.minute<<":"<<temp.second;
}
int main()
{
    Time mytime(12,48,35);
    cout<<mytime;
    return 0;
}
```

程序运行结果如图 12-18 所示。在本实例中，定义了一个类 Time，在该类中定义了 3 个成员，分别代表时、分、秒，并定义了一个带参数的构造函数，对该类中的 3 个成员进行赋值，同时重载了插入运算

图 12-18　例 12.15 的程序运行结果

符，使得该类对象能够直接使用插入运算符。在主函数中，定义了一个类 Time 的对象 mytime，并且对该类对象成员进行赋值（12, 48, 35）。在定义完对象后，使用重载的插入运算符，将对象输出。

从运行结果可以看出，本实例重载了插入运算符，输出了类 Time 的对象。

12.5.7　折取运算符重载

在头文件 iostream 中，对折取运算符"">>"进行重载，能输入各种标准类型的数据。其语法格式如下。

```
istream& operator<<(istream& 类型名 )
```

下面使用一个具体实例来说明如何对折取运算符进行重载。

【实例 12.16】编写程序，定义一个类 Complex，然后使用折取运算符重载实现数据的输出（源代码\ch12\12.16.txt）。

```
#include <iostream>
class Complex                                        //复数类
```

```
{
    private:                                          //私有
        double real;                                  //实数
        double imag;                                  //虚数
    public:
        Complex(double real=0,double imag=0)
        {
            this->real=real;
            this->imag=imag;
        }
        friend std::ostream& operator<<(std::ostream& o,Complex& com);
                                            //友元函数重载折取运算符"<<"
        friend std::istream& operator>>(std::istream& i,Complex& com);
                                            //友元函数重载插入运算符">>"
};
std::ostream& operator<<(std::ostream& o,Complex& com)
{
    std::cout<<"输入的复数:";
    o<<com.real;
    if(com.imag>0)
        o<<"+";
    if(com.imag!=0)
        o<<com.imag<<"i"<<std::endl;
    return o;
}
std::istream& operator>>(std::istream& i,Complex& com)
{
    std::cout<<"请输入一个复数:"<<std::endl;
    std::cout<<"real(实数):";
    i>>com.real;
    std::cout<<"imag(虚数):";
    i>>com.imag;
    return i;
}
int main()
{
    Complex com;
    std::cin>>com;
    std::cout<<com;
    return 0;
}
```

　　程序运行结果如图 12-19 所示。在本实例中，定义了一个复数类 Complex，在该类中定义了两个成员，分别代表实部和虚部，又定义了一个带参数的构造函数，并且对插入和折取运输符进行了重载实现，使得两个运算符可以直接被该类对象调用。在主函数中，首先定义了一个类对象 com，通过折取运算符进行重载，输入该复数的实部和虚部，再调用重载的插入运算符将结果输出。

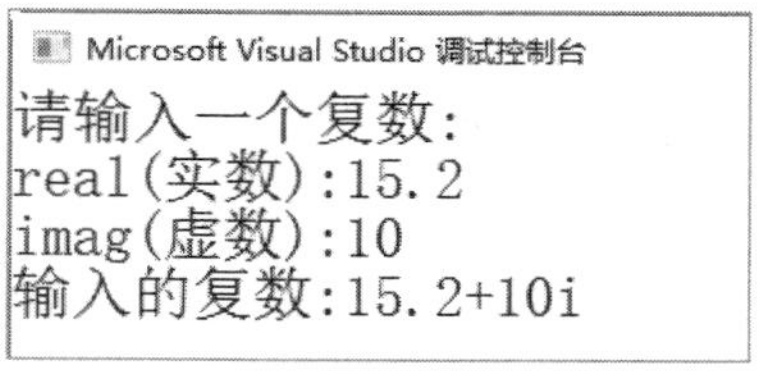

図 12-19　例 12.16 的程序运行结果

　　从运行结果可以看出，输入了一个复数的实部为 15.2、虚部为 10，然后调用插入运算符，将输入的复数输出。

☆**大牛提醒**☆

重载 ">>" 和 "<<" 运算符时，函数返回值必须是类 istream/ostream 的引用。

12.6　新手疑难问题解答

问题 1：在虚表指针没有正确初始化前，用户不能够调用虚函数，那么虚表指针是在什么时候，或者在什么地方初始化呢？

解答：由于每个对象调用的虚函数都是通过虚表指针来索引的，这也就决定了虚表指针的正确初始化是非常重要的。在构造函数中进行虚表的创建和虚表指针的初始化，在构造子类对象时，要先调用父类的构造函数，此时编译器只"看到了"父类，并不知道后面是否还有继承者，它初始化父类对象的虚表指针，该虚表指针指向父类的虚表；当执行子类的构造函数时，子类对象的虚表指针被初始化，指向自身的虚表。

问题 2：重载一元运算符时，应该用友元函数重载吗？

解答：重载一元运算符时，把运算符函数用作类的成员，而不用作友元函数。因为友元的使用破坏了类的封装，所以除非绝对必要，否则应尽量避免使用友元函数和友元类。

12.7　实战训练

实战训练

实战 1：利用抽象类中的动物类派生出鸟类，再在鸟类中派生出鹰类。

编写程序，定义一个类 Animal，这个类为抽象类动物类，该类中有两个纯虚函数 Show() 和 name()，再定义一个派生类 Birds，用于继承类 Animal 的名称与属性，然后定义一个派生类 Hawk，用于继承类 Birds 的名称与属性。程序运行效果如图 12-20 所示。

```
■ Microsoft Visual Studio 调试控制台
动物类->鸟
猛禽类->鹰
```

图 12-20　实战 1 的程序运行效果

实战 2：通过重载运算符 "+" 和 "–" 实现复数的加、减运算。

编写程序，首先定义一个复数类，该类有两个数据成员，分别代表复数的实部和虚部，成员函数定义中重载了构造函数，定义了重载运算符 "+" 和 "–"，函数 display() 显示复数。运算符 "+" 把两个复数的实部和虚部相加，运算符 "–" 把两个复数的实部和虚部相减。最后在主函数中，定义复数类的对象 c、c1、c2、c3，初始化 c 和 c1，把 c+c1 的值赋给 c2，把 c-c1 的值赋给 c2，调用 c2 和 c3 的函数 display()，将结果输出。程序运行效果如图 12-21 所示。

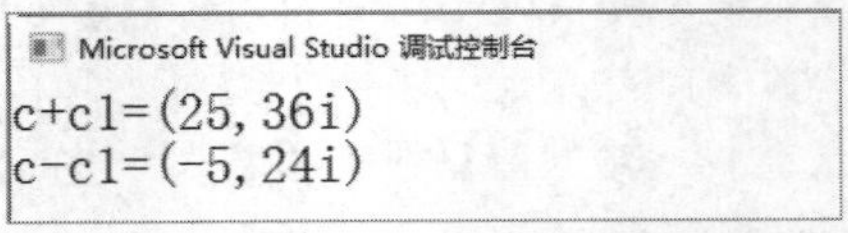

```
■ Microsoft Visual Studio 调试控制台
c+c1=(25, 36i)
c-c1=(-5, 24i)
```

图 12-21　实战 2 的程序运行效果

第13章

C++中模板的应用

模板是 C++的高级特性，分为函数模板和类模板。使用模板可以让用户为类或者函数声明一种一般模式，使得类中的某些数据成员或者成员函数的参数、返回值取得任意类型。本章介绍 C++中模板的应用。

13.1 函数模板

微视频

函数模板不是一个真实存在的函数（编译器不能为其生成可执行代码），而是一个对函数功能框架的描述。当它具体执行时，将根据传递的实际参数决定其功能。

13.1.1 函数模板的用途

函数模板是一个通用函数，其函数类型和形参类型不具体指定，可用一个虚拟的类型来代表。简而言之，就是只要函数体相同的函数都可以用这个模板来代替；不必定义多个函数，只需在模板中定义一次即可。

☆**大牛提醒**☆

如果在调用函数时系统会根据实参的类型来取代模板中的虚拟类型，从而实现了不同函数的功能。

下面通过一个简单的例子来说明使用函数模板编写程序的好处。例如，要写 *n* 个函数，实现交换 char 型、int 型、double 型变量的值。

不使用模板函数对类型进行交换。代码如下：

```
void swap(int &x, int &y)        /*int 型数据交换的函数*/
{
    int temp = x;
    x = y;
    y = temp;
}
void swap(char &x, char &y)      /*char 型数据交换的函数*/
{
    char temp = x;
    x = y;
```

```
        y = temp;
    }
```

像以上这样几乎一样的代码却要重复写很多次，极大地增加了程序运行的负担。为此，C++
语言中引入了函数模板机制。有了函数模板，可以对程序做修改。代码如下：

```
#include <iostream>
using namespace std;
template <typename T>        /* template 关键字告知 C++编译器开始要声明模板了，不能随便报错*/
void swap(T &x, T &y)         /*数据类型 T 为参数化数据类型 */
{
    T temp;
    temp = x;
    x = y;
    y = temp;
}
void main()
{
    int a = 10;
    int b = 20;
    swap(a, b);
    float m = 2.5;
    float n = 3.5;
    swap(m, n);
    swap<float>(m, n);
    return;
}
```

由以上代码可以看出，通过使用函数模板可以大大减少代码量，让用户编程变得更加方便。

13.1.2   函数模板的定义

函数模板定义的一般语法格式如下：

```
template <类型形式参数表> 返回类型 函数名(形式参数表)
{
    语句序列;
}
```

其主要参数说明如下。

（1）template 为关键字，表示定义一个模板。

（2）<>内为模板参数，模板参数主要有两种：一种是模板类型参数（常用形式），另一种
是模板非类型参数。模板类型参数使用关键字 class 或 typedef 修饰，其后是一个用户定义的合
法标识符。而模板非类型参数与普通参数定义相同，通常为一个常数。

声明函数模板时可以将其分为 template 部分和函数名部分，例如：

```
template <class T>
void fun(T t)
{
    …//函数实现代码
}
```

（3）类型形式参数表可以采用以下形式。

```
typename T1, typename T2, …, typename Tn
```

或者：

```
class T1, class T2, …, class Tn
```

☆**大牛提醒**☆

在定义函数模板时，一定要注意以下几点。

①函数模板定义由模板说明和函数定义组成。

②模板说明的类属参数必须在函数定义中至少出现一次。

③函数参数表中可以使用类属类型参数，也可以使用一般类型参数。

【**实例 13.1**】编写程序，定义函数模板，实现数据的大小比较并输出较小的数据（源代码\
ch13\13.1.txt）。

```
#include <iostream>
using std::cout;
using std::endl;
//声明一个函数模板,用来比较输入的两个相同数据类型参数的大小
//class 也可以被 typename 代替，T 可以被任意字母或者数字代替
template <class T>
T min(T x, T y)
{
    return(x<y)?x:y;
}
int main()
{
    int n1=18, n2=26;
    double d1=5.6, d2=7.8;
    cout << "较小整数:" << min(n1, n2) << endl;
    cout << "较小实数:" << min(d1, d2) << endl;
}
```

程序运行结果如图 13-1 所示。在本实例中，首
先声明一个函数模板，用来比较输入的两个相同数
据类型参数的大小，将较小的数值返回，接着函数
main()中定义了两个整型变量 n1、n2 和两个双精度
类型变量 d1、d2，然后调用函数 min(n1, n2)，即实

图 13-1　例 13.1 的程序运行结果

例化函数模板 T min(Tx, Ty)（其中 T 为 int 型），求出 n1、n2 中的最小值。同理，调用函数
min(d1, d2)时，求出 d1、d2 中的最小值。

从运行结果可以看出，函数模板起到了作用，已将两个同类型参数中较小的数值输出。

13.1.3　函数模板的调用

一般来说，编写函数模板主要包括以下 3 个步骤。

（1）定义一个普通的函数，数据类型采用普通数据类型。

（2）将数据类型参数化，即将其中具体的数据类型名（如 int）全部替换成由用户自定义的
抽象类型参数名（如 T）。

（3）在函数头前用关键字 **template** 引出对类型参数名的声明。

按以上步骤操作，就可以把一个具体的函数改写成一个通用的函数模板。

简单地说，可以把模板看作一种类型，函数模板也不例外。既然是类型，那么在调用函数
模板时就应该是使用它的一个实例。既然是类型与实例的关系，那么就应该有一个类型实例化

的问题。对普通类型进行实例化时通常需要提供必要的参数；函数模板也不例外，只是 C++模板参数不是普通的参数，而是特定的类型。也就是说，在实例化函数模板的时候，需要以类型作为参数。对于模板参数的调用，有以下两种方式。

（1）显式地实例化函数模板。例如：

```
template<typename T>
inline T const& max(T const& a,T const& b)
{
    return a<b?b:a;
}
//实例化并调用一个函数模板
max<double>(4,4.2);
```

（2）隐式地实例化函数模板。例如：

```
template<typename T>
inline T const& max(T const& a,T const& b)
{
    return a<b?b:a;
}
//隐式地实例化并调用一个函数模板
int i=max(42,66);
```

【实例 13.2】编写程序，定义一个函数模板，然后调用模板函数对各种数据类型参数进行比较，并输出比较结果（源代码\ch13\13.2.txt）。

```
#include <iostream>
using namespace std;
template <typename T>
T max(T a, T b)                                        /*定义函数模板*/
{
    return a>b?a:b;
}
int main()
{
    cout << "max(3,5)=" << max(3,5) << endl;            /*调用模板函数*/
    cout << "max(2.5,3.1)=" << max(2.5,3.1) << endl;    /*调用模板函数*/
    cout << "max('x','y')=" << max('x','y') << endl;    /*调用模板函数*/
    return 0;
}
```

程序运行结果如图 13-2 所示。在本实例中定义函数模板后，在函数 main()中就会调用模板函数，因实参类型不同，所以在程序执行 max(Ta,Tb)时会匹配不同的模板函数。下面是编译时生成的模板函数。

```
█ Microsoft Visual Studio 调试控制台
max(3, 5)=5
max(2.5, 3.1)=3.1
max('x', 'y')=y
```

图 13-2 例 13.2 的程序运行结果

```
int max(int a, int b)
{ return a>b?a:b; }
char max(char a, char b)
{ return a>b?a:b; }
double max(double a, double b)
{ return a>b?a:b; }
```

13.1.4　函数模板的重载

对于整型数和实型数，编译器可以直接进行比较，即使使用函数模板后也可以直接进行比较。但如果是字符指针指向的字符串就需要使用库函数来进行比较，或者通过重载函数模板实现字符串的比较。

在 C++语言中是支持函数模板重载的，以下为函数模板重载的参数匹配规则。

（1）寻找和使用最符合函数名及参数类型的函数，若找到则调用它。

（2）寻找一个函数模板，将其实例化，产生一个匹配的模板函数，若找到则调用它。

（3）寻找可以通过类型转换进行参数匹配的重载函数，若找到则调用它。

（4）如果按以上步骤均未找到匹配函数，则调用错误。

（5）如果调用有多于一个的匹配函数可供选择，则调用匹配出现二义性。

【实例 13.3】编写程序，定义一个函数模板，然后使用函数模板的重载定义实现数值相加的函数来，来计算两个数据的和，并输出计算结果（源代码\ch13\13.3.txt）。

```cpp
#include <iostream>
using namespace std;
int Add(int a, int b)                /*定义普通函数*/
{
    cout << "int Add(int a, int b)=";
    return a+b;
}
template <typename T>                /*定义函数模板*/
T Add(T a, T b)
{
    cout << "T Add(T a, T b)=";
    return a+b;
}
template <typename T>
T Add(T a, T b, T c)                 /*函数模板的重载*/
{
    cout << "T Add(T a, T b, T c)=";
    return Add(Add(a, b), c);
}
int main()
{
    int a = 2;
    int b = 3;
    cout << Add(a, b) << endl;       /*当函数模板和普通函数都符合调用时，优先选择普通函数*/
    cout << Add<>(a, b) << endl;     /*若显示使用函数模板，则使用<>类型列表*/
    cout << Add(5, 6) << endl;       /*若函数模板能产生更好的匹配，则使用函数模板*/
    cout << Add(5, 6, 7) << endl;    /*重载*/
    cout << Add('a', 10) << endl;    /*调用普通函数，可以进行隐式类型转换*/
    return 0;
}
```

程序运行结果如图 13-3 所示。在本实例中，首先定义了普通的相加函数 Add(int a, int b)、相加的函数模板及函数模板的重载相加函数，然后在函数 main()中通过调用发现，程序优先选择普通函数；若想显示使用函数模板，需要使用“<>”类型列表；重载函数的定义体与函数模板的函数定义体相同，而形式参数表的类型则以实际参数表的类型为依据。在调用普通函数时，可以进行隐式类型转换，但是函数模板不提供隐式的类型转换，必须是严格的匹配。

```
※ Microsoft Visual Studio 调试控制台
int Add(int a,int b)=5
T Add(T a,T b)=5
int Add(int a, int b)=11
T Add(T a,T b,T c)=int Add(int a,int b)=int Add(int a,int b)=18
int Add(int a,int b)=107
```

图 13-3　例 13.3 的程序运行结果

微视频

13.2　类模板

类模板是类定义的一种模式，将类中的数据成员和成员函数的参数值或者返回值定义为模板。在使用中，该模板可以是任意的数据类型。类模板不是指一个具体的类，而是指具有相同特性但成员的数据类型不同的一族类。

13.2.1　类模板的定义

使用 template 关键字不但可以定义函数模板，还可以定义类模板。类模板的定义和使用与函数模板类似，类模板定义的一般语法格式如下：

```
template <类型形式参数值> class 类模板名
{
    …//类模板体
};
```

其中，template 为声明类模板的关键字，表示声明一个模板；模板参数的数量可以为一个，也可以为多个，而且可以是类型参数，也可以是非类型参数。类型参数由关键字 class 或 typename 及其后面的标识符构成。非类型参数由一个普通参数构成，代表模板定义中的一个常量。例如：

```
template<class T, int a>
class Myclass;
```

该例中，T 为类型参数，a 为非类型参数。

类模板成员函数定义的语法格式如下：

```
template <类型形式参数表>
返回类型 类模板名 <类型名表>::成员函数名(形式参数列表)
{
    …//函数体
};
```

其中，template 是关键字，类型形式参数表与函数模板定义中的相同。类模板成员函数定义时，类模板名与类模板定义时要一致。类模板不是一个真实的类，而是需要重新生成类。生成类的语法格式如下：

```
类模板名<类型实际参数表>
```

用新生成类定义对象的语法格式如下：

```
类模板名<类型实际参数表>对象名
```

其中，类型实际参数表应与该类模板中的类型形式参数表匹配。用类模板生成的类，称为模板类。类模板和模板类不是同一概念，类模板是模板的定义，不是真实的类，定义中要用到类型参数；而模板类本质上与普通类相同，是指类模板的类型参数实例化后得到的类。

在使用类模板编写程序时，需要注意以下几点。

（1）如果在全局域中声明了与模板参数同名的变量，则该变量被隐藏掉。

（2）模板参数名不能被当作类模板定义中类成员的名称。

（3）同一个模板参数名在模板参数表中只能出现一次。

（4）在不同的类模板声明中，模板参数名可以被重复使用。例如：

```
typedef string T;
template <class T, int a>
class Graphics
{
    T node;                      /*node 不是 string 类型*/
    typedef double T;            /*错误：成员名不能与模板参数 T 同名*/
};
template <class T, class T>      /*错误：重复使用名为 T 的参数*/
class A;
template <class T>               /*参数名 T 在不同模板间可以重复使用*/
class B;
```

（5）在类模板的声明和定义中，模板参数的名称可以不同。例如：

```
template <class T> class Image;
template <class U> class Image;
template <class Type>            /*模板的真正定义*/
class Image
{
    /*模板定义中只能引用名称 Type,不能引用名称 T 和 U*/
};
```

该例中的 3 个 Image 都引用同一个类模板的声明。

（6）类模板参数可以有默认实参，给参数提供默认实参的顺序是"先右后左"。例如：

```
template <class T, int size = 1024>
class Myclass;
template <class T = char, int size>
class Myclass;
```

【实例 13.4】编写程序，定义一个类模板，然后设计一个类模板实例，再调用该类的输出函数将结果输出（源代码\ch13\13.4.txt）。

```
#include <iostream>
using std::cout;
using std::endl;
class A
{
    public:
        A(int i)
        {
            m_A=i;
        }
        ~A()
        {
        }
        static void print()
        {
```

```
            std::cout<<"A"<<std::endl;
        }
        friend class B;
    protected:
        int m_A;
    private:
};
class B
{
    public:
        B(int i)
        {
            m_B=i;
        }
        static void print()
        {
            std::cout<<"B"<<std::endl;
        }
        void show(B b)
        {
            b.a->m_A=10;
            b.m_B=2;
        }
    protected:
    private:
        A *a;
        int m_B;
};
template <class T1,class T2>
class CTestTemplate
{
    public:
        CTestTemplate(T1 t)
        {
            m_number=t;
        }
        void print()
        {
            T2::print();
            std::cout<<m_number<<std::endl;
        }
    protected:
    private:
        T1 m_number;
};
int main(int argc,char* argv[])
{
    CTestTemplate<int,B> testtem(3);
    testtem.print();
}
```

　　程序运行结果如图 13-4 所示。在本实例中，首先定义了一个类 A，在该类中定义了构造函数和析构函数，并且定义了一个输出函数，将类 A 中的成员变量输出，接下来定义了一个与类 A 类似的类 B，输出类 B 的成员内容，然后定义了一个类模板，又定义了类模板类 CTestTemplate，

在该类中分别对其中的类成员 T1 和 T2 进行了操作，将
T1 赋给该类的成员变量，调用 T2 的输出函数，最后成功
地将该类的两个成员变量输出。

13.2.2　类模板的实例化

从通用的类模板定义中生成类的过程，称为模板实例
化。如图 13-5 所示为类模板实例化示意图。

图 13-4　例 13.4 的程序运行结果

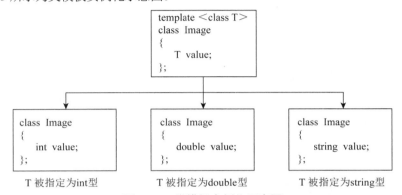

图 13-5　类模板实例化示意图

从图 13-5 可以看出，这里的 T 是一个形参，同类型的实参值被传递给该形参，指定每个不
同类型的值都创建一个新类。与函数模板不同的是，函数模板的实例化是由编译程序在处理函
数调用时自动完成的，而类模板的实例化则必须由程序员在程序中显式地指定。

类模板实例化的一般语法格式如下：

```
类名 <数据类型 数据> 对象名;
```

例如：

```
Image<int> gi;          /*类模板的实例化*/
```

该语句表示将类模板 Image 的类型参数 T 替换成 int 型，从而创建一个具体的类，并生成该具
体类的一个对象 gi。

13.2.3　类模板的使用

类模板可以说是用类生成类，这样就减少了类的定义数量。下面通过一个实例来介绍类模
板的使用方法。

【实例 13.5】编写程序，声明一个类模板，利用它分别实现两个整数、两个双精度数和两
个字符的比较，求出最大值和最小值，并输出结果（源代码\ch13\13.5.txt）。

```
#include <iostream>
using namespace std;
template <class T>          /*声明一个模板，新定义一个类型名为 T*/
class Compare              /*定义类模板*/
{
    public:
        Compare(T a, T b)
```

```
            {
                x = a; y = b;
            }
            T max()
            {
                return (x>y) ? x : y;
            }
            T min()
            {
                return (x<y) ? x : y;
            }
    private:
            T x, y;
};
int main()
{
    Compare <int> cmp1(3, 7);                  /*定义对象 cmp1，用于两个整数的比较*/
    cout << "int 类型(3, 7):" << endl;
    cout << "cmp1.max()=" << cmp1.max() << endl;
    cout << "cmp1.min()=" << cmp1.min() << endl << endl;
    Compare <double> cmp2(51.25, 54.69);      /*定义对象 cmp2，用于两个双精度数的比较*/
    cout << "double 类型(51.25, 54.69):" << endl;
    cout << "cmp2.max()=" << cmp2.max() << endl;
    cout << "cmp2.min()=" << cmp2.min() << endl << endl;
    Compare <char> cmp3('y', 'X');             /*定义对象 cmp3，用于两个字符的比较*/
    cout << "char 类型('y', 'X'):" << endl;
    cout << "cmp3.max()=" << cmp3.max() << endl;
    cout << "cmp3.min()=" << cmp3.min() << endl;
    return 0;
}
```

程序运行结果如图 13-6 所示。本实例中，声明了一个模板，新定义的类型名为 T，然后定义一个类模板，用于求出最大值和最小值。

在上述实例的类模板中成员函数是在类模板内定义的。如果改为在类模板外定义，不能用一般定义类成员函数的形式。例如：

```
T Compare::max( )  /*不能这样定义类模板中的成员函数*/
{…}
```

而应当写成类模板的形式：

```
template <class T>          /*类模板*/
T Compare<T>::max()
{
    return (x>y)?x:y;
}
```

```
■ Microsoft Visual Studio 调试控制台
int 类型(3, 7):
cmp1.max()=7
cmp1.min()=3

double 类型(1.25, 4.69):
cmp2.max()=4.69
cmp2.min()=1.25

char 类型('y', 'X'):
cmp3.max()=y
cmp3.min()=X
```

图 13-6　例 13.5 的程序运行结果

以上的第一行表示类模板，第二行左端的 T 是虚拟类型名，而后面的 Compare＜T＞是一个整体，是带参的类。表示所定义的函数 max()是在类 Compare＜T＞作用域内的。在定义对象时，用户当然需要指定实际的类型，这样编译时就会将类模板中的虚拟类型名 T 全部用实际的类型代替。Compare＜T＞就相当于一个实际的类。

在使用类模板时需要注意以下几点。

（1）先写出一个实际的类，由于其语义明确、含义清楚，一般编写时不会出错。

（2）将此类中准备改变的类型名（如将 int 改为 float 或 char）改为一个由用户自行指定的虚拟类型名（如上例中的 T）。

（3）用类模板定义对象时，采用以下形式。

```
类模板名<实际类型名> 对象名;
类模板名<实际类型名> 对象名(实参列表);
```

例如：

```
Compare<int> cmp;
Compare<int> cmp(3,7);
```

13.3　模板的特化

微视频

在 C++语言中，模板参数在某种特定类型下的具体实现，称为模板的特化。模板的特化有时也称为模板的具体化，可分为函数模板特化和类模板特化。下面通过一个实例来说明如何实现模板的特化。

【实例 13.6】编写程序，定义一个类模板 Pair，对模板进行特化，然后调用取模计算函数，并输出取模计算结果（源代码\ch13\13.6.txt）。

```cpp
#include <iostream>
using namespace std;
template <class T>
class Pair
{
        T value1,value2;
    public:
        Pair(T first,T second){
            value1=first;
            value2=second;
        }
        T module()
        {
            return 0;
        }
};
template <>
class Pair<int>
{
    int value1,value2;
    public:
        Pair(int first,int second){
            value1=first;
            value2=second;
        }
        int module();//或写成{return(value1%value2);}
};
int Pair<int>::module()
{
```

```
        return(value1%value2);
    }
int main()
{
    Pair<int>myints(10,0);
    Pair<float>myfloats(10.0,8.0);
    cout<<myints.module()<<'\n';
    cout<<myfloats.module()<<'\n';
    return 0;
}
```

程序运行结果如图 13-7 所示。在本实例中，定义一个类模板 Pair，在其中有两个类成员，同时定义了一个类函数 module()，用于取模计算的函数，这个函数只有当对象中存储的数据为整型时才能工作，其他时候需要这个函数总是返回 0。在主函数中，分别给该类传递了 int 型变量和 float 型变量，最后分别调用取模计算函数，并输出取模计算结果。

图 13-7　代码运行结果

从运行结果可以看出，在输入为 int 型时，取模计算得到为 2；在输入为 float 型时，直接输出 0。

13.3.1　函数模板的特化

当函数模板内需要对某些类型进行特别处理时，就称为函数模板的特化。例如，定义一个比较函数模板：

```
template <typename T>
int comp(const T &left, const T &right)
{
    cout << "函数模板" << endl;
    return (left-right);
}
```

以上函数仅支持常见的 int、char、double 等类型数据的比较，但并不支持 char*（或 string）类型。所以用户必须对其进行特化，以让它支持两个字符串的比较。例如：

```
template < >          /*特化标志*/
int comp<const char*>(const char* left, const char* right)
{
    scout << "函数模板特化" << endl;
    return strcmp(left, right);
}
```

或者：

```
template <>          /*特化标志*/
int comp(const char* left, const char* right)
{
    cout << "函数模板特化" << endl;
    return strcmp(left, right);
}
```

当函数调用发现有特化后的匹配函数时，会优先调用特化的函数，而不再通过函数模板来进行实例化。

【实例 13.7】编写程序，定义一个函数模板 fun()，对函数模板进行特化，判断两个字符串是否相同，并输出结果（源代码\ch13\13.7.txt）。

```cpp
#include <iostream>
#include <cstring>
using namespace std;                  /*函数模板*/
template <typename T>
bool fun(T t1, T t2)
{
    return t1 == t2;
}
template < >                          /*函数模板特化*/
bool fun(char* t1, char* t2)          /*用 char*特化*/
{
    return strcmp(t1, t2) == 0;       /*字符串比较*/
}
int main()
{
    char str1[] = "hello";
    char str2[] = "hello";
    cout << "调用函数模板: " << fun(1, 1) << endl;          /*调用函数模板*/
    cout << "调用函数模板特化: " << fun(str1, str2) << endl; /*调用函数模板特化*/
    return 0;
}
```

程序运行结果如图 13-8 所示。在本实例中，先定义一个函数模板 fun(T t1, T t2)，该函数用于比较两个整数是否相同，并返回一个 bool 值，再对该函数进行特化，对两个字符串进行比较，判断是否相同，并返回一个 bool 值。

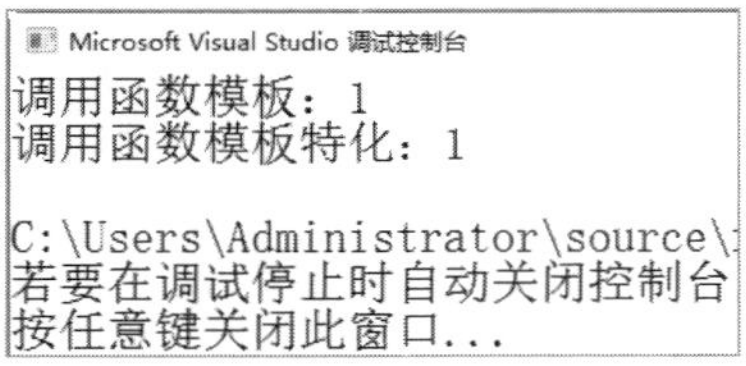

图 13-8　函数模板特化

13.3.2　类模板的特化

类模板的特化与函数模板类似，当类模板内需要对某些类型进行特别处理时，就称为类模板的特化。

【实例 13.8】编写程序，定义一个类模板，对类模板进行特化，判断两个字符串是否相同，并输出结果（源代码\ch13\13.8.txt）。

```cpp
#include <iostream>
#include <cstring>
using namespace std;
template <class T>
class Comp
{
    public:
    bool fun(T t1, T t2)
    {
        return t1 == t2;
    }
};
template <>
class Comp<char*>                                      /*特化(char*)*/
{
```

```
    public:
    bool fun(char* t1, char* t2)
    {
        return strcmp(t1, t2) == 0;                      /*使用 strcmp 比较字符串*/
    }
};
int main()
{
    char str1[] = "Hello";
    char str2[] = "Hello";
    Comp<int> c1;
    Comp<char *>c2;
    cout <<"调用类模板: " <<c1.fun(5,1) << endl;         /*比较两个 int 类型的参数*/
    cout << "调用类模板特化: "<<c2.fun(str1, str2) << endl;/*比较两个 char*类型的参数*/
    return 0;
}
```

程序运行结果如图 13-9 所示。在本实例中，先定义了一个类模板，该类模板有一个成员函数 fun(T t1, T t2)，用于返回一个 bool 值，在函数 main()中调用函数 fun()，对两个整数进行比较，相同返回 1，不同则返回 0，再定义一个类模板对参数进行 char*特化，在函数 main()中就会调用函数 fun(char* t1, char* t2)对两个字符串进行是否相同的比较，然后返回一个 bool 值。

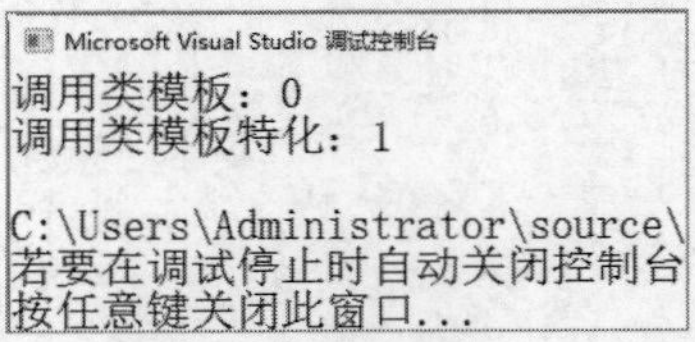

图 13-9　类模板特化

☆**大牛提醒**☆

进行类模板的特化时，需要特化所有的成员变量及成员函数。

此外，类模板的偏特化是指根据需要对类模板的某些参数，但不是全部的参数进行特化，因此偏特化又称为部分特化。例如：

```
template <class T1,class T2>    /*这里是类模板*/
class A
{
    //…
};
template <class T1>              /*这里是对类模板的偏特化*/
class A<T1,int>
{
    //…
};
```

以上类模板在偏特化的时候，template 后面尖括号中的模板参数列表必须列出未特化的模板参数；在类 A 后面要全部列出模板参数，并指定特化的类型，例如指定 int 为 T2 的特化类型。

13.4　新手疑难问题解答

问题 1：函数模板与模板函数有什么区别？

解答：函数模板是模板的定义，是模板函数的抽象，定义中要用到通用类型参数。而模板函数是实实在在的函数定义，是函数模板的实例，它由编译系统在碰见具体的函数调用时所生成，具有程序代码并占用内存空间。

问题 2： 函数模板和普通函数在使用的过程中有什么区别？

解答： 函数模板和普通函数的主要区别在于，函数模板是不允许自动类型转换的，普通函数允许自动类型转换。当函数模板和普通函数在一起时，具体调用规则如下。

（1）函数模板可以像普通函数一样被重载。

（2）C++编译器优先考虑普通函数。

（3）如果函数模板可以提供一个更好的匹配方式，那么选择模板。

（4）可以通过空模板实参列表的语法，限定编译器只通过模板匹配。

13.5　实战训练

实战训练

实战 1： 使用函数模板对字符串进行排序。

编写程序，定义一个函数模板，用函数模板为函数参数传值，再定义一个函数 s_Arr()，用于接收字符数组中的字符和长度，并将字符依次倒序排列，然后通过函数 p_Arr() 将字符数组中的字符依次输出。程序运行结果如图 13-10 所示。

```
■ Microsoft Visual Studio 调试控制台
排序之前：
a b c d e f g
排序之后：
g f e d c b a
```

图 13-10　实战 1 的程序运行结果

实战 2： 定义一个类模板，并对该类模板进行全面的使用。

编写程序，首先定义一个类模板，然后再定义两个具体类，分别是 A 和 B，接着通过模板类进行操作，实现模板类对象被成功赋值并输出。程序运行结果如图 13-11 所示。

```
■ Microsoft Visual Studio 调试控制台
C
3

C:\Users\Administrator\source\
若要在调试停止时自动关闭控制台
按任意键关闭此窗口...
```

图 13-11　实战 2 的程序运行结果

第14章

容器、算法与迭代器

本章内容提要

容器、算法与迭代器是 C++语言中标准模板库（STL）的相关内容，引入标准模板库的主要目的是为标准化组件提供类模板进行范型编程。STL 技术是对原有 C++技术的一种补充，具有通用性、效率高、数据结构简单、安全机制完善等特点。本章介绍 C++标准模板库中容器、算法和迭代器的应用。

14.1　认识容器

微视频

在 C++语言中，容器是一种对象类型，它可以包含其他对象或指向其他对象的指针。通俗地说，容器就是保存其他对象的对象，只不过这种"对象"还包含一些处理其他对象的方法。依据程序代码执行的特点，可以将容器分为顺序容器、关联容器和容器适配器。

（1）顺序容器（Sequence Container）是一种各元素之间有顺序关系的线性表，是一种线性结构的可序群集。其每个元素均有固定的位置，除非用删除或插入的操作改变这个位置。顺序容器具有插入速度快，但查找操作相对较慢的特征。

（2）关联容器（Associative Container）并不是 C++ 11 版才有的概念。之所以称为关联容器，是因为容器中的元素是通过关键字来保存和访问的。与之相对的是顺序容器，其中的元素是通过它们在容器中所处的位置来保存和访问的。

（3）容器适配器是用基本容器实现的一些新容器，这些容器可以用于描述更高级的数据结构。本质上，适配器是一种使一类事物的行为类似于另一类事物行为的机制。容器适配器让一种已存在的容器类型采用另一种不同的抽象类型工作方式实现。

如表 14-1 所示列出了三类容器所包含的具体容器类。

表 14-1　三类容器所包含的具体容器及其特点

标准容器类		特　　点
顺序性容器	vector	从后面快速地插入或删除，直接访问任意元素
	deque	从前面或后面快速地插入或删除，直接访问任意元素
	list	双链表，从任何地方快速插入或删除

续表

标准容器类		特　点
关联容器	set	快速查找，不允许重复值
	multiset	快速查找，允许重复值
	map	一对多映射，基于关键字快速查找，不允许重复值
	multimap	一对多映射，基于关键字快速查找，允许重复值
容器适配器	stack	后进先出
	queue	先进先出
	priority_queue	最高优先级元素总是第一个出列

14.2　顺序容器

微视频

C++标准模板库中提供了 3 种顺序容器：vector（向量）、list（链表）和 deque（双端队列）。其中 vector 和 deque 是以数组为基础的，list 是以双向链表为基础的。

14.2.1　向量类模板

向量（vector）是一个动态的顺序容器，具有连续内存地址的数据结构，通过下标运算符"[ ]"可直接有效地访问向量的任何元素。相比数组，vector 会消耗更多的内存以有效的动态增长。而相比其他顺序容器，vector 能更快地索引元素（就像数组一样），而且能相对高效地在尾部插入或删除元素。如果不是在尾部插入或删除元素，效率就没有这些容器高。

☆大牛提醒☆

当需要使用 vector 的时候，需要包含头文件：#include <vector>，一般加上 using namespace std;。如果不加，则在调用时必须用 std::vector<…>这样的形式，即在 vector 前加上 std::，这表示运用的是 std 命名空间下的 vector 容器。

1. vector 的声明及初始化

vector 类包含了多个构造函数，其中包括默认构造函数，因此可以通过多种方式来声明和初始化 vector 容器。如表 14-2 所示为常用的 vector 容器声明和初始化语句。

表 14-2　vector 的声明和初始化

语　句	作　用
vector<元素类型> 向量对象名;	创建一个没有任何元素的空向量对象
vector<元素类型> 向量对象名(size);	创建一个大小为 size 的向量对象
vector<元素类型> 向量对象名(n,初始值);	创建一个大小为 n 的向量对象，并进行初始化
vector<元素类型> 向量对象名(begin,end);	创建一个向量对象，并初始化该向量对象中的元素(begin,end)

例如：

```
vector<int> a;            /*声明一个 int 型向量对象 a*/
```

```
vector<float> a(10);              /*声明一个初始大小为 10 的向量对象*/
vector<float> a(10, 1);           /*声明一个初始大小为 10 且初始值都为 1 的向量对象*/
vector<int> b(a);                 /*声明并用向量对象 a 初始化向量对象 b*/
vector<int> b(a.begin(), a.begin()+3); /*将 a 向量对象中从第 0 个到第 2 个(共 3 个)作为向量对
象 b 的初始值*/
```

除此以外，还可以直接使用数组来初始化向量对象。例如：

```
int n[] = { 1, 2, 3, 4, 5 };
vector<int> a(n, n+5);            /*将数组 n 的前 5 个元素作为向量对象 a 的初值*/
vector<int> a(&n[1], &n[4]);      /*将 n[1] 至 n[4] 范围内的元素作为向量对象 a 的初值*/
```

2. 向量的相关操作

（1）向量的修改与访问。使用 vector 类可以对向量容器内的元素进行修改和访问。这里，假设声明了一个向量容器对象 a，如表 14-3 所示列出了在 a 中插入元素和删除元素的语句。这些语句中是 vector 类定义的成员函数，可以直接使用。

表 14-3　修改元素

语　　句	作　　用
a.insert(position,数值)	将数值的一个备份插入到由 position 指定的位置上，并返回新元素的位置
a.inser(position,n,数值)	将数值的 n 个备份插入到由 position 指定的位置上
a.insert(position,begin,end)	将从 begin 到 end-1 之间的所有元素备份插入到 a 中由 position 指定的位置上
a.push_back(数值)	在尾部插入数据
a.pop_back()	删除最后元素
a.resize(num)	将元素个数改为 num
a.clear()	从容器中删除所有元素
a.erase(position)	删除由 position 指定位置上的元素
a.erase(begin,end)	删除从 begin 到 end-1 之间的所有元素

例如：

```
vector<int> a;
a.push_back(1);                   /*在尾部插入一个数值*/
a.push_back(2);
a.pop_back();                     /*删除最后一个数值*/
a.insert(a.begin(), 0);           /*在 a.begin() 前面插入 0*/
a.resize();                       /*更改向量大小*/
a.erase(a.begin());               /*将 a.begin() 的元素删除*/
a.erase(a.begin()+1, a.end());    /*将第二个元素以后的元素均删除*/
```

所有的容器都包含成员函数 begin() 和 end()。函数 begin() 返回容器中第 1 个元素的位置，函数 end() 返回容器中最后一个元素的位置，这两个函数都没有参数。

【实例 14.1】编写程序，对一个大小为 10 的向量容器进行修改和访问（源代码\ch14\14.1.txt）。

```
#include <iostream>
#include <vector>                 /*包含头文件*/
using namespace std;
int main()
```

```
{
    vector <int> a(10, 2);              /*大小为 10、初值为 2 的向量对象 a*/
    int i;
    cout << "初始化变量: ";
    for (i=0; i<a.size(); i++)
    {
        cout << a[i] << " ";
    }
    cout << "\n 插入数据: ";            /*对其中部分元素进行输入*/
    cin >> a[2];
    cin >> a[5];
    cin >> a[8];
    cout << "赋值后遍历: ";
    for (i=0; i<a.size(); i++)
    {
        cout <<a[i]<< "  ";
    }
    cout << endl;
    return 0;
}
```

　　程序运行结果如图 14-1 所示。在本实例中，先用类 vector 创建一个大小为 10、初值为 2 的向量容器对象 a，然后遍历出该容器，接着在容器第 2、第 5 和第 8 个元素的位置上插入 3 个新元素。

```
Microsoft Visual Studio 调试控制台
初始化变量: 2 2 2 2 2 2 2 2 2 2
插入数据: 7 8 9
赋值后遍历: 2 2 7 2 2 8 2 2 9 2
```

图 14-1　例 14.1 的程序运行结果

　　（2）定义容量。代码如下：

```
vector<int> a;
a.size();              /*向量对象大小*/
a.max_size();          /*向量对象最大容量*/
a.capacity();          /*向量对象真实大小*/
```

　　（3）判断 vector 是否为空。代码如下：

```
vector<int> a;
if(a.empty())
{
    a.push_back(1);
}
```

　　（4）遍历访问 vector。代码如下：

```
vector<int> a;
```

　　① 像数组一样以下标访问。代码如下：

```
for (int i=0; i<a.size(); i++)
{
    cout << a[i];
}
```

　　② 以迭代器访问。代码如下：

```
vector<int>::iterator it;
for (it = a.begin(); it != a.end(); it++)
{
    cout << *it << " ";
}
```

a. vector 类包含了一个 typedef iterator，这是一个 public 成员。通过 iterator，可以声明向量容器中的迭代器。例如：

```
vector<int>::iterator it;        /*将 it 声明为 int 类型的向量容器迭代器*/
```

因为 iterator 定义在 vector 类中，所以必须使用容器名（vector）、容器元素类型和作用域符来表示。

b. 表达式++it：表示将迭代器 it 加 1，使其指向容器中的下一个元素。

c. 表达式*it：表示返回当前迭代器位置上的元素。

☆大牛提醒☆

实际上，迭代器就是一个指针，用来存取容器中的数据元素。因此，迭代器上的操作和指针上的相应操作是相同的。

（5）复制一个向量对象到另一个向量对象。代码如下：

```
vector<int> a;
vector<int> b;
a = b ;                 /*将 b 向量对象复制到 a 向量对象中*/
```

（6）向量比较时仍保持 ==、!=、>、>=、<、<=运算符的惯有含义。代码如下：

```
vector<int> a;
vector<int> b;
a == b ;                /* a 向量对象与 b 向量对象比较，相等则返回 1*/
```

（7）排序必须包含 algorithm 头文件。代码如下：

```
#include <algorithm>
vector<int> a;
sort(a.begin(), a.end());
```

（8）两个向量可以交换。代码如下：

```
vector<int> a;
vector<int> b;
b.swap(a);              /*a 向量对象与 b 向量对象进行交换*/
```

（9）清空。代码如下：

```
vector<int> a;
a.clear();              /*清空后，a.size()为 0*/
```

【实例 14.2】编写程序，实现 vector 的基本操作，包括初始化遍历、迭代遍历、插入遍历、擦除遍历等操作，并输出结果（源代码\ch14\14.2.txt）。

```
#include <vector>
#include <iostream>
using namespace std;
int main()
{
    int i=0;
    vector<int> a;
    for (i=0; i<10; i++)
    {
        a.push_back(i);                 /*10 个元素依次进入数组*/
    }
    cout << "初始化遍历: ";
    for ( int i=0; i<a.size(); i++)
```

```
    {
        cout << a[i] <<" ";
    }
    cout << "\n迭代 遍历 : ";
    vector<int>::iterator it;        /*以迭代器进行访问*/
    for (it = a.begin(); it != a.end(); it++)
    {
        cout << *it << " ";
    }
    cout << "\n插入 遍历 : ";
    a.insert(a.begin()+4, 0);        /*在第 5 个元素前插入 0*/
    for (unsigned int i=0; i<a.size(); i++)
    {
        cout << a[i] << " ";
    }
    cout << "\n擦除 遍历 : ";
    a.erase(a.begin()+2);
    for (unsigned int i=0; i<a.size(); i++)
    {
        cout << a[i] << " ";
    }
    cout << "\n擦除 遍历 : ";
    a.erase(a.begin()+3, a.begin()+5);
    for (vector<int>::iterator it=a.begin(); it != a.end(); it++)
    {
        cout << *it << " ";
    }
    cout << endl;
    return 0;
}
```

程序运行结果如图 14-2 所示。本实例演示了 vector 的基本操作，包括初始化遍历、迭代遍历、插入遍历、擦除遍历等内容。

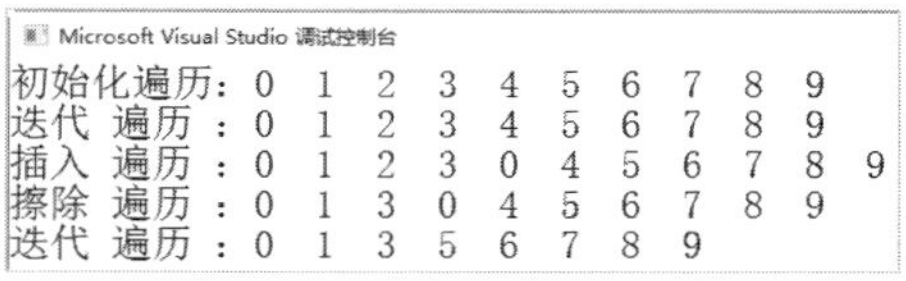

图 14-2 例 14.2 的程序运行结果

3. 二维向量

与数组相同，向量也可以增加维数。例如，声明一个二维向量可以使用如下形式：

```
    vector< vector<int> > a(3, vector<int>(4));        /*创建一个int 型二维向量对象, 相当于
a[3][4]*/
```

这里，实际上创建的是一个向量中元素为向量的向量。同样地，可以根据一维向量的相关特性对二维向量进行操作。

【实例 14.3】编写程序，创建一个二维向量容器对象，最后输出结果（源代码\ch14\14.3.txt）。

```
#include <iostream>
#include <vector>
using namespace std;
int main()
{
    vector< vector<int> > a(3, vector<int>(4, 0));
    cout << "输入: " << endl;
    cin >> a[0][1];
    cin >> a[1][0];
```

```
        cin >> a[2][3];
        cout << "输出: " << endl;
        int m, n;
        for (m=0; m<a.size(); m++)              /*a.size()获取行向量的大小*/
        {
            for (n=0; n<a[m].size(); n++)    /*a[m].size()获取向量中具体每个向量的大小*/
            {
                cout << a[m][n] << " ";
            }
            cout << "\n";
        }
        return 0;
}
```

程序运行结果如图 14-3 所示。本实例使用 vector 类
声明了一个 3 行 4 列的二维向量容器，初始化值为 0，最
后同二维数组类似，为其赋值并输出。

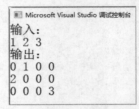

图 14-3　例 14.3 的程序运行结果

14.2.2　链表类模板

链表（list）主要用于存放双向链表，可以从任意一
端开始遍历。链表还提供了 splicing（拼接）功能，用以
将一个序列中的元素插入到另一个序列中。使用链表类模板必须使用#include <list>包含头文件。

链表类模板相较于 vector 的连续线性空间，就显得太复杂。它的数据由若干个结点构成，
每一个结点都包括一个信息块、一个前驱指针和一个后驱指针，可以向前和向后进行访问，但
不能随机访问。这样的好处是每次插入（或删除）就会配置（或释放）一个元素空间，而且对
于空间的运用绝对精准。

1. list 的声明及初始化

如表 14-4 所示为常用的 list 容量声明和初始化语句。

表 14-4　list 的声明和初始化

语　句	作　用
list<元素类型> 链表对象名;	创建一个没有任何元素的空链表对象
list<元素类型> 链表对象名(size);	创建一个大小为 size 的链表对象
list<元素类型> 链表对象名(n,初始值);	创建一个大小为 n 的链表对象，并进行初始化
list<元素类型> 链表对象名(链表对象名);	创建一个链表对象，并初始化该链表对象中的元素
list<元素类型> 链表对象名(begin,end);	创建一个链表对象，并初始化该链表对象中的元素(begin,end)

例如：

```
list <int> lst1;                        /*创建空链表对象*/
list <int> lst2(5);                     /*创建含有 5 个元素的链表对象*/
list <float> lst3(3,2);                 /*创建含有 3 个元素的链表对象，元素初值为 2*/
list <float> lst4(lst2);                /*使用 lst2 初始化 lst4*/
list <float> lst5(lst2.begin(),lst2.end()); /*同 lst4*/
```

2. 操作 list 开头和末尾的元素

若要在 list 开头处插入元素，可以使用成员函数 push_front()；若要在末尾处插入元素，可

以使用成员函数 push_back()。删除则使用的是 pop_front()和 pop_back()。需要注意的是，这 4
个函数只接收一个参数，即要插入的值。

```
push_front(const value_type& val)      /*在链表开头处添加元素*/
pop_front()                            /*删除链表开头处的元素*/
push_back(const value_type& val)       /*在链表末尾处添加元素*/
pop_back()                             /*删除链表末尾处的元素*/
```

【实例 14.4】编写程序，创建一个 list 实例，实现在链表开头处和末尾处插入数据并赋值的
操作（源代码\ch14\14.4.txt）。

```cpp
#include <iostream>
#include <list>
using namespace std;
int main()
{
    list<int>lst;
    for (int i = 0; i <= 5; ++i)
    {
        lst.push_back(i);
    }
    cout << "在元素末尾操作数据: " << endl;
    lst.push_back(9);
    for (list<int>::iterator it = lst.begin(); it != lst.end(); ++it)
    {
        cout << *it << " ";
    }
    cout << endl;
    lst.pop_back();
    for (list<int>::iterator it = lst.begin(); it != lst.end(); ++it)
    {
        cout << *it << " ";
    }
    cout << endl;
    cout << "在元素开头操作数据: " << endl;
    lst.push_front(8);
    for (list<int>::iterator it = lst.begin(); it != lst.end(); ++it)
    {
        cout << *it << " ";
    }
    cout << endl;
    lst.pop_front();
    for (list<int>::iterator it = lst.begin(); it != lst.end(); ++it)
    {
        cout << *it << " ";
    }
    cout << endl;
    return 0;
}
```

程序运行结果如图 14-4 所示。本实例中使用函数 push_back()在链表容器的末尾插入数据，
使用函数 push_front()在链表开头插入数据。

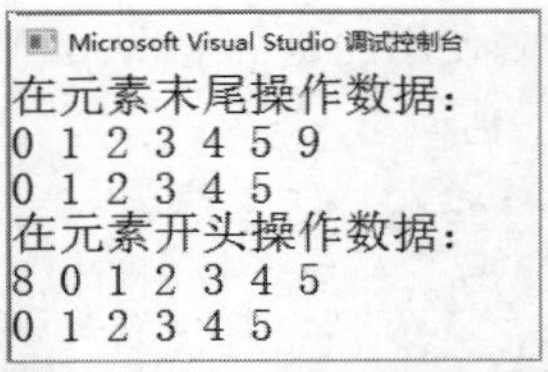

图 14-4　例 14.4 的程序运行结果

3. 遍历 list

定义迭代器遍历 list，例如：

```
iterator begin()              /*返回指向第一个元素的迭代器*/
iterator end()                /*返回指向最后一个元素的迭代器*/
reverse_iterator rbegin()     /*返回指向第一个元素的逆向迭代器*/
reverse_rend()                /*返回指向最后一个元素的逆向迭代器*/
```

【实例 14.5】编写程序，对链表容器进行正序遍历和逆序遍历，并输出遍历结果（源代码\ch14\14.5.txt）。

```cpp
#include <iostream>
#include <list>
using namespace std;
int main()
{
    int a[5] = { 22,33,44,55,66 };
    list<int> lst(a, a+5);        /*将数组 a 的前 5 个元素作为链表容器对象 lst 的初值*/
    cout << "正序输出: ";
    for (list<int>::iterator it = lst.begin(); it != lst.end(); ++it)
    {
        cout << ' ' << *it;
    }
    cout << '\n';
    lst.clear();
    cout << "逆序输出: ";
    for (int i=1; i<=5; ++i)
    {
        lst.push_back(i);
    }
    for (list<int>::reverse_iterator rit = lst.rbegin(); rit != lst.rend(); ++rit)
    {
        cout << ' ' << *rit;
    }
    cout << '\n';
    return 0;
}
```

程序运行结果如图 14-5 所示。在本实例中，先定义了一个数组 a 并赋初值，然后将数组 a 的前 5 个元素作为链表容器对象的初值，接着定义了迭代器指针，从链表头部开始依次遍历并输出，最后使用迭代器从链表的尾部依次遍历并输出。

图 14-5　例 14.5 的程序运行结果

4. 链表容器的操作

（1）获取链表容器大小信息。例如：

```
empty()          /*list 为空时返回 true*/
```

```
size()          /*返回链表容器中元素的个数*/
max_size()      /*返回链表容器最大能容纳元素的个数*/
```

（2）给容器添加新内容。

```
/*first，last 代表一个序列中起始和结束的迭代器值，[first，last)包含了序列中所有元素*/
assign(InputIterator first, InputIterator last)
assign(size_type n, const value_type& val)      /*给链表赋予 n 个值为 val 的元素*/
```

【实例 14.6】编写程序，为链表容器添加新元素，并输出相应的结果（源代码\ch14\14.6.txt）。

```cpp
#include <iostream>
#include <list>
using namespace std;
int main()
{
    list<int> lst1;
    list<int> lst2;
    cout << "lst1:" << endl;
    lst1.assign(5, 10);                          /*给 first 添加 5 个值为 10 的元素*/
    for (list<int>::iterator it = lst1.begin(); it != lst1.end(); ++it)
    {
        cout << *it << " ";
    }
    cout << endl;
    cout << "lst2:" << endl;
    lst2.assign(lst1.begin(), lst1.end()); /*将 lst1 的元素赋给 lst2*/
    for (list<int>::iterator it = lst2.begin(); it != lst2.end(); ++it)
    {
        cout << *it << " ";
    }
    cout << endl;
    cout << "添加新元素 lst1:" << endl;
    int a[] = { 25, 49, 86 };
    lst1.assign(a, a + 3);                       /*将数组 a 的内容赋给 lst1*/
    for (list<int>::iterator it = lst1.begin(); it != lst1.end(); ++it)
    {
        cout << *it << " ";
    }
    cout << endl;
    cout << "Size of lst1: " << int(lst1.size()) << '\n';
    cout << "Size of lst2: " << int(lst2.size()) << '\n';
    return 0;
}
```

程序运行结果如图 14-6 所示。在本实例中，首先创建两个空的链表容器对象 lst1 和 lst2，为 lst1 添加 5 个新元素，初值都为 10，接着将 lst1 的元素都赋给 lst2，然后将数组 a 的元素赋给 lst1，以前的元素都被覆盖，最后测出两个链表容器的大小。

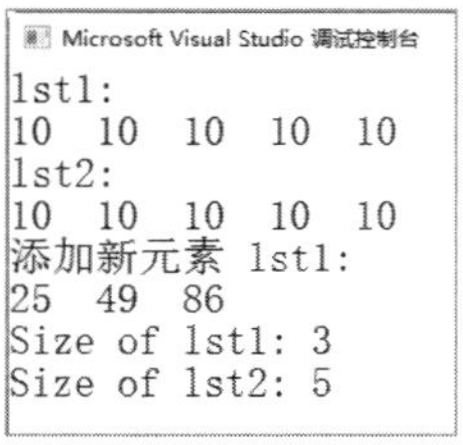

5. 插入元素

在链表中间插入元素需要使用成员函数 insert()来完成。

图 14-6　例 14.6 的程序运行结果

语法格式 1：

```
iterator insert(iterator position, const value_type& val);
```

该函数 insert() 的第 1 个参数表示插入的位置，第 2 个参数表示要插入的值。最后返回一个迭代器，并指向刚刚插入到链表中的元素。

语法格式 2：

```
/*从该链表容器中的 position 处开始，插入 n 个值为 val 的元素*/
void insert(iterator position, size_type n, const value_type& val);
```

该函数的第 1 个参数表示插入的位置，最后一个参数表示要插入的值，而第 2 个参数表示要插入的元素个数。

语法格式 3：

```
template <class InputIterator>
void insert(iterator position, InputIterator first, InputIterator last);
```

该模板函数除了第一个位置参数外，还包括两个输入迭代器，用来指定要将相应范围内的元素插入到链表。

【实例 14.7】编写程序，在链表容器中插入元素，并输出相应的结果（源代码\ch14\14.7.txt）。

```cpp
#include <iostream>
#include <list>
#include <vector>
using namespace std;
int main()
{
    list<int> lst;
    list<int>::iterator it;        /*定义一个迭代器指针*/
    for (int i=1; i<=5; ++i)       /*初始化*/
    {
        lst.push_back(i);          /*1 2 3 4 5*/
    }
    it = lst.begin();              /*将第一个元素的地址赋给迭代器*/
    ++it;                          /*迭代器指针 it 指向数字 2*/
                                   /*在 it 指向的位置上插入元素 9*/
    lst.insert(it, 9);             /* 1 9 2 3 4 5*/
                                   /*it 仍然指向数字 2*/
                                   /*在 it 指向的位置上插入两个元素 29*/
    lst.insert(it, 2, 29);         /*1 9 29 29 2 3 4 5*/
    --it;                          /*it 指向数字 29*/
    vector<int> v(2, 39);          /*创建 vector 容器对象，并初始化为含有两个值为 39 的元素*/
                                   /*将 vector 容器的值插入链表中*/
    lst.insert(it, v.begin(), v.end());
                                   /*1 9 29 39 39 29 2 3 4 5*/
                                   /*it 仍然指向数字 29*/
    cout << "list 的元素:";
    for (it = lst.begin(); it != lst.end(); ++it)
    {
        cout << ' ' << *it;
    }
    cout << '\n';
    return 0;
}
```

程序运行结果如图 14-7 所示。在本实例中，先创建一个链表容器对象 lst，再定义一个迭代器指针 it，接着对 lst 进行初始化，赋值为 1、2、3、4、5，然后将第一个元素的地址赋给 it，it 自加 1 后便指向第二个元素，也就是 2；使用函数 insert(it, 9)将整数 9 插入在元素 2 的前面，此时迭代器指针 it 指向的仍是第二个元素，也就是 9，再使用函数 insert(it, 2, 2p)在第二个元素的位置上插入两个整数 29，接着使用向量容器在 29 的位置上再插入两个整数 39，最后输出该链表容器中的所有元素。

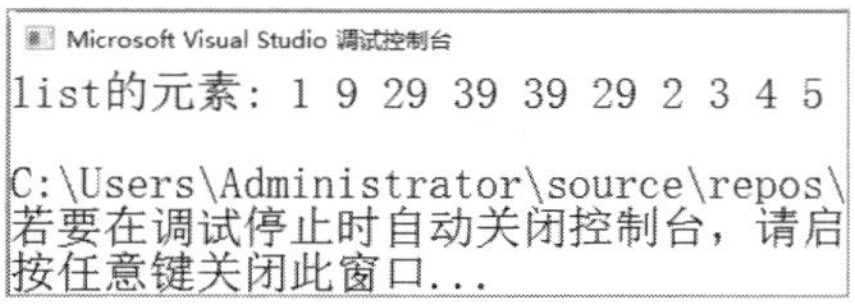

图 14-7 例 14.7 的程序运行结果

6. 删除元素

删除元素使用函数 erase( )，该函数有两种语法格式：一种是接收迭代器参数并删除迭代器指向的元素；另一种是接收两个迭代器参数并删除指定范围内所有的元素。例如：

```
/*删除迭代器 position 指向的值，也可以不用变量接收其返回值*/
iterator erase(iterator position);
/*删除[first, last)中的值，也可以不用变量接收其返回值*/
iterator erase(iterator first, iterator last);
```

【实例 14.8】编写程序，删除链表容器中的元素，并输出相应的结果（源代码\ch14\14.8.txt）。

```cpp
#include <iostream>
#include <list>
using namespace std;
int main()
{
    list<int> lst;
    list<int>::iterator it1, it2;
    for (int i = 1; i < 10; ++i)                          /*初始化*/
    {
        lst.push_back(i*10);
    }
    cout << "list :";
    for (it1 = lst.begin(); it1 != lst.end(); ++it1)      /*遍历*/
    {
        cout << *it1 << "  ";
    }
    cout << "\n";
    /*10 20 30 40 50 60 70 80 90*/
    it1 = it2 = lst.begin();
    advance(it2, 6);                                      /*将迭代器指针 it2 向右移动 6 位*/
    ++it1;
    cout << "删除元素: " << endl;
    cout << "*it1 : " << *it1 << endl;
    cout << "*it2 : " << *it2 << endl;
    it1 = lst.erase(it1);                                 /*10 30 40 50 60 70 80 90*/
    it2 = lst.erase(it2);                                 /*10 30 40 50 60 80 90*/
    cout << "list :";
    for (it1 = lst.begin(); it1 != lst.end(); ++it1)
    {
        cout << *it1 << "  ";
    }
    cout << '\n';
    cout << "清空元素: " << endl;
```

```
        lst.erase(lst.begin(), lst.end());
        cout << "list :";
        for (it1 = lst.begin(); it1 != lst.end(); ++it1)
        {
            cout << *it1 << " ";
        }
        cout << '\n';
        return 0;
}
```

程序运行结果如图 14-8 所示。在本实例中，首先定义了一个空链表对象 lst，还有两个迭代器指针 it1 和 it2，接着初始化 lst 并赋值，然后将两个迭代器指针移动到不同的位置，使用函数 erase()来删除指定范围内的元素，最后使用函数 begin()和 end()删除所有元素，相当于清空链表。

```
list :10 20 30 40 50 60 70 80 90
删除元素：
*it1 : 20
*it2 : 70
list :10 30 40 50 60 80 90
清空元素：
list :
```

图 14-8　例 14.8 的程序运行结果

14.2.3　双端队列类模板

双端队列（deque）是一种放松了访问权限的队列。元素可以从队列的两端入队和出队，也支持通过下标操作符"[]"进行直接访问。使用 deque 时必须使用#include <deque>包含头文件。

deque 的各项操作只有以下两点与 vector 不同。

（1）deque 不提供容量操作，既没有函数 capacity()和 reverse()。

（2）deque 直接提供函数完成首尾元素的插入或删除。

【实例 14.9】编写程序，实现双列队的基本操作，并输出相应的结果（源代码\ch14\14.9.txt）。

```
#include <deque>
#include <iostream>
#include <algorithm>
using namespace std;
void print(int num)
{
    cout << num << " ";
}
int main()
{
    deque<int> v;
    deque<int>::iterator iv;
    cout << "双队列 deque " << endl;
    cout << "1. 初始化: " << endl;
    v.assign(5, 2);                              /*将 5 个值为 2 的元素赋到 deque 中*/
    for_each(v.begin(), v.end(), print);         /*需要#include <algorithm>*/
    cout << "\n deque 大小: " << v.size() << endl;  /*返回 deque 实际含有的元素数量*/
    cout << endl;
    cout << "2. 添加: " << endl;
    v.push_front(666);
    for (int i=1; i<=5; i++)
    {
        v.push_back(i);
    }
    for_each(v.begin(), v.end(), print);
    cout << "\n deque 大小: " << v.size() << endl;
```

```
        cout << endl;
        cout << "3. 插入与遍历: " << endl;
        v.insert(v.begin()+3, 99);
        v.insert(v.end()-3, 99);
        cout << "遍历: " << endl;
        for_each(v.begin(), v.end(), print);
        cout << endl;
        cout << "逆遍历: " << endl;
        for_each(v.rbegin(), v.rend(), print);/*在逆序迭代器上做++运算, 将指向容器中的前一个元素*/
        cout << endl;
        cout << "迭代器遍历: " << endl;
        for (iv = v.begin(); iv != v.end(); ++iv)
        {
                cout << *iv << " ";
        }
        cout << endl;
        cout << "4. 删除: " << endl;
        v.erase(v.begin()+3);
        for_each(v.begin(), v.end(), print);
        cout << endl;
        v.insert(v.begin()+3, 99);                    /*还原*/
        v.erase(v.begin(), v.begin()+3);              /*注意是删除了 3 个元素, 而不是 4 个*/
        for_each(v.begin(), v.end(), print);
        cout << endl;
        cout << "删除首尾: " << endl;
        v.pop_front();
        v.pop_back();
        for_each(v.begin(), v.end(), print);
        cout << endl;
        cout << "5. 查询: " << endl;
        cout << "首元素: " << v.front() << endl;
        cout << "尾元素: " << v.back() << endl;
        cout << "6. 清空: " << endl;
        v.clear();
        for_each(v.begin(), v.end(), print);
        cout << "deque:" << endl;
        cout << "deque 大小: " << v.size() << endl;
        return 0;
}
```

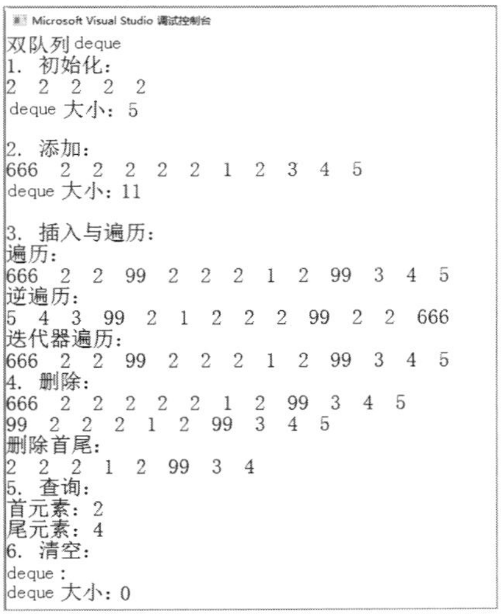

程序运行结果如图 14-9 所示。实际上，deque 对 vector 和 list 的优点进行了结合，它是处于两者之间的，一种优化了的对序列两端元素进行添加和删除操作的基本顺序容器。

图 14-9　例 14.9 的程序运行结果

14.3　关联容器

微视频

关联容器是标准模板库提供的一种容器，其中的元素都是经过排序的，它主要通过关键字的方式来提高查询效率，常用的关联容器包括 map、multimap、set、multiset 等，下面就来对它们进行介绍。

14.3.1 映射类模板

映射（map）是标准模板库中的一个关联容器，具备一对一的数据处理能力。其元素是由 key 和 value 两个分量组成的一对数值(key, value)。元素的 key 是唯一的，给定一个 key 就能唯一地确定与其相关联的另一个分量 value。map 类模板定义在头文件#include<map>中。

1. map 的声明及初始化

（1）创建空 map，语法格式如下：

```
#include <map>
map<key_type,value_type> tempMap;
```

其中，key_type 为关键字的类型，value_type 为值的类型。

（2）列表初始化 map，语法格式如下：

```
map<key_type,value_type> tempMap{
{key1,value1},
{key2,value2},
...
};
```

（3）使用已有的 map 进行构造。例如：

```
map<key_type,value_type> tempMap(existMap);/*注意关键字类型与值类型匹配*/
```

（4）指定已有 map 的迭代器范围进行构造。例如：

```
map<key_type,value_type> tempMap(x,y);/*x,y 为已有 map 对象的迭代器范围*/
```

（5）用户可以将一个已有的 map 赋给另一个 map。例如：

```
map1 = map2;
```

2. 在 map 中添加元素

为 map 添加元素有两种方式：第一种是使用函数 insert()实现；第二种是先用下标获取元素，再给获取的元素赋值。

（1）使用函数 insert()插入 value_type 类型数据。value_type 类型代表的是这个容器中元素的类型。例如：

```
#include <map>
map<string, string> M;                                  /*创建一个 map 容器对象 M*/
/*为 M 容器对象插入第 1 个 value_type 类型数据*/
M.insert(map<string, string>::value_type("001", "M_first"));
/*为 M 容器对象插入第 2 个 value_type 类型数据*/
M.insert(map<string, string>::value_type("002", "M_second"));
/*为 M 容器对象插入第 3 个 value_type 类型数据*/
M.insert(map<string, string>::value_type("003", "M_third"));
map<string, string>::iterator iter;                     /*定义迭代器 iter*/
for (iter = M.begin(); iter != M.end(); iter++)
{
    cout << iter->first << " " << iter->second << end;   /*输出容器中的元素*/
}
```

（2）为了实现类似数组的功能，类 map 重载了下标操作符“[]”。在 map 中使用下标与在 vector 中类似，返回的都是下标关联的值。但 map 的下标是键，而不是递增的数字。例如：

```
map<string,int> m;
m["Anna"]=100;
```

```
int a=m["Anna"];
```

首先在 m 中查找键为 Anna 的元素，如果没有找到，就会将一个新的键—值对插入到容器对象 m 中，键为 Anna，值初始化为 0；如果已为键 Anna 对应的元素赋值，最后可以通过数组的形式进行访问。需要注意的是，用下标访问 map 中不存在的元素，会导致在 map 容器中添加一个新元素，它的键即为该下标值。运用 map 容器的这些特性，可以使程序变得更简练。例如：

```
#include <map>
map<string, int> M;
M["Anna"] = 100;
M["Bob"] = 200;
M["Lisa"] = 300;
map<string, int>::iterator iter;                        /*定义迭代器 iter*/
for (iter = M.begin(); iter != M.end(); iter++)
{
    cout << iter->first << " " << iter->second << endl;  /*输出容器中的元素*/
}
```

3. map 的大小

在往 map 中插入数据后，怎么才能知道当前已经插入了多少数据呢？可以用函数 size()来测得。例如：

```
map<int, string> M;
int nSize = M.size();
```

4. map 数据的遍历

【实例 14.10】编写程序，正序遍历 map 容器，并输出相应的结果（源代码\ch14\14.10.txt）。

```
#include <map>
#include <string>
#include <iostream>
using namespace std;
int main()
{
    map <int, string> M;
    M.insert(pair<int, string>(1, "M_first"));
    M.insert(pair<int, string>(2, "M_second"));
    M.insert(pair<int, string>(3, "M_third"));
    map <int, string>::iterator iter;
    for(iter = M.begin(); iter != M.end(); iter++)
    {
        cout<<iter->first<<' '<<iter->second<<endl;
    }
    return 0;
}
```

程序运行结果如图 14-10 所示，这里实现了 map 容器的正序遍历操作。除了可以通过正序遍历外，还可以通过逆序遍历，上述代码修改如下：

```
map<int, string>::reverse_iterator iter;
for(iter = M.rbegin(); iter != M.rend(); iter++)
{
    cout<<iter->first<<"  "<<iter->second<<endl;
}
```

程序运行结果如图 14-11 所示，这里实现了 map 容器的逆序遍历操作。

```
■ Microsoft Visual Studio 调试控制台
1  M_first
2  M_second
3  M_third
```

图 14-10　例 14.10 的程序运行结果

```
■ Microsoft Visual Studio 调试控制台
3  M_third
2  M_second
1  M_first
```

图 14-11　逆序遍历运行结果

5. map 中元素的查找与获取

在 map 中用下标方式获取元素的缺点是，当不存在该元素时会自动添加，这是不希望看到的。所以在 map 中提供了另外两个函数：count() 和 find()，用于检查某个键是否存在而不会插入该键。

```
m.count(k)    /*返回 m 容器中 k 出现的次数*/
m.find(k)
/*如果 m 容器中存在按 k 索引的元素，则返回指向该元素的迭代器；否则，返回超出末端迭代器*/
```

count() 的返回值只能是 0 或 1，因为 map 值允许一个键对应一个实例。如果返回值为非 0，则可以用下标方式来获取该键所关联的值。

```
int occurs=0;
if(M.count("foobar"))
{
    occurs=M["foobar"];
}
```

find() 用来返回指向元素的迭代器，如果元素不存在，则返回末端迭代器。

```
int  occurs=0;
map<string,int>::iterator  it=M.find("foobar");
if(it!=M.end())
{
    occurs=it->second;
}
```

6. 在 map 中删除元素

从 map 中删除元素需用函数 erase() 来实现，它有 3 种语法格式。

语法格式 1：

```
m.erase(k)
```

表示删除 m 容器中键为 k 的元素。返回 size_type 类型的值，表示删除的元素个数。

语法格式 2：

```
m.srase(p)
```

表示从 m 容器中删除迭代器 p 指向的元素。p 必须指向 m 容器中确实存在的元素，而且不能等于 m.end()，返回 void 型值。

语法格式 3：

```
m.erase(b,e)
```

表示从 m 容器中删除一定范围内的元素，该范围由迭代器对 b 和 e 标记。b 和 e 必须标记 m 容器中的一段有效范围，即 b 和 e 都必须指向 m 容器中的元素或最后元素的下一个位置，而且 b 要么在 e 的前面，要么与 e 相等，返回 void 型值。

【实例 14.11】编写程序，实现对映射的应用，并输出相应的结果（源代码\ch14\14.11.txt）。

```
#include <iostream>
#include <map>
using namespace std;
```

```
int main()
{
    map<char,int,less<char>>map1;
    map<char,int,less<char>>::iterator mapIter;
    //char 为键的类型，int 为值的类型
    //下面是初始化，与数组类似
    //也可以用map1.insert(map<char,int,less<char>>::value_type("c",3));
    map1['c']=3;
    map1['d']=4;
    map1['a']=1;
    map1['b']=2;
    for(mapIter=map1.begin();mapIter!=map1.end();++mapIter)
        cout<<""<<(*mapIter).first<<":"<<(*mapIter).second;
    //first 对应定义中的 char 键，second 对应定义中的 int 值
    //检索对应于 d 键的值
    map<char,int,less<char>>::const_iterator ptr;
    ptr=map1.find('d');
    cout<<'\n'<<""<<(*ptr).first<<"键对应于值: "<<(*ptr).second;
    system("pause");
    return 0;
}
```

程序运行结果如图 14-12 所示。在本实例中，首先
定义了一个 map 类型的 map1，又定义了一个 map 类型
的迭代器 mapIter，给 map1 赋值，然后使用 mapIter 迭代
循环，输出 map1 的键和值，接着定义了一个 map 类型
的静态迭代器 ptr，使用 map1 的函数 find(d')给 ptr 赋值，
将 ptr 对应的键和值输出。

图 14-12　例 14.11 的程序运行结果

从运行结果可以看出，map 按照键值从小到大的顺
序排序，将结果输出。对于 map 的访问，根据键值就可以访问到对应的值。

14.3.2　集合类模板

一个集合（set）对象可以像链表一样顺序地存储一组值。在一个集合中，集合元素既充当
存储的数据，又充当数据的关键码。当只想知道一个值是否存在时，使用 set 容器是最合适的。

1. set 的表明及初始化

使用 set 以前必须使用#include<set>包含头文件，set 支持的操作基本与 map 的相同。例如：

```
vector<int > ivec;
for(vector<int>::size_type  i=0;i!=10;++i)
{
    ivec.push_back(i);
    ivec.push_back(i);
}
/*用 ivec 初始化 set*/
set<int>  iset(ivec.begin(),ivec.end());
cout<<ivec.size()<<endl;        /*输出 20*/
cout<<iset.size()<<end;         /*输出 10*/
```

2. 在 set 中添加元素

（1）直接插入。代码如下：

```
set<string>  set1;
set1.insert("the");
```

（2）使用迭代器插入。代码如下：

```
set<string>  set2;
set2.insert(ivec.begin(),ivec.end());
```

3. 从 set 中获取元素

为了通过键从 set 中获取元素，可以使用函数 find()；如果仅是判断某个元素是否存在，可以使用函数 count()，返回值只能是 1 或 0。

14.3.3　多重集合类模板

集合（set）是一个容器，其中所包含元素的值是唯一的。集合和多重集合（multiset）的主要区别在于：set 支持唯一键值，set 中的值都是特定的，且只出现一次；而 multiset 中可以出现副本键，同一值可以出现多次。

【实例 14.12】编写程序，实现对多重集合的应用，并输出相应的值（源代码\ch14\14.12.txt）。

```
#include <iostream>
#include <set>
using namespace std;
int main()
{
    set<int> set1;
    for (int i=0; i<10; ++i)
        set1.insert(i);
    for (set<int>::iterator p = set1.begin(); p != set1.end(); ++p)
        cout << *p << "";
    cout << endl;
    if(set1.insert(3).second)
        /*把 3 插入到 set1 中,若插入成功,则输出"setinsertsuccess",否则输出"setinsert failed"*/
        /*集合中已经有这个元素了,所以插入会失败*/
        cout << "setinsertsuccess" << endl;
    else cout << "setinsertfailed" << endl;
    int a[] = { 4,1,1,1,1,1,0,5,1,0 };
    multiset<int> A;
    A.insert(set1.begin(), set1.end());
    A.insert(a, a+10);
    cout << endl;
    for (multiset<int>::iterator p = A.begin(); p != A.end(); ++p)
        cout << *p << "";
    cout << endl;
    return 0;
}
```

程序运行结果如图 14-13 所示。在本实例中，首先定义了一个集合对象 set1，使用 for 循环将数字 0～9 插入到 set1 中，使用迭代循环将 set1 输出，再向 set1 中插入数字 3，判断该插入操作是否成功，然后定义了一个 int 型数组 a，

```
Microsoft Visual Studio 调试控制台
0123456789
setinsertfailed

0001111111234455 6789
```

图 14-13　例 14.12 的程序运行结果

定义了一个多重集合对象 A。使用 A 的函数 insert()将 set1 中的元素和 a 中的元素全部插入 A 中，使用迭代循环将 A 中的元素输出。

从运行结果可以看出，set1 和 A 的输出都是按照从小到大的顺序（在默认情况下集合都是按从小到大顺序自动排列）。在向 set1 中插入数字 3 时出现错误，是因为 set 中不允许有重复数字存在。而对于多重集合，则可以存在重复数字，所以输出后有多个 0、多个 1、多个 4 和多个 5。

14.4　容器适配器

微视频

容器适配器有 3 种：stack、queue 和 priority_queue。stack 可以与数据结构中的栈对应，具有先进后出的特性；而 queue 则可以理解为队列，具有先进先出的特性；priority_queue 则是带优先级的队列，其元素可以按照某种优先级顺序进行删除。

要使用以上适配器，需要加入以下头文件。

```
#include <stack>        /*对应 stack 容器适配器*/
#include <queue>        /*对应 queue、priority_queue 容器适配器*/
```

14.4.1　栈类

栈（stack）允许在顶部插入或删除元素，但不能访问中间的元素。stack 的这种特性就像叠盘子一样。

1. stack 的初始化

例如：

```
stack<int> stk;
```

等价于

```
stack < int, deque <int> > stk;
```

如果用户想从 vector 衍生出 stack 容器，则需要按照如下方式进行定义。

```
stack < int, vector <int> > s;
stack < int,vector <int> > stk;
```

2. stakc 的成员函数

stack 通过限制元素插入或删除的方式实现一些功能，从而提供了严格遵守栈机制的成员函数，如表 14-5 所示。

表 14-5　stack 的成员函数

函　　数	描　　述
push( )	在栈顶插入元素
pop( )	删除栈顶的元素
empty( )	检查栈是否为空，并返回一个布尔值
size( )	返回栈中的元素个数
top( )	获得指向栈顶元素的引用

【**实例 14.13**】编写程序，使用函数 push()和 pop()在栈中插入和删除数据，并输出相应的结果（源代码\ch14\14.13.txt）。

```cpp
#include <iostream>
#include <stack>
using namespace std;
int main()
{
    stack<int> stk;
    cout << "将数据{20,18,60,10,59}插入栈中" << endl;
    stk.push(20);
    stk.push(18);
    stk.push(60);
    stk.push(10);
    stk.push(59);
    cout << "stack大小为:" << stk.size() << endl;
    while (stk.size()!=0)
    {
        cout << "弹出顶端的元素: " << stk.top() << "\t" << "删除" << endl;
        stk.pop();
    }
    if(stk.empty())
    {
        cout << "栈为空" << endl;
    }
    return 0;
}
```

程序运行结果如图 14-14 所示。在本实例中，首先使用函数 push()将一组数据压入栈中，然后使用函数 pop()从栈中删除。stack 只允许访问栈顶元素，可以使用函数 top()进行访问。函数 pop()每次只能删除一个元素，所以使用 while 循环语句可以不断执行删除任务。最后通过判断函数 empty()，确认 stack 是否为空。

从元素弹出的顺序可知，最后插入的元素最先弹出，这说明 stack 具有典型的后进先出特性。

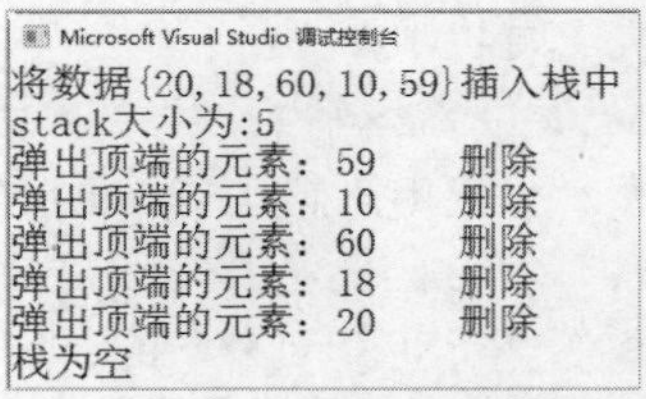

图 14-14　例 14.13 的程序运行结果

14.4.2　队列类

队列（queue）只允许在末尾插入元素及从开头删除元素。queue 也不允许访问中间的元素，但可以访问开头和末尾的元素。该特性与收银台前的队列相似。

1. queue 的初始化

例如：

```cpp
queue<int> q;
```

2. queue 的成员函数

与 stack 类似，queue 也是基于容器 vector、list 或 deque 来实现的。queue 的成员函数如表 14-6 所示。

表 14-6 queue 的成员函数

函 数	描 述
push()	在队尾插入一个元素，即最后位置
pop()	将队首的元素删除，即最开始位置
front()	返回指向队首元素的引用
back()	返回指向队尾元素的引用
empty()	检查队列是否为空并返回一个布尔值
size()	返回队列中的元素个数

【实例 14.14】编写程序，使用 queue 插入和删除元素并输出相应的结果（源代码\ch14\
14.14.txt）。

```cpp
#include <iostream>
#include <queue>
using namespace std;
int main()
{
    queue<int> q;
    cout << "将数据{20,18,60,10,59}插入队列" << endl;
    q.push(20);
    q.push(18);
    q.push(60);
    q.push(10);
    q.push(59);
    cout << "queue 大小为:" << q.size() << endl;
    cout << "队列头:" << q.front() << endl;
    cout << "队列尾:" << q.back() << endl;
    while (q.size()!=0)
    {
        cout << "删除队列头" << q.front() << endl;
        q.pop();
    }
    if(q.empty())
    {
        cout << "队列为空" << endl;
    }
    return 0;
}
```

程序运行结果如图 14-15 所示。在本实例中，首先使
用函数 push() 在队列对象 q 的末尾插入元素，通过函数
front() 和 back() 可以访问队列的头和尾，然后使用函数 pop()
依次从头开始删除队列的元素，直到为空。

```
※ Microsoft Visual Studio 调试控制台
将数据{20, 18, 60, 10, 59}插入队列
queue大小为:5
队列头:20
队列尾:59
删除队列头20
删除队列头18
删除队列头60
删除队列头10
删除队列头59
队列为空
```

图 14-15 例 14.14 的程序运行结果

从运行结果可知，元素被删除的顺序与插入的顺序相同，这说明 queue 具有先进先出的特性。

14.4.3 优先级队列类

priority_queue 与 queue 的不同之处在于，包含最大值的元素位于队首，且只能在队首执行
操作。

1. priority_queue 的初始化

例如：

```
priority_queue<int> q;
```

2. priority_queue 的成员函数

queue 提供了函数 front()和 back()，而 priority_queue 没有。priority_queue 的成员函数如表 14-7 所示。

表 14-7 priority_queue 的成员函数

函　　数	描　　述
push()	在优先级队列中插入一个元素
pop()	删除队首的元素，即最大的元素
empty()	检查优先级队列是否为空并返回一个布尔值
size()	返回优先级队列中的元素个数
top()	返回指向队列中最大元素的引用

【实例 14.15】编写程序，使用 priority_queue 插入和删除元素，并输出相应的结果（源代码\ch14\14.15.txt）。

```cpp
#include <iostream>
#include <queue>
using namespace std;
int main()
{
    priority_queue< int > q_value;
    cout << "将数据{20,18,60,10,59}插入队列" << endl;
    q_value.push(20);
    q_value.push(18);
    q_value.push(60);
    q_value.push(10);
    q_value.push(59);
    cout << "priority_queue大小为:" << q_value.size() << endl;
    while (q_value.size()!= 0)
    {
        cout << "删除队列头" << q_value.top() << endl;
        q_value.pop();
    }
    if(q_value.empty())
    {
        cout << "队列为空" << endl;
    }
    return 0;
}
```

程序运行结果如图 14-16 所示。本实例先使用函数 push()将一组无序的元素放入队列中，然后使用函数 pop()依次将队列中的最大值删除。

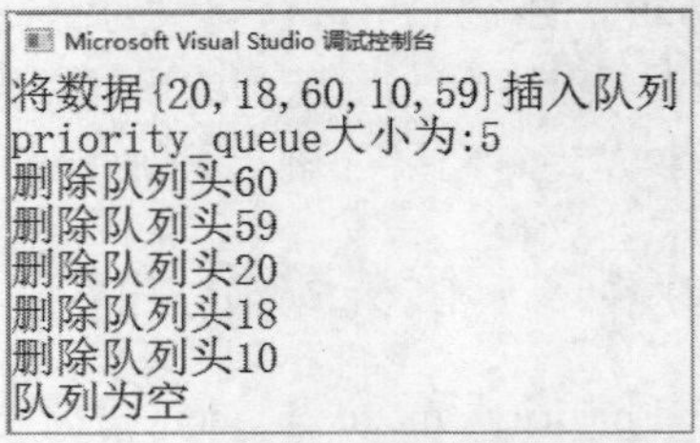

图 14-16　例 14.15 的程序运行结果

14.5　C++中的算法

微视频

C++标准模板库中提供了相当多的有用算法，常用算法范围涉及比较、交换、查找、遍历、复制、修改、移除、反转、排序和合并等。STL 的算法被定义在 algorithm 头文件中，使用时必须载入该文件。

14.5.1　数据编辑算法

通过数据编辑算法可以对容器内的数据进行填充、赋值、合并和删除等操作。

1. fill()

该函数的功能是将指定值分配给指定范围中的每个元素。其语法格式如下：

```
template < class ForwardIterator, class T >
void fill ( ForwardIterator first, ForwardIterator last, const T& value );
```

例如：

```
#include <algorithm>
fill(vec.begin(), vec.end(), val);        /*原来容器中每个元素被重置为 val*/
```

该函数表示将一个区间的元素都赋予 val 值。

2. copy()

该函数的功能是将一个范围复制到另一个范围。其语法格式如下：

```
template <class InputIterator, class OutputIterator>
OutputIterator copy(InputIterator _First,InputIterator _Last,OutputIterator _DestBeg)
```

函数参数：

（1）_First 和_Last 用来指出被复制元素的区间范围[_First, _Last)。

（2）_DestBeg 用来指出复制到的目标区间起始位置。

返回值：返回一个迭代器，指出已被复制元素区间的最后一个位置。

3. merge()

该函数的功能是将两个有序的序列合并为一个有序的序列。其语法格式如下：

```
template <class InputIterator1, class InputIterator2, class OutputIterator>
OutputIterator merge(InputIterator1 first1, InputIterator1 last1, InputIterator2
first2, InputIterator2 last2, OutputIterator result);
```

该函数表示将容器 1 的[first1, last1)范围内的对象与容器 2 的[first2, last2)范围内的对象合并后的有序序列存放在以 result 为起始的指定位置处，容器 1 的数据在前。返回值：函数返回一个迭代器，它指向合并后的结果容器的末尾。

函数参数：

（1）first1 为第一个容器的首迭代器。

（2）last1 为第一个容器的末迭代器。

（3）first2 为第二个容器的首迭代器。

（4）last2 为容器的末迭代器。

（5）result 为存放结果的容器。

4. remove( )

该函数的功能是将指定范围中包含指定的元素值移除。其语法格式如下：

```
template <class ForwardIterator, class T>
ForwardIterator remove(ForwardIterator first, ForwardIterator last, const T& value);
```

该函数表示移除[first, last)范围内的值是 value 的所有元素。注意不是将该元素真移除，而是将该元素用后面的元素覆盖，因此执行 remove 后容器长度不变，而未被移除的元素将会向前复制，后面多余的元素将不会移除。如果想删除，则必须使用 erase()将新末端到原容器末端的元素删除。返回值：返回容器新末端的迭代器。

5. replace( )

该函数的功能是用一个值来替换指定范围中与指定值匹配的所有元素。其语法格式如下：

```
template < class ForwardIterator, class T >
void replace(ForwardIterator first, ForwardIterator last, const T& old_value, const
T& new_value);
```

该函数将[first, last)范围内的元素值 old_value 用 new_value 来替换。

【实例 14.16】编写程序，将数组复制到容器中（源代码\ch14\14.16.txt）。

```cpp
#include <iostream>
#include <vector>
#include <algorithm>
using namespace std;
int main()
{
    int arr[] = { 1,2,3,4,5,6,7,8,9 };
    vector<int> v1;
    vector<int> v2;
    copy(arr, arr+9, back_inserter(v1));
    for (int i=0; i<v1.size(); i++)
    {
        cout << v1[i] << " ";
    }
    cout << endl;
    copy(v1.begin(), v1.end(), back_inserter(v2));
    for (inti= 0; i<v2.size(); i++)
    {
        cout << v2[i] << " ";
    }
    cout << endl;
    return 0;
}
```

程序运行结果如图 14-17 所示。在本实例中，首先定义了一个 int 型数组 arr 并初始化，再创建两个容器对象 v1 和 v2，然后使用函数 copy()分别将数组的元素复制到 v1 和 v2 中。

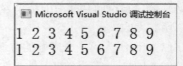

图 14-17　例 14.16 的程序运行结果

14.5.2　查找算法

查找算法是非变序算法，只是用来在容器中查找一个数据或者多个数据，不改变容器中的内容。

1. find( )

该函数的功能是在给定范围内搜索与指定值匹配的第一个元素。其语法格式如下：

```
template <class InputIterator, class T>
InputIterator find(InputIterator first, InputIterator last, const T& value);
```

该函数表示在容器的[first1, last1]范围内查找 value。返回值：返回值是迭代器类型，如果找到该数据，则指向该数据在容器中第 1 次出现的位置，否则指向结果序列的尾部。

2. search( )

该函数的功能是在目标范围内，根据元素相等性（即运算符==）或指定搜索第一个满足条件的元素。其语法格式如下：

```
template <class ForwardIterator1, class ForwardIterator2>
ForwardIterator1 search(ForwardIterator1 first1, ForwardIterator1 last1, ForwardIterator2
first2,ForwardIterator2 last2);
```

该函数表示在容器[first1, last1]范围内查找另一容器[first2, last2)范围是否存在。返回值：返回值是迭代器类型，如果找到该数据，则指向该范围在容器中第 1 次出现的位置，否则指向结果序列的尾部。

【实例 14.17】编写程序，查找容器中的元素（源代码\ch14\14.17.txt）。

```cpp
#include <iostream>
#include <algorithm>
#include <vector>
using namespace std;
int main()
{
    vector<string> m;
    m.push_back("A");
    m.push_back("B");
    m.push_back("C");
    m.push_back("D");
    m.push_back("E");
    if(find(m.begin(), m.end(), "D") == m.end())
    {
        cout << "no" << endl;
    }
    else
    {
        cout << "yes" << endl;
    }
    return 0;
}
```

程序运行结果如图 14-18 所示。本实例实现在容器中查找字符"D"，如果存在，输出"yes"，否则输出"no"。

图 14-18 例 14.17 的程序运行结果

14.5.3 比较算法

比较算法用来比较两个容器内的数据是否相等。

1. equal()

该函数的功能是比较两个元素是否相等。其语法格式如下：

```
template <class InputIterator1, class InputIterator2>
bool equal(InputIterator1 first1, InputIterator1 last1, InputIterator2 first2);
```

该函数用于判断容器 1 [first1, last1)范围内的对象序列是否与另一容器以 first2 开始的对象序列一一对应相等。返回值：相等则返回 true，否则返回 false。

例如：

```
int a[] = { 10,20,30,40,50 };        /* a: 10、20、30、40、50*/
vector<int>v1(a, a+5);               /*v1: 10、20、30、40、50*/
v1[2] = 70;                          /*v1: 10、20、70、40、50*/
if(equal(v1.begin(), v1.end(), a))   /*判断 v1 与 a 是否相等*/
    cout << "两个序列内容相等" << endl;
else
    cout << "两个序列内容不相等" << endl;
```

2. mismatch()

该函数的功能是找出两个元素范围内第一处不同的数据。其语法格式如下：

```
template <class InputIterator1, class InputIterator2>
pair<InputIterator1, InputIterator2> mismatch(InputIterator1 first1, InputIterator1 last1, InputIterator2 first2);
```

返回一个 pair 类对象。如果两个序列相等，pair 类对象的两个迭代器 first 和 second 都指向各自容器的末尾即 end()；如果不相等，两个迭代器分别指向两个不同的元素。因此，使用该函数必须定义一个 pair 类型的对象。

【实例 14.18】编写程序，比较两个容器内的数据，并输出这两个不同的数据（源代码\ch14\14.18.txt）。

```
#include <algorithm>
#include <vector>
#include <iostream>
using namespace std;
bool strEqual(const char* s1, const char* s2)
{
    return strcmp(s1, s2) == 0 ? true : false;
}
typedef vector<int>::iterator iter;
int main()
{
    vector<int> v1, v2;
    v1.push_back(2);
    v1.push_back(4);
    v1.push_back(6);
    v1.push_back(7);
    v2.push_back(2);
    v2.push_back(3);
    v2.push_back(6);
    v2.push_back(10);
```

```
        pair<iter, iter> retCode;
        retCode = mismatch(v1.begin(), v1.end(), v2.begin());
        if(retCode.first == v1.end() && retCode.second == v2.end()
        /* v2.end 可替换为 ivec2.begin() */
        {
            cout << "v1 和 v2 完全相同" << endl;
        }
        else
        {
            cout << "v1 和 v2 不相同, 不匹配的元素为: \n"<< *retCode.first << endl
                 << *retCode.second << endl;
        }
        return 0;
}
```

程序运行结果如图 14-19 所示。在本实例中，首先定义了一个比较函数 strEqual(const char* s1, const char* s2)，用于返回一个布尔值，接着在函数 main() 中创建两个向量容器的对象 v1 和 v2，然后使用函数 push_back() 依次将数据放入容器中，使用函数 mismatch() 将两个容器中第一处不相同的数据进行输出。

图 14-19   例 14.18 的程序运行结果

equal() 和 mismatch() 的功能都是比较容器两个区间内的元素。这两个算法各有 3 个参数（first1、last1 和 first2），如果区间[first1,last1)内所有的 first1+i 与 first2 所在序列的元素都相等，则 equal() 算法返回真，否则返回假。mismatch() 算法的返回值是由两个迭代器 first1+i 和 first2+i 组成的一个 pair，表示第 1 对不相等元素的位置；如果没有找到不相等的元素，则返回 last1 和 first2+(last1-first1)。

14.5.4   排序相关算法

对容器中的数据也可以进行反转、交换或排序等操作，而完成这些操作只需要调用 STL 中的相关函数即可。

1. sort()
该函数的功能是使用指定排序标准对指定范围内的元素进行排序，排序可能改变相等元素的相对顺序。其语法格式如下：

```
template<class RandomAccessIterator>
void sort(RandomAccessIterator first,RandomAccessIterator last);
```

该函数将对容器中[first, last)范围内的对象进行排序，默认为升序排序。

2. reverse()
该函数的功能是对容器内的数据进行反转。其语法格式如下：

```
template <class BidirectionalIterator>
void reverse(BidirectionalIterator first,BidirectionalIterator last);
```

该函数将对容器中[first, last)范围内的对象进行反转。

【实例 14.19】编写程序，使用排序算法对数据进行排序，并输出相应的结果（源代码 \ch14\14.19.txt）。

```
#include <iostream>
```

```
#include <algorithm>
#include <vector>
using namespace std;
int main()
{
    vector<int> arr= { 9,6,3,8,5,2,7,4,1,0 };
    vector<int>::iterator it;
    cout << "排序前: " << endl;
    for (it = arr.begin(); it != arr.end(); ++it)
    {
        cout << *it << " ";
    }
    cout << endl;
    cout << "升序排列: " << endl;
    sort(arr.begin(), arr.end());
    for (it = arr.begin(); it != arr.end(); ++it)
    {
        cout << *it << " ";
    }
    cout << endl;
    cout << "降序排列: " << endl;
    reverse(arr.begin(), arr.end());
    for (it = arr.begin(); it != arr.end(); ++it)
    {
        cout << *it << " ";
    }
    cout << endl;
    return 0;
}
```

图 14-20　例 14.19 的程序运行结果

程序运行结果如图 14-20 所示。在本实例中，首先创建了一个向量容器对象，向该容器对象中放入 10 个无序的整型元素并输出，然后通过函数 sort() 和 reverse() 对容器中的数据进行了升序和降序排列并输出。

14.6　C++中的迭代器

微视频

迭代器（iterators）提供了对一个容器中对象的访问方法，并且定义了容器中对象的范围。迭代器，就如同一个指针。事实上，C++的指针也是一种迭代器。

14.6.1　迭代器的分类

迭代器提供了比下标操作更通用化的方法，即所有的标准库容器都定义了相应的迭代器类型。因为迭代器对所有的容器都适用，所以现在 C++程序中更倾向于使用迭代器而不是下标操作访问容器元素。迭代器可以分为 5 种类型，分别是输入迭代器、输出迭代器、向前迭代器、双向迭代器及随机访问迭代器。

（1）输入迭代器（Input Iterator）：只能向前移动且每次只能移动一步，只能读迭代器指向的数据，并且只能读一次。如表 14-8 所示列出了输入迭代器的各种操作。

表 14-8　输入迭代器

表 达 式	功 能 描 述
*iter	读取实际元素
Iter->member	读取实际元素的成员
++iter	向前步进（传回新位置）
iter++	向前步进（传回旧位置）
iter1 == iter2	判断两个迭代器是否相同
iter1 != iter2	判断两个迭代器是否不相等
TYPE(iter)	复制迭代器（copy 构造函数）

（2）输出迭代器（Output Iterator）：只能向前移动且每次只能移动一步，只能写迭代器指向的数据，并且只能写一次。如表 14-9 所示列出输出迭代器的有效操作。

表 14-9　输出迭代器

表 达 式	功 能 描 述
*iter = value	将元素写入到迭代器所指位置
++iter	向前步进（传回新位置）
iter++	向前步进（传回旧位置）
TYPE(iter)	复制迭代器（copy 构造函数）

（3）前向迭代器（Forward Iterator）：前向迭代器是对输入迭代器与输出迭代器的结合，具有输入迭代器的全部功能和输出迭代器的大部分功能。前向迭代器能多次指向同一群集中的同一元素，并能多次处理同一元素。如表 14-10 所示列出了前向迭代器的各种操作。

表 14-10　前向迭代器

表 达 式	功 能 描 述
*iter	存取实际元素
iter->member	存取实际元素的成员
++iter	向前步进（传回新位置）
iter++	向前步进（传回旧位置）
iter1==iter2	判断两个迭代器是否相同
iter1!=iter2	判断两个迭代器是否不相等
TYPE()	定义迭代器（default 构造函数）
TYPE(iter)	复制迭代器（copy 构造函数）
iter1==iter2	复制

（4）双向迭代器（Bidirectional Iterator）：以前向迭代器为基础，加上了向后移动的功能。

（5）随机访问迭代器（Random Access Iterator）：以双向迭代器为基础，加上了迭代器运算的功能，即具有向前或向后跳转任意距离的功能。

☆**大牛提醒**☆

对于 vector，任何改变 vector 长度的操作都会使已存在的迭代器失效。例如，在调用 push_

back()后，就不能再信赖指 vector 迭代器的值了。

14.6.2　迭代器的使用

迭代器有各种不同的创建方法，可以作为一个变量创建，也可以为了一个特定类型的数据而创建。迭代器定义的语法格式如下：

```
<容器名><数据类型>:: iterator 迭代器变量名;
```

所有容器都含有其各自的迭代器型别（iterator types），所以当用户使用一般的容器迭代器时，并不需要载入专门的头文件。不过有几种特别的迭代器，例如逆向迭代器，被定义于<iterator>中。

【实例 14.20】编写程序，使用迭代器运算符修改容器元素（源代码\ch14\14.20.txt）。

```cpp
#include <iostream>
#include <vector>                              /*包含容器头文件*/
#include <iterator>                            /*包含迭代器头文件*/
using namespace std;
int main()
{
    vector <int> v(10, 1);                     /*设置容器有10个元素,初值都为1*/
    int i = 0;
    cout << "未修改前: ";
    vector<int>::iterator iter = v.begin();    /*使迭代器指向容器前端*/
    for (;iter!=v.end();++iter)                /*遍历容器*/
    {
        cout << *iter << " ";                  /*未修改前*/
    }
    cout << endl;
    for (iter = v.begin(); iter != v.end(); ++iter)
    {
        *iter += i;                            /*依次对容器元素赋值*/
        ++i;
    }
    cout << "修 改 后: ";
    for (iter = v.begin(); iter != v.end(); ++iter) /*遍历容器*/
    {
        cout << *iter << " ";
    }
    cout << endl;
    return 0;
}
```

程序运行结果如图 14-21 所示。在本实例中，首先创建了一个向量对象 v，并初始化赋值，然后使迭代器指向容器中的第一个元素，进行遍历，接着使用迭代器对容器内的元素进行自增 1 运算，最后遍历并输出该容器的数据。

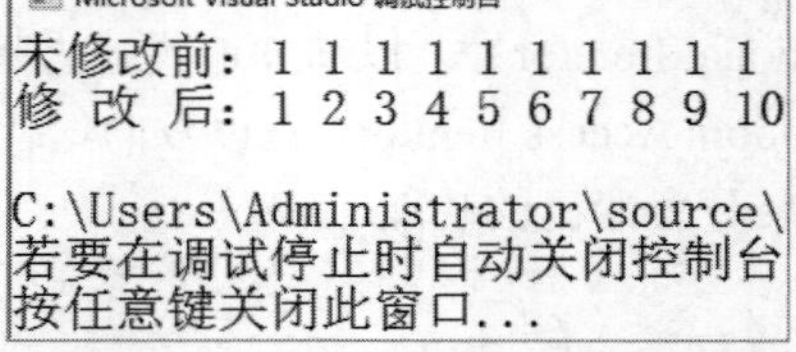

图 14-21　例 14.20 的程序运行结果

14.7 新手疑难问题解答

问题 1：什么是迭代器的范围？

解答：每种容器都定义了一对命名为 begin 和 end 的函数，用于返回迭代器。如果容器中有元素，由 begin()返回的迭代器指向第一个元素。例如：

```
vector<int>::iterator iter = ivec.begin();
```

上述语句把 iter 初始化为由名为 vector 容器操作返回的值。假设 vector 非空，初始化后，iter 即指该元素为 ivec[0]。

由 end()返回的迭代器指向 vector 末端元素的下一个——超出末端迭代器，表明它指向了一个不存在的元素。如果 vector 为空，begin()返回的迭代器与 end()返回的迭代器相同。由 end 操作返回的迭代器并不指向 vector 中任何实际的元素，所以迭代器的范围都是左闭右开。

问题 2：STL 有哪 7 种主要容器？

解答：STL（标准模板库）中主要的 7 种容器包括向量（vector）、双端队列（deque）、链表（list）、集合（set）、多重集合（multiset）、映射（map）和多重映射（multimap）。

14.8 实战训练

实战训练

实战 1：使用容器输出学生信息。

编写程序，分别使用 vector、list 和 map 类容器中定义的各种函数和方法，进行增加、删除、遍历、查找等操作，从而输出学生信息。程序运行效果如图 14-22 所示。

实战 2：按照年龄的大小，对人员进行排序。

编写程序，使用向量容器，根据年龄的大小，对 5 位青少年进行年龄从低到高的排序。程序运行效果如图 14-23 所示。

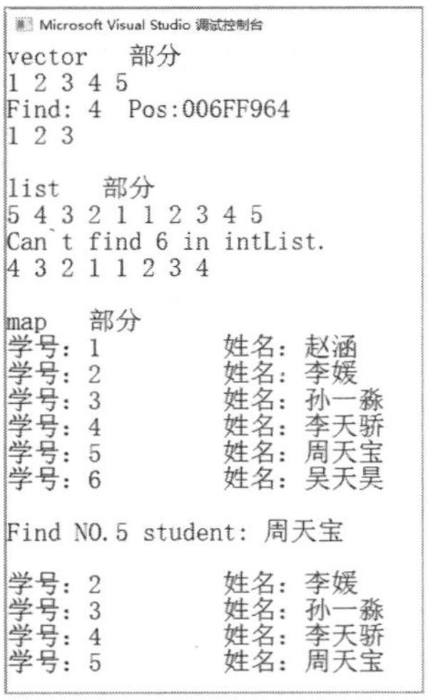

图 14-22 实战 1 的程序运行效果

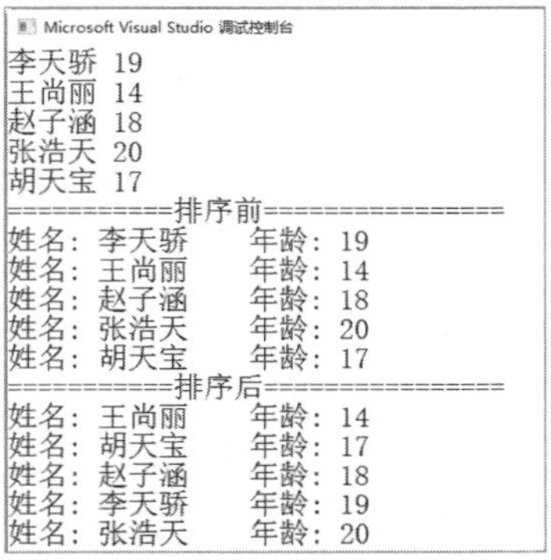

图 14-23 实战 2 的程序运行效果

第 15 章

C++程序的异常处理

🕐 **本章内容提要**

异常是程序在执行期间产生的问题。C++异常是指在程序运行时遇到的特殊情况，例如尝试除以零的操作。异常处理是一种允许两个独立开发的程序组件在程序执行期间遇到程序不正常的情况时相互通信的机制。本章介绍 C++程序异常处理的应用。

15.1 认识异常处理

微视频

异常（Exception）处理是一种错误处理机制。C++中的异常处理也是在 C++的不断完善与发展中出现的，异常处理机制提高了 C++程序的安全性。

15.1.1 认识异常处理机制

在一般的简单程序中，异常处理机制并不能表现出多大的优势。但是，在进行团队开发过程中，可以通过异常处理机制来降低产生错误的可能性，从而提高程序的可靠性。至于提高程序可靠性的方法，在异常处理机制出现前，是通过 if 语句来判断是否有异常情况出现及异常情况出现后如何处理。但是，if 语句判断并不能够将所有出现异常的可能性都包括。如果开发较大规模的程序时，就会导致正常的逻辑代码和处理异常的代码混淆在一起，增加程序的维护难度。

C++标准为了改善这种错误处理机制，提供了异常处理机制。那么使用异常处理机制，在整个程序段发生异常后都不至于导致程序出错，而是将异常抛出。

在 C++中异常往往用类来实现。以栈为例，异常类声明的语法格式如下：

```
class popOnEmpty{…}; /*栈空异常*/
class pushOnFull{…}; /*栈满异常*/
```

这样，当检测到栈满或空时不再退出程序，而是抛出一个异常。代码如下：

```
template <typename T>
void Stack<T>::Push(const T &data){
  if(IsFull())  throw pushOnFull<T>(data);
  //注意加了括号，是构造一个无名对象
  elements[++top]=data; }
template <typename T> T Stack<T>::Pop(){
```

```
      if(IsEmpty())  throw popOnEmpty<T>();
      return elements[top--]; }
```

　　注意，在这里 pushOnFull 是类，而 C++要求抛出的必须是对象，所以必须有"()"，即调用构造函数建立一个对象。异常并非总是类对象，throw 表达式还可以抛出其他类型（如枚举型、整型等）的对象，但最常用的是类对象。

15.1.2　认识标准异常

　　C++标准库中有关于异常的完整类层次体系，标准库中抛出的所有异常都是这个层次体系中类的对象。所有的标准异常处理类都派生自 exception 类，如图 15-1 所示，层次体系中的每个类都支持一个 what()方法，这个方法返回一个描述异常的 char*字符串。除了 exception 类外，所有标准异常类都要求在构造函数中设置 what()方法所返回的字符串。

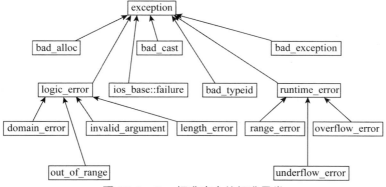

图 15-1　C++标准库中的标准异常

15.1.3　异常处理语句块

　　在 C++语言中，一个函数能够检测出异常并将异常返回，这种机制称为抛出异常。当抛出异常后，函数调用者捕获到该异常，并对该异常进行处理，称为异常捕获。异常提供了一种转移程序控制权的方式。C++异常处理涉及 3 个关键字：try、catch、throw。

　　下面先介绍 3 个语句块整体的功能。

　　（1）throw 语句块：当问题出现时，程序会抛出一个异常。这是通过使用 throw 关键字来完成的。

　　（2）catch 语句块：在用户想要处理问题的地方，通过异常处理程序捕获异常。catch 关键字用于捕获异常。

　　（3）try 语句块：try 中的代码块用来标识将被激活的特定异常。它后面通常跟着一个或多个 catch 块。

1. 捕获异常的语法

捕获异常的语法格式如下：

```
try
{
    …/*可能抛出异常的语句*/
}
catch (exceptionType variable)
```

```
{
    …/*处理异常的语句*/
}
```

有了 C++异常机制，用户可以提前发现问题，避免程序崩溃。try 和 catch 都是 C++中的关键字，后跟语句块，不能省略"{ }"。

try{ }中包含可能会抛出异常的语句，一旦有异常抛出就会被后面的 catch 捕获。从 try 的字面意思可以看出，它只是"检测"语句块有没有异常，如果没有发生异常，就"检测"不到。catch 是"抓住"的意思，用来捕获并处理 try 检测到的异常；如果 try 语句块没有检测到异常（没有异常抛出），那么就不会执行 catch{ }中的语句。catch 关键字后面的 exceptionType variable 指明了当前 catch 可以处理的异常类型，以及具体的出错信息。

2. 抛出异常的语法

抛出异常的语法格式如下：

```
throw exceptionData;
```

其中，throw 关键字用来显式地抛出异常；exceptionData 可以包含任意的信息，完全由程序员决定，它既可以是 int、float、bool 等基本类型，也可以是指针、数组、字符串、结构体、类等聚合类型。例如：

```
char str[] = "Hello World!";
char *pstr = str;
class Base {};
Base obj;
throw 100;      /*int 类型*/
throw str;      /*数组类型*/
throw pstr;     /*指针类型*/
throw obj;      /*对象类型*/
```

☆大牛提醒☆

异常必须显式地抛出，才能被检测和捕获到；否则，即使有异常，也检测不到。

15.2 异常处理的简单应用

在 C++语言中，建立异常及使用异常处理有一整套异常处理机制。首先，使用 try 关键字和{ }将可能抛出异常的代码块包围起来，形成 try 异常块。在异常块的结尾，使用 throw 关键字将可能的异常抛出。

15.2.1 抛出异常

抛出异常的机制是如果在程序的代码中出现了异常情况，可以将 try 块中的错误信息全部抛出去，这种方法称为抛出异常。

1. throw 表达式

首先使用 throw 表达式的值生成一个对象（异常对象），程序进入异常状态，然后使用函数 Terminate()，终止程序的执行。

微视频

2. try…catch 语句

```
try{
    …/*包含可能抛出异常的语句*/
}catch(类型名 [形参名]){
}catch(类型名 [形参名]){
}
```

下面通过一个实例来说明如何抛出异常。

【实例 15.1】编写程序，建立异常机制，判断输入的三角形三边的值是否满足要求，如果不满足，则抛出异常（源代码\ch15\15.1.txt）。

```cpp
#include <iostream>
#include <math.h>
using namespace std;
double sqrt_delta(double d){
    if(d < 0)
        throw 1;
    return sqrt(d);
}
double delta(double a, double b, double c){
    double d = b*b-4*a*c;
    return sqrt_delta(d);
}
int main()
{
    double a, b, c;
    cout << "请输入变量值a, b, c" << endl;
    cin >> a >> b >> c;
    while (true){
        try{
            double d = delta(a, b, c);
            cout << "x1: " << (d-b)/(2*a);
            cout << endl;
            cout << "x2: " << -(b+d)/(2*a);
            cout << endl;
            break;
        }
        catch (int){
            cout << "delta < 0, 请重新输入 a, b, c.";
            cin >> a >> b >> c;
        }
    }
}
```

程序运行结果如图 15-2 所示。在本实例中，首先定义了一个开平方函数，如果输入参数小于 0，则抛出异常，接下来定义了一个带 3 个参数的函数，该函数判断这 3 个数字是否能构成三角形的 3 条边，若不能则抛出异常。这里输入了 1、2、3 这 3 个参数，很明显这 3 个参数不能构成三角形的 3 条边，所以抛出异常，将异常结果输出。

```
■ C:\Users\Administrator\source\repos\ch01\Debug\ch01.exe
请输入变量值a, b, c
1
2
3
delta < 0, 请重新输入 a, b, c.▄
```

图 15-2　例 15.1 的程序运行结果

15.2.2　重新抛出异常

前面介绍了如何抛出异常，那么在什么情况下需要重新抛出异常呢？如果在 throw 后面有表达式，则需要抛出新的异常对象。下面通过一个实例来说明在什么情况下可以重新抛出异常。

【实例 15.2】编写程序，定义两个函数，根据不同的情况抛出异常及重新抛出异常（源代码\ch15\15.2.txt）。

```cpp
#include <iostream>
using namespace std;
void fun(int x){
    try{
        if(x == 1)
            throw 1;
        if(x == 2)
            throw 1.0;
        if(x == 3)
            throw 1 ;
    }catch(int){
        cout << "catch an int in fun()" << endl;
    }catch(double){
        cout << "catch a double in fun()" << endl;
    }
    cout << "testing exception in fun()..."<< endl;
}
void gun()
{
    try{
        //fun(1);
        //fun(2);
        //fun(3);
        fun(4);
    }catch(char){
        cout << "catch a char in gun()" << endl;
    }
    cout << "testing exception in gun()..."<< endl;
}
int main()
{
    gun();
    return 0;
}
```

程序运行结果如图 15-3 所示。在本实例中，首先定义了一个函数 fun(int x)，在该函数中做出判断，根据不同的情况抛出不同的异常，接着又定义了一个函数 gun()，在该函数中调用了上一个函数 fun()，并将异常重新抛出一次，最后在主函数中直接调用函数 gun()，并抛出异常。

```
 Microsoft Visual Studio 调试控制台
testing exception in fun()...
testing exception in gun()...
```

图 15-3　例 15.2 的程序运行结果

从运行结果可以看出，函数 gun(int x)调用了函数 fun()，函数 fun()的异常抛出一次，接着函数 gun()又抛出一次，共抛出了两次异常。

15.2.3　捕获所有异常

因为不知道可能被抛出的是否为全部异常，所以不能为每种可能的异常都写一个 catch 子句来释放资源，但可以使用通用形式的 catch 子句来捕获所有异常。其语法格式如下：

```
catch(…){代码}
```

大括号中的复合语句用来执行指定操作，当然也包括资源的释放。catch(…)子句可以单独使用，也可以与其他 catch 子句联合使用。如果联合使用，它必须放在相关 catch 子句的最后。因为 catch 子句被检查的顺序与它们在 try 块后排列顺序相同，一旦找到了一个匹配，则后续的 catch 子句将不再检查，按此规则，catch(…)子句处理表前面所列各种异常之外的异常。

如果只用 catch(…)子句进行某项操作，则其他的操作应由 catch 子句重新抛出异常，沿调用链逆向去查找新的子句来处理，而不能在子句列表中再安排一个处理同一异常的子句，因为第二个子句是永远执行不到的。下面通过一个例子来说明如何捕获所有异常。

【**实例 15.3**】编写程序，使用 catch(…)子句捕获程序中的所有异常（源代码\ch15\15.3.txt）。

```cpp
#include <iostream>
using namespace std;
int main()
{
    try
    {
        if(1 == 1)
            throw 0.5;
    }
    catch(…)
    {
        cout<<"在 try 中的错误被处理！"<<endl;
    }
}
```

程序运行结果如图 15-4 所示。在本实例中，在 try 模块中抛出了一个异常"0.5"，然后在捕获异常时，采用了捕获全部异常形式，并且经过处理，输出一段文字。

从运行结果可以看出，异常捕获已经生效，可以捕获到异常。

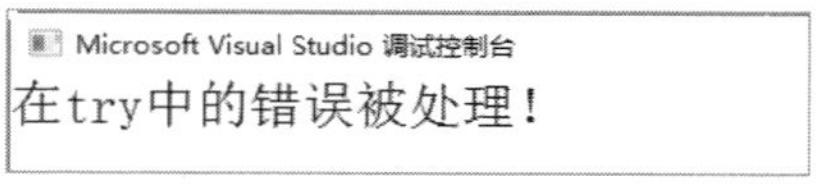

图 15-4　例 15.3 的程序运行结果

15.2.4　异常的匹配

异常的匹配是符合函数参数匹配原则的，但是又有些不同，即函数匹配时存在类型转换，异常则不然，在匹配过程中不会进行类型的转换。

如果存在不同类型的异常，try…catch 语句的语法格式如下：

```cpp
try{
    …/*包含可能抛出异常的语句*/
}
catch(类型名[形参名]){
    …/*可能出现的异常1*/
}
catch(类型名[形参名]){
```

```
        …/*可能出现的异常 2*/
    }
    catch(…){
        …/*如果不确定异常类型，在这里可以捕获所有类型异常*/
    }
```

【实例 15.4】 编写程序，字符型与整型的异常匹配（源代码\ch15\15.4.txt）。

```cpp
#include <iostream>
using namespace std;
int main()
{
    try                             /*可能出现异常的语句块*/
    {
        cout << "'a' 的类型: " << endl;
        throw 'a';                  /*抛出 char 型数据 a 的异常*/
    }
    catch (int a)                   /*捕获抛出整型的异常*/
    {
        cout << "int" << endl;
    }
    catch (char c)                  /*捕获抛出字符型的异常*/
    {
        cout << "char" << endl;
    }
    catch (double c)                /*捕获抛出双精度浮点数的异常*/
    {
        cout << "double" << endl;
    }
    return 0;
}
```

程序运行结果如图 15-5 所示。本实例最后输出结果是字符型，因为抛出的异常类型就是字符型，所以就匹配到了第二个异常处理器。可以发现，在匹配过程中没有发生类型的转换。

■ Microsoft Visual Studio 调试控制台
'a' 的类型：
char

图 15-5 例 15.4 的程序运行结果

☆大牛提醒☆

尽管异常处理不进行类型转换，但基类可以匹配到派生类在函数和异常匹配中都是有效的。需要注意的是，catch 的形参应是引用类型或者是指针类型，否则会导致切割派生类这个问题。

【实例 15.5】 编写程序，类的异常匹配（源代码\ch15\15.5.txt）。

```cpp
#include <iostream>
#include <string>
using namespace std;
class Base //基类
{
    public:
        Base(string s) :str(s){}
        virtual void what()
        {
            cout << str << endl;
        }
        void test()
```

```
        {
            cout << "这是派生类！" << endl;
        }
    protected:
        string str;
};
class CBase:public Base                /*派生类，重新实现了虚函数*/
{
    public:
        CBase(string s) :Base(s){ }
        void what()
        {
        cout << "CBase:" << str << endl;
        }
};
int main()
{
    try                                /*抛出派生类对象*/
    {
        throw CBase("这是派生类 CBase 的异常！");
    }
    catch(Base& e)                     /*使用基类可以接收*/
    {
        e.what();
    }
    Return 0;
}
```

程序运行结果如图 15-6 所示。在本实例中，首先
定义了一个基类 Base 和派生类 CBase，然后在函数

图 15-6　例 15.5 的程序运行结果

main()中，catch 语句块捕获的是基类的异常，但最后输出的是派生类的异常。可见，异常处理
允许派生类类型到基类类型的转换。

☆**大牛提醒**☆

如果将 Base&换成 Base，将会导致对象被切割。因为 CBase 被切割了，导致 CBase 中的函
数 test()无法被调用。例如：

```
try
{
    throw CBase("这是派生类 CBase 的异常！");
}
catch(Base e)
{
    e.test();
}
```

【实例 15.6】编写程序，数组和指针类型的异常匹配（源代码\ch15\15.6.txt）。

```
#include <iostream>
using namespace std;
int main()
{
    int arr[] = { 1, 2, 3 };
    try
    {
```

```
        throw arr;
        cout << "此语句将不被执行" << endl;
    }
    catch(const int *)
    {
        cout << "异常类型: const int*" << endl;
    }
    return 0;
}
```

程序运行结果如图 15-7 所示。本实例中数组 arr 原
类型为 int 型，但是 catch 语句中没有严格匹配的类型，
所以先转换为 int *，再转换为 const int *。

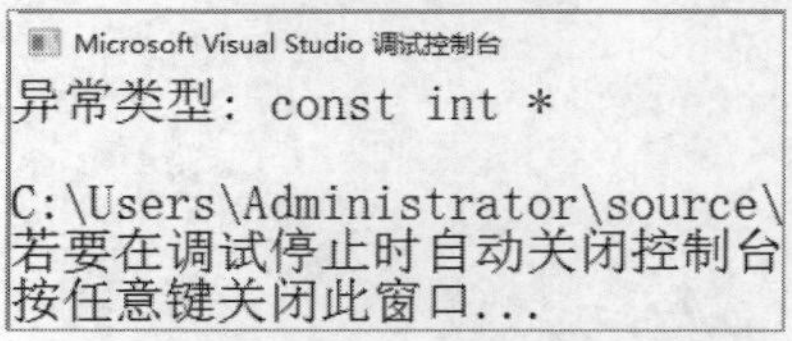

异常匹配除了必须要为严格的类型匹配外，还支持
下面几个类型转换。

（1）允许非常量到常量的类型转换。也就是说，可
以抛出一个非常量类型，然后使用 catch 捕捉对应的常量类型。

（2）允许从派生类到基类的类型转换。

（3）允许数组转换为数组指针，允许函数转换为函数指针。

图 15-7　例 15.6 的程序运行结果

微视频

15.3　异常处理的高级应用

在了解异常处理的简单应用后，本节再来介绍异常处理的高级应用。

15.3.1　自定义异常类

从前面的讲述已经知道了异常类的建立机制等内容，因此用户可以根据需要建立自己的异
常类。自定义异常类有以下两种方式。

（1）继承 Exception 类方式。例如：

```java
public class MyFirstException extends Exception{
    public MyFirstException(){
        super();
    }
    public MyFirstException(String msg){
        super(msg);
    }
    public MyFirstException(String msg, Throwable cause){
        super(msg, cause);
    }
    public MyFirstException(Throwable cause){
        super(cause);
    }
    /*自定义异常类的主要作用是区分异常发生的位置，当用户遇到*/
    /*异常时，根据异常名就可以知道哪里有异常，根据异常提示信*/
    /*息进行修改*/
}
```

（2）继承 Throwable 类方式。例如：

```
public class MySecondException extends Throwable{
    public MySecondException(){
        super();
    }
    public MySecondException(String msg){
        super(msg);
    }
    public MySecondException(String msg, Throwable cause){
        super(msg, cause);
    }
    public MySecondException(Throwable cause){
        super(cause);
    }
}
```

下面通过一个实例来说明如何自定义异常类。

【实例 15.7】编写程序，使用自定义异常类捕获异常（源代码\ch15\15.7.txt）。

```
#include <iostream>
#include <exception>
using namespace std;
class MyException:public exception{
    virtual const char* what() const{
        return "My expection happened.";
    }
};
int main()
{
    try{
        throw MyException();
    }
    catch(exception& e){
        cerr << e.what() << endl;
    }
    return 0;
}
```

程序运行结果如图 15-8 所示。在本实例中，首先定义了一个异常类 MyException，该类继承于 exception，在该类中定义了一个虚函数，返回一个字符串，然后在主函数中抛出该异常类，在捕获异常时将捕获到的字符串输出。

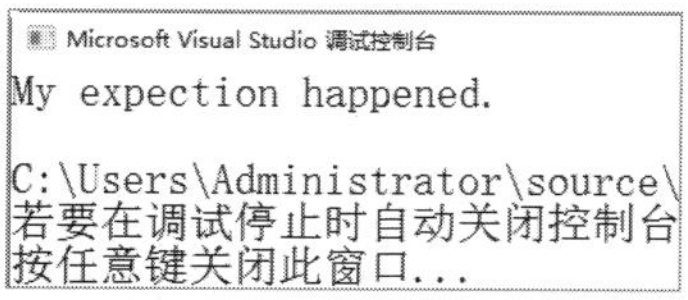

从运行结果可以看出，在程序抛出异常后，将异常捕获，并且输出"My expection happened."。

图 15-8　例 15.7 的程序运行结果

15.3.2　捕获多个异常

如果希望程序可以捕捉多个异常，可以在 try 代码块后加上多个 catch 代码块，每个代码块负责处理某一种异常出现时的情况。其语法格式如下。

```
try {
    …/*可能引发异常的语句*/
    …/*例如索引越界*/
}
```

```
catch(异常类型 1 异常对象){
    …/*处理异常的语句*/
}
catch (异常类型 2 异常对象) {
    …/*处理异常的语句*/
}
…/*继续再接其他代码块*/
```

当 try 代码块中的语句引发异常时，系统会依次根据异常类型是否相符来寻找合适的 catch 代码块。若发现相符者，就将程序进程转到该 catch 代码块执行，找到某相符 catch 代码块并执行完后，程序控制跳转到所有 catch 代码块后的语句，其他 catch 代码块将不会被执行。若最后未找到一个合适的 catch 代码块，则终止程序执行。

下面通过一个实例来说明如何捕获多个异常。

【实例 15.8】编写程序，捕获程序中多个异常代码（源代码\ch15\15.8.txt）。

```cpp
#include <iostream>
using namespace std;
void fun(int x){
    try{
        if(x == 1)
            throw 1;
        if(x == 2)
            throw 2;
        if(x == 3)
            throw 3;
    }catch(int){
        cout << "catch an int in fun()" << endl;
    }catch(double){
        cout << "catch a double in fun()" << endl;
    }
    cout << "testing exception in fun()..."<< endl;
}
void gun()
{
    try{
        /*fun(1)*/
        /*fun(2)*/
        /*fun(3)*/
        fun(4);
    }catch(char){
        cout << "catch a char in gun()" << endl;
    }
    cout << "testing exception in gun()..."<< endl;
}
int main()
{
    gun();
    return 0;
}
```

程序运行结果如图 15-9 所示。在本实例中，首先定义了一个函数 fun(int x)，在该函数中做出判断，根据不同的情况抛出不同的异常。如果抛出 int 型，则输出"catch an int in fun()"；如果抛出 double 型，则输出"catch a double in fun()"。

图 15-9　例 15.8 的程序运行结果

15.3.3　异常的重新捕获

当 catch 语句捕获一个异常后，可能不能完全处理异常，这时 catch 子句可以重新抛出该异常，把异常传递给函数调用链中更上级的另一个 catch 子句，由它进行进一步处理。

在 C++中，使用 try…catch 语句进行异常的处理，并通过 throw 语句进行异常的抛出，其语法格式如下：

```
try
{
    throw …;
}
catch (…)
{
    …/*语句*/
}
```

这是一般的异常处理格式，而重新抛出异常则需要以下语法格式。

```
try
{
    throw …;
}
catch (int i)
{
    throw;   /*此时 throw 语句后面不需要任何表达式*/
}
```

重新抛出仅有一个关键字 throw，因为异常类型在 catch 语句中已经有了，不必再指明。被重新抛出的异常就是原来的异常对象。但是重新抛出异常的 catch 子句应该把自己做过的工作告知下一个处理异常的 catch 子句，往往要对异常对象做一定修改，以表达某些信息。因此 catch 子句中的异常声明必须被声明为引用。

【实例 15.9】编写程序，异常的重新捕获（源代码\ch15\15.9.txt）。

```
#include <string>
#include <iostream>
using namespace std;
void fun(int i)
{
    if(i < 0)
        throw -1;
    if(i>=100)
        throw -2;
}
void show(int i)
{
```

```
    try
    {
        fun(i);
    }
    catch (int i)
    {
        switch (i)
    {
        case -1:
        throw "运行时错误";
        break;
        case -2:
        throw "数据超界异常";
        break;
        }
    }
}
int main()
{
    try
    {
        show(-16);
        cout << "运行正常" << endl;
    }
    catch(const char *s)
    {
        cout << "错误代码: " << s << endl;
    }
    return 0;
}
```

程序运行结果如图 15-10 所示。本实例中定义了两个函数 fun(int i)和 show(int i)，函数 fun(int i)中抛出了两个异常，如果在函数 main()中调用函数 fun(int i)，只会输出异常-1 所代表的意思，无法知道-2 代表什么意思，这样不仅麻烦，而且不直观。如果再定义一个函数，用于说明异常-2 所代表的意思，这样就不需要每次都根据异常代码查找错误原因。

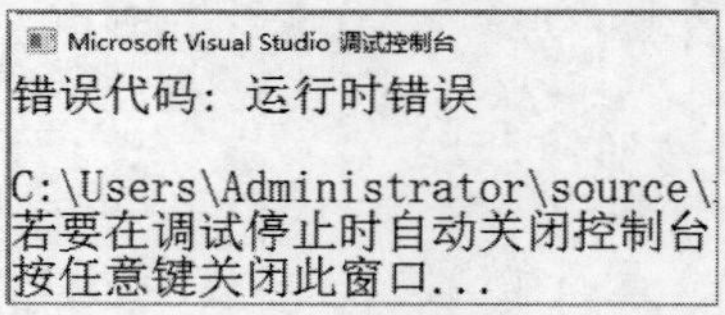
Microsoft Visual Studio 调试控制台
错误代码：运行时错误
C:\Users\Administrator\source\
若要在调试停止时自动关闭控制台
按任意键关闭此窗口...

图 15-10 例 15.9 的程序运行结果

15.3.4 构造函数的异常处理

构造函数负责完成对象的构造和初始化。在创建对象时系统会自动调用构造函数，为对象分配存储空间和进行初始化操作，然后才访问对象的成员属性和成员方法等，最后调用析构函数进行清理。那么，如果构造函数中抛出异常，会出现什么情况呢？C++仅能删除被完全构造的对象。构造函数完成对象的构造和初始化时，需要保证不要在构造函数中抛出异常，否则这个异常将传递到创建对象的地方，这样对象就只是部分被构造，析构函数将不会被执行。

【实例 15.10】编写程序，在构造函数中抛出异常（源代码\ch15\15.10.txt）。

```
#include <iostream>
#include <string>
using namespace std;
```

```
class Myclass
{
    public:
        Myclass(const string& str) :s(str)
        {
            //throw exception("测试：在构造函数中抛出一个异常");
            cout << "构造一个对象！" << endl;
        };
        ~Myclass()
        {
            cout << "销毁一个对象！" << endl;
        };
    private:
        string s;
};
int main()
{
    try
    {
        Myclass m("Hello");
    }
    catch (exception e)
    {
        cout << e.what() << endl;
    };
    return 0;
}
```

程序运行结果如图 15-11 所示。本实例中定义了一个类 Myclass，该类中有构造函数和析构函数。当对语句"throw exception();"撤掉注释后，在函数 main()中的局部对象 m 会离开 try{}语句块的作用域，程序会自动执行析构函数。再次运行程序，输出的运行结果如图 15-12 所示。

图 15-11　例 15.10 的程序运行结果

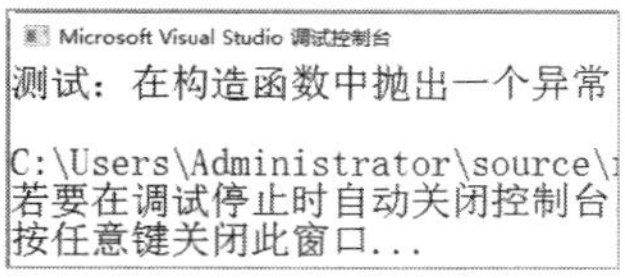

图 15-12　构造函数抛出异常

如果在构造函数中抛出一个异常，对象只被部分构造，析构函数没有被自动执行。那为什么"构造一个对象！"也没有输出呢？这是因为程序控制权转移了，所以在异常点以后的语句都不会被执行。

15.4　新手疑难问题解答

问题 1：如果程序中的异常一直没有捕获，对程序有什么影响？

解答：如果抛出的异常一直没有函数捕获（catch），则会一直上传到 C++运行系统那里，导致整个程序的终止。

问题 2：异常抛出后，资源如何释放？

解答：一般在异常抛出后，资源可以正常被释放，但注意如果在类的构造函数中抛出异常，系统是不会调用它的析构函数的。其处理方法是：如果要在构造函数中抛出异常，则在抛出前要记得删除申请的资源。

实战训练

15.5　实战训练

实战 1：定义异常类，对异常类进行全面异常处理。

编写程序，定义异常类，然后在主函数中根据输入类型的不同，抛出不同的异常，捕获不同的异常，最后将异常结果输出。程序运行效果如图 15-13 所示。

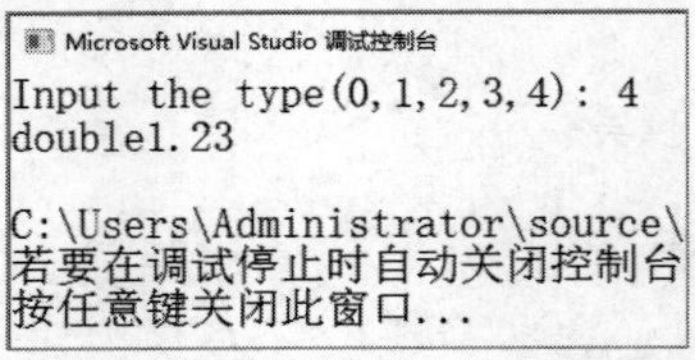

```
Microsoft Visual Studio 调试控制台
Input the type(0, 1, 2, 3, 4): 4
double1.23

C:\Users\Administrator\source\
若要在调试停止时自动关闭控制台
按任意键关闭此窗口...
```

图 15-13　实战 1 的程序运行效果

实战 2：编写一个除法函数 div()，要求避免除数为 0 的情况。

编写程序，定义一个除法函数 div()，在该函数中定义一个形参变量 y，如果 y 的值等于 0，则抛出异常，然后在函数 main() 中捕获这个异常，并终止程序，打印出异常的原因（在除法函数 div() 中，如果除数等于 0，则输出这个错误原因）。程序运行效果如图 15-14 所示。

```
Microsoft Visual Studio 调试控制台
7.6/2.1=3.61905
错误：试图除以零！

C:\Users\Administrator\source\
若要在调试停止时自动关闭控制台
按任意键关闭此窗口...
```

图 15-14　实战 2 的程序运行效果

第16章

C++中文件的操作

本章内容提要

文件操作是程序开发中不可或缺的一部分,任何需要数据存储的软件都需要进行文件操作。文件操作包括打开文件、读文件和写文件等,本章介绍 C++ 中文件的操作。

16.1　文件 I/O 操作

微视频

在 C++中,文件可以被看作是一个连续的字符串集合,这个字符串集合没有大小。字符串是以流的形式存在的,那么文件也可以被看作是一个流的集合,所以文件也被称为流式文件。

文件的 I/O 操作都是通过"流"来操作的。文件流可以在计算机的内外存之间来回"流动",实现文件的 I/O 操作。在 C++中对文件进行操作分为以下几个步骤。

（1）建立文件流对象。

（2）打开或创建文件。

（3）进行读/写操作。

（4）关闭文件。

从文件读取流和向文件写入流,需要用到 C++中另一个标准库 fstream。它定义了 3 个新的数据类型,分别为 ofstream（输出文件流）、ifstream（输入文件流）和 fstream（输入/输出文件流）。

☆**大牛提醒**☆

这 3 个数据类型都包含在头文件<fstream>中,所以程序中对文件进行操作必须包含该头文件。另外,ifstream 对象如果重复使用,需注意在使用前先调用函数 clear(),否则会出错。

16.1.1　输入文件流

输入文件流用于从文件读取信息。

【实例 16.1】编写程序,使用 ifstream 从文件中读取信息（源代码\ch16\16.1.txt）。

```
#include <iostream>
#include <fstream>
#include <string>
using namespace std;
int CountLines(const char* filename)
```

```
{
    ifstream ReadFile;
    int n = 0;
    char line[512];
    string temp;
    ReadFile.open(filename, ios::in);    //ios::in 表示以只读的方式读取文件
    if(ReadFile.fail())                   //文件打开失败:返回
    {
        return 0;
    }
    else//文件存在
    {
        while (getline(ReadFile, temp))
        {
          n++;
        }
        return n;
    }

    ReadFile.close();
}
void main()
{
    cout << "文件1.txt 的行数为: " << CountLines("文件1.txt") << endl;
    cin.get();
}
```

程序运行结果如图 16-1 所示。在本实例中，首先定义了一个函数，返回文件的行数，在该函数中使用 ifstream 读取文件内容，使用循环累计文件中的行数，然后在主函数中调用该函数，以文件路径作为输入参数，返回该文件的行数。

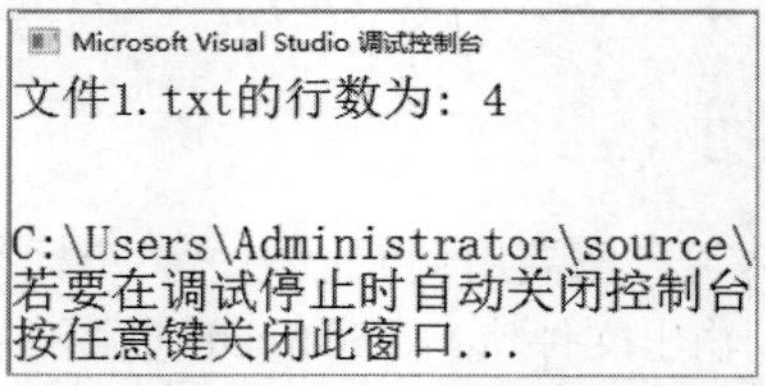

图 16-1　例 16.1 的程序运行结果

16.1.2　输出文件流

输出文件流用于创建文件并向文件写入信息。

【实例 16.2】编写程序，使用 ofstream 生成一个 com.txt 文件，并且将 26 个英文字母全部写入该文件中（源代码\ch16\16.2.txt）。

```
#include <iostream>
#include <fstream>
using namespace std;
int main()
{
    ofstream in;
    in.open("com.txt",ios::trunc); //ios::trunc 表示在打开文件前将文件清空，由于是写入，
文件不存在则创建
```

```
        int i;
        char a='a';
        for(i=1;i<=26;i++)//将 26 个数字及英文字母写入文件
        {
                if(i<10)
                {
                    in<<"0"<<i<<"\t"<<a<<"\n";
                    a++;
                }
                else
                {
                    in<<i<<"\t"<<a<<"\n";
                    a++;
                }
        }
        in.close();//关闭文件
}
```

在本实例中，首先定义了一个输出文件流的变量 in，通过该变量创建一个文件，使用循环将 26 个英文字母全都写入该文件。程序运行后，在 ofstest.cpp 的同目录下会生成一个 com.txt 文件，打开后其内容如图 16-2 所示。

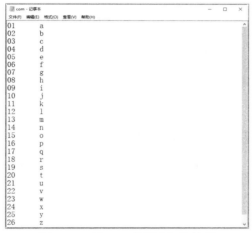

图 16-2　例 16.2 的程序运行结果

16.1.3　输入/输出文件流

输入/输出文件流通常表示文件流，且同时具有 ofstream 和 ifstream 两种功能。这意味着，它可以创建文件、向文件写入信息，也可以从文件读取信息。

【**实例 16.3**】编写程序，使用 fstream 输出文件中的内容（源代码\ch16\16.3.txt）。

```
#include <iostream>
#include <fstream>
using namespace std;
void main()
{
    char buffer[256];
    fstream out;
    out.open("文件1.txt",ios::in);
```

```
        cout<<"文件1.txt"<<" 的内容如下:"<<endl;
        while(!out.eof())
        {
            out.getline(buffer,256,'\n');//表示该行字符达到256个或遇到换行符就结束,对应类型
为getline(char*,int,char)
            cout<<buffer<<endl;
        }
        out.close();
        cin.get();//用来读取Enter（回车）键，如果没这一行，输出的结果一闪就消失了
    }
```

　　程序运行结果如图16-3所示。在本实例中，首先定义了数组一个buffer[256]，然后定义了一个输入/输出文件流的变量out，使用该变量打开"文件1.txt"文件，将文件中的内容写入数组buffer中，然后将数组buffer的内容输出。

```
■ Microsoft Visual Studio 调试控制台
文件1.txt 的内容如下:
1 清明时节雨纷纷,
2 路上行人欲断魂。
3 借问酒家何处有,
4 牧童遥指杏花村。
```

图16-3　例16.3的程序运行结果

　　在源文件fwjtest.cpp的同目录下创建"文件1.txt"，其主要内容如下：

```
1 清明时节雨纷纷,
2 路上行人欲断魂。
3 借问酒家何处有,
4 牧童遥指杏花村。
```

16.2　文件的打开与关闭

微视频

　　在C++中，要进行文件的输入/输出必须先创建一个流，把这个流与文件相关联，才能对文件进行操作。完成后，要关闭文件。

16.2.1　文件的打开

　　在fstream类中，有一个成员函数open()，该函数用于打开文件。其语法格式如下：

```
void open(const char* filename,int mode,int access);
```

　　其参数说明如下。
　　（1）filename：要打开的文件名。
　　（2）mode：要打开文件的方式。
　　打开文件的方式在类ios（是所有流式I/O类的基类）中定义，常用的值如下。
- ios::app：以追加的方式打开文件。
- ios::ate：文件打开后定位到文件尾，ios:app就包含有此属性。
- ios::binary：以二进制方式打开文件，默认的方式是文本方式。
- ios::in：文件以输入方式打开。
- ios::out：文件以输出方式打开。

- ios::nocreate：不建立文件，所以文件不存在时打开失败。
- ios::noreplace：不覆盖文件，所以文件存在时打开失败。
- ios::trunc：如果文件存在，把文件长度设为 0。

可以用"或"把以上属性连接起来，如 ios::out|ios::binary。

（3）access：打开文件的属性。

打开文件的属性取值有以下几种。

- 0：普通文件，打开访问。
- 1：只读文件。
- 2：隐含文件。
- 3：系统文件。

【实例 16.4】编写程序，根据输入的文件名，打开并读取文件中的内容（源代码\ch16\ 16.4.txt）。

```cpp
#include <iostream>
#include <fstream>
#include <string>
using namespace std;
int CountLines(char *filename)
{
    ifstream ReadFile;
    int n=0;
    string tmp;
    ReadFile.open(filename,ios::in);//ios::in表示以只读的方式读取文件
    if(ReadFile.fail())//文件打开失败:返回
    {
        return 0;
    }
    else//文件存在
    {
        while(getline(ReadFile,tmp))
        {
          n++;
        }
        return n;
    }
    ReadFile.close();
}

string ReadLine(char *filename,int line)
{
    int lines,i=0;
    string temp;
    fstream file;
    file.open(filename,ios::in);
    lines=CountLines(filename);
    if(line<=0)
```

```
        {
                return "Error 1: 行数错误，不能为负数。";
        }
        if(file.fail())
        {
                return "Error 2: 文件不存在。";
        }
        if(line>lines)
        {
                return "Error 3: 行数超出文件长度。";
        }
        while(getline(file,temp)&& i<line-1)
        {
                i++;
        }
        file.close();
        return temp;
}
void main()
{
    int l;
    char filename[256];
    cout<<"请输入文件名:"<<endl;
    cin>>filename;
    cout<<"\n 请输入要读取的行数:"<<endl;
    cin>>l;
    cout<<ReadLine(filename,l);
    cin.get();
    cin.get();
}
```

程序运行结果如图 16-4 所示。在本实例中，首先定义了 ifstream 类的变量 ReadFile，然后调用函数 open(filename,ios::in)打开指定文件，其中参数 ios::in 表示文件以输入方式打开，接着定义了一个函数读取某个文件某一行的内容，最后在主函数中提示输入文件名和行数，将该文件的第 n 行读出，并显示出来。

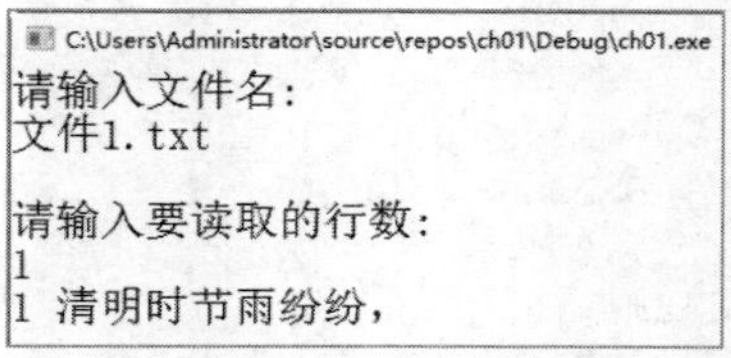

图 16-4　例 16.4 的程序运行结果

16.2.2　文件的关闭

当文件读写操作完成后，必须将文件关闭，以使文件重新变为可访问的。关闭文件需要调用成员函数 close()，它负责将缓存中的数据释放出来并关闭文件。其语法格式如下：

```
void close();
```

　　该函数一旦被调用，原先的流对象就可以被用来打开其他的文件了，这个文件也就可以重新被其他的进程所访问了。为防止流对象被销毁时还关联着打开的文件，析构函数将会自动调用关闭函数 close()。

16.3　文本文件的处理

微视频

　　文本文件是以 ASCII 编码方式存储文件的，可以用字符处理软件来处理。文本文件的读/写很简单，只需用插入运算符（<<）向文件输出、用析取运算符（>>）从文件输入。

16.3.1　将变量写入文本文件

　　下面通过一个实例来说明将变量写入文本文件中的方法。

　　【实例 16.5】编写程序，在文本文件中添加数据记录（源代码\ch16\16.5.txt）。

```
#include <iostream>
#include <string>
#include <fstream>
using namespace std;
int main()
{
    ofstream outfile;
    ifstream infile;
    char value;
    outfile.open("文件 2.txt");
    outfile << "渭城朝雨浥轻尘，客舍青青柳色新。劝君更尽一杯酒，西出阳关无故人。";
    outfile.close();
    return 0;
}
```

　　在本实例中，首先定义了一个 ofstream 类的变量 outfile，并创建了一个命名为"文件 2.txt"的文件，通过"<<"将字符串"渭城朝雨浥轻尘，客舍青青柳色新。劝君更尽一杯酒，西出阳关无故人。"写入该文件中，最后关闭该文件。程序运行后，在 wjaddtest.cpp 的同目录下会生成一个"文件 2.txt"文件，打开后其内容如图 16-5 所示。

　　图 16-5　例 16.5 的程序运行结果

　　从运行结果可以看出，ofstream 生成了一个"文件 2.txt"文件，并且在该文件中写入了字符串。

16.3.2　将变量写入文件尾部

　　在了解如何将变量写入文本文件后，下面通过一个实例说明如何在已有的文件中添加记录。

　　【实例 16.6】编写程序，在文本文件的尾部添加数据记录（源代码\ch16\16.6.txt）。

```
#include <iostream>
#include <string>
#include <fstream>
using namespace std;
int main()
{
    ofstream outfile;
    ifstream infile;
    char value;
    outfile.open("文件2.txt",ios::out|ios::app);
    outfile << "不是花中偏爱菊，此花开尽更无花。";
    outfile.close();
    return 0;
}
```

程序运行结果如图 16-6 所示。在本实例中，首先定义了一个 ofstream 类的变量 outfile，然后采用追加方式打开了"文件2.txt"，通过"<<"将字符串"不是花中偏爱菊，此花开尽更无花。"写入该文件中，最后关闭该文件。

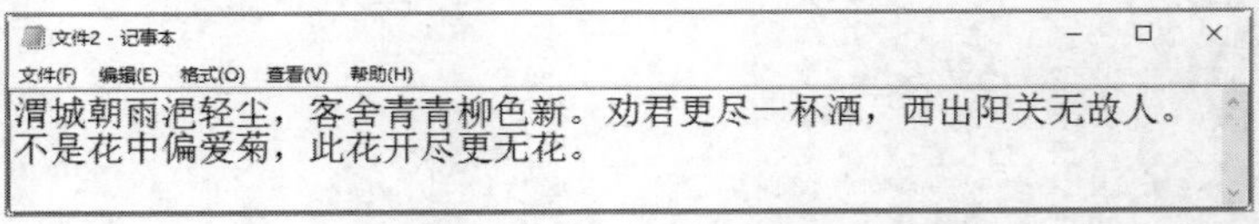

图 16-6　例 16.6 的程序运行结果

从运行结果可以看出，使用 ofstream 在文本文件的末尾追加了一个字符串。

16.3.3　从文本文件中读取变量

将内容写入到文本文件后，即可读取文本文件。下面通过一个实例来说明如何从文本文件中读取变量。

【实例 16.7】编写程序，读取文本文件中的数据记录（源代码\ch16\16.7.txt）。

```
#include <iostream>
#include <string>
#include <fstream>
using namespace std;
int main()
{
    ofstream outfile;
    ifstream infile;
    char value;
    infile.open("2.txt");          //打开2.txt
    if(infile.is_open())           //输出2.txt的内容
    {
        while(infile.get(value))
            cout<<value;
    }
    cout << endl;
    infile.close();                //关闭2.txt
    return 0;
}
```

程序运行结果如图 16-7 所示。在本实例中，首先定义了一个 ifstream 类的变量 infile，然后打开"文件 2.txt"，通过"<<"将字符串"abcdefg"循环地输出到屏幕上，最后关闭该文件。

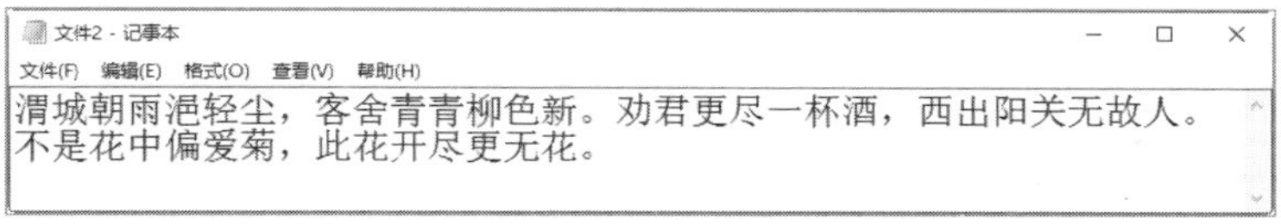

![记事本窗口，标题为"文件2 - 记事本"，内容为：渭城朝雨浥轻尘，客舍青青柳色新。劝君更尽一杯酒，西出阳关无故人。不是花中偏爱菊，此花开尽更无花。]

图 16-7　例 16.7 的程序运行结果

从运行结果可以看出，使用 ifstream 读取了"文件 2.txt"中的内容。

16.4　使用函数处理文本文件

微视频

在 C++语言中，可以使用 ifstream 类中的成员函数来处理文本文件，如读取文本文件、读取文本中的一行信息到字符数组中、输出文本中的单个字符等。

16.4.1　使用函数 get()读取文本文件

函数 get()是 ifstream 类的一个成员函数，其作用是读取该类对象的一个字符并将该值作为调用函数的返回值。在调用函数 get()时，该函数会自动向后读取下一个字符，直到遇到文件结束符，则返回 EOF 作为文件的结束。

【实例 16.8】编写程序，使用函数 get()读取文本文件中的数据记录（源代码\ch16\16.8.txt）。

```cpp
#include <iostream>
#include <string>
#include <fstream>
using namespace std;
int main()
{
    ifstream infile;
    char value;
    infile.open("文件1.txt");
    if(infile.is_open())
    {
        while(infile.get(value))
            cout<<value;
    }
    cout<< endl;
    infile.close();
    return 0;
}
```

程序运行结果如图 16-8 所示。在本实例中，首先定义了一个 ifstream 类的变量 infile，然后打开"文件 1.txt"，在循环中使用函数 get()读取文本文件中的每个字符，并且循环输出。从运行结果可以看出，程序成功地读取了"文件 1.txt"中的内容。

图 16-8 例 16.8 的程序运行结果

16.4.2 使用函数 getline()读取文本文件

成员函数 getline()与 get()函数类似，主要作用是读取一行信息到字符数组中，然后再插入一个空字符，但不同的是，getline()要去除输入字符流中的分隔符，也就是说字符流中的分隔符是不存放在字符数组中的。

【实例 16.9】编写程序，使用成员函数 gelinet()读取文本文件中的数据记录（源代码\ch16\16.9.txt）。

```cpp
#include <iostream>
#include <fstream>
#include <stdlib.h>
using namespace std;
int main()
{
    char buffer[256];
    ifstream examplefile("文件2.txt");
    if(! examplefile.is_open())
    {
        cout << "Error opening file";
        exit (1);
    }
    while (! examplefile.eof())
    {
        examplefile.getline (buffer,100);
        cout << buffer << endl;
    }
    return 0;
}
```

程序运行结果如图 16-9 所示。在本实例中，首先定义了一个 char 型的数组 buffer[256]，接着定义了一个 ifstream 类的变量，将该文件打开，循环地使用函数 getline()读取文本文件每一行文本，最后将文本输出到屏幕上。

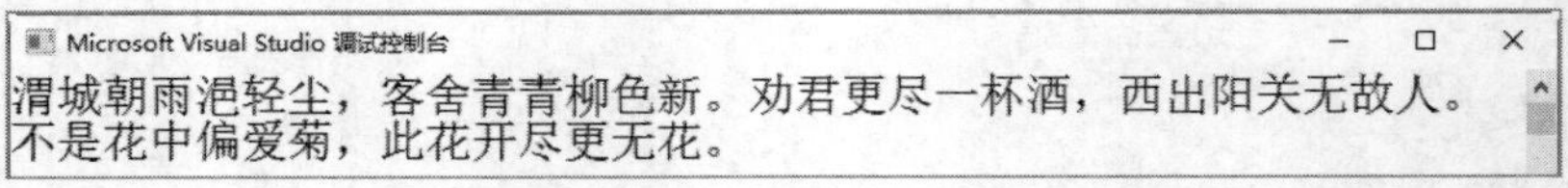

图 16-9 例 16.9 的程序运行结果

从运行结果可以看出，程序成功地读取了"文件 2.txt"，并且使用了函数 getline()将文件输出。

16.4.3 使用函数 put()将记录写入文本文件

函数 put()用于输出流（cout）、输出单个字符。下面通过一个实例来说明函数 put()的使用方法。

【实例 16.10】编写程序，使用函数 put()将数据记录写入到文本文件中（源代码\ch16\16.10.txt）。

```
#include <stdlib.h>
#include <fstream>
using namespace std;
void main()
{
    ofstream fout("文件 3.txt");    //创建一个文件
    fout.put('Hello ');
    fout.put('World! ');
    fout.close();
}
```

程序运行结果如图 16-10 所示。在本实例中，定义了一个 ofstream 类的变量 fout，并且调用该变量的函数 put()，分别向"文件 3.txt"写入字符 H 和 W，最后关闭文件。从运行结果可以看出，程序成功地使用函数 put()，将两个字符写入了文本文件中。

图 16-10　例 16.10 的程序运行结果

16.5　新手疑难问题解答

问题 1：使用函数 get()和函数 getline()的区别？

解答：cin.getline()和 cin.get()都是对面向行输入的读取，即一次是读取整行，而不是读取单个数字或字符。但是两者有一定的区别，cin.get()每次读取一整行并把由 Enter 键生成的换行符留在输入队列中，而 cin.getline()每次读取一整行并把由 Enter 键生成的换行符抛弃。

问题 2：在 C++中使用文件有哪些好处？

解答：文件可以被看作将信息集合到一起存储的一种格式，通常是存储在计算机的外部存储介质上的。使用文件，有以下的优势。

（1）文件可以使一个程序对不同的输入数据进行加工处理，并产生相应的输出结果。

（2）使用文件可以方便用户，提高上机效率。

（3）使用文件可以不受内存大小限制。

16.6　实战训练

实战训练

实战 1：随机读写文件中的内容。

编写程序，将 1～100 范围内的奇数存入二进制文件，并读取指定数据。程序运行结果如图 16-11 所示。

图 16-11　实战 1 的程序运行结果

实战 2：以编程的方式，将一组数据信息存储到磁盘文件中。

编写程序，将一批蔬菜的编号、名称、重量、价格等数据信息以二进制形式存储到磁盘文件中，并输出"输入成功！"字样。程序运行结果如图 16-12 所示。

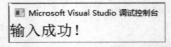

图 16-12　实战 2 的程序运行结果

实战 3：读取磁盘文件中的二进制数据信息。

编写程序，将文件中的内容以二进制形式存储到磁盘文件中，然后将数据读入内存并在屏幕上显示。程序运行结果如图 16-13 所示。

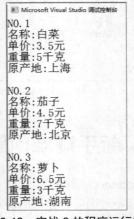

图 16-13　实战 3 的程序运行结果